WIRE & CABLE ENGINEERING MANUAL

电线电缆工程
手册

王志强　主编

中国电力出版社
CHINA ELECTRIC POWER PRESS

内 容 提 要

本手册是以现行的供配电及电缆工程设计相关标准和规范为依据进行编写的，并融入编者长期从事供配电设计经验。

本手册的特点是：内容广泛，实用性强；提供大量数据表格，附有公式及数据来源，方便查阅；标准规范新颖而全面，包括工程规范、产品标准以及相应国际标准；内容新颖，包括风力发电、光伏发电、新能源汽车充电桩等新型电缆的选择。

本手册是设计、施工、运行、审图、监理及物业管理部门电气技术人员的良师益友，电线电缆产品招标的助手，也可作为大专院校有关专业的师生教学参考书。

图书在版编目（CIP）数据

电线电缆工程手册/王志强主编；国际铜专业协会电线电缆项目组组编. —北京：中国电力出版社，2018.1（2023.1重印）
ISBN 978-7-5198-1333-8

Ⅰ. ①电… Ⅱ. ①王…②国… Ⅲ. ①电线–手册②电缆–手册
Ⅳ. ①TM246–62

中国版本图书馆 CIP 数据核字（2017）第 267621 号

出版发行：中国电力出版社
地　　址：北京市东城区北京站西街 19 号（邮政编码 100005）
网　　址：http://www.cepp.sgcc.com.cn
责任编辑：周　娟　杨淑玲（010-63412602）
责任校对：常燕昆
装帧设计：王红柳
责任印制：杨晓东

印　　刷：望都天宇星书刊印刷有限公司
版　　次：2018 年 1 月第 1 版
印　　次：2023 年 1 月北京第 5 次印刷
开　　本：850mm×1168mm　32 开本
印　　张：13.25
字　　数：355 千字
定　　价：62.00 元

《电线电缆工程手册》编委会

国际铜专业协会电线电缆项目组　组编

主　　编　王志强

编　　委　朱伟暐　瞿海滨　李　鹏　耿润民

　　　　　邱震宇　施俊良　涂兆钜　谢　炜

　　　　　刘小丽　张一民　崔学林

校　　审　李顺康　高小平

序

  我国经济正在蓬勃发展，建设工程日新月异，全面电气化乃是当务之急。实现电气化需要输送和控制电能，输送和控制电能则必须依赖电线电缆。因此，对电线电缆的选用设计、施工和维护就必然提到议事日程上来。

  该手册汇集了电线电缆的详细资料和重要数据，内容翔实，图文并茂，便于应用，并且对一些疑难问题做出了深入浅出的解读。本手册的编者都是电线电缆设计、施工、维护或制造方面的专家，有着丰富的实践经验。主编是供配电设计的资深专家，长期从事电线电缆方面的研究，并有扎实的理论基础。

  我说内容翔实是因为该手册不仅有线路制式，还有导体选择；既有输送电能的相导体，又有作为回路和保护作用的中性线、接地线、接地中性线的选择；既有持续电流，又有断续、短时和尖峰电流。线缆导体的材质有铜、铝、铝合金等；裸线有单线和绞线；母线有涂漆矩形母线、母线槽和各种类型的滑触线；保护层有橡胶、聚氯乙烯、交联聚乙烯、刚性及柔性矿物绝缘，还有金属铠装等。在施工和安装方面，有架空、埋地、管槽及桥架敷设。在手册中也给出了保护管、槽及桥架的有关资料。对于中频线路，光伏及风力发电线路也予以详述。

  为了方便读者查找所需要的数据，该手册列有大量表格。例如，选择导体截面时，可从有关的载流量、电压降、机械强度、动热稳定、经济电流密度等表格中快速查得所需数据。又如选择线缆敷设方式时，可从各种敷设方式的表格中选用合乎要求的方案、安全间距等。线缆安装的附件有各种连接器，如用于电线的螺纹型、无螺纹型、扭接式连接器等。对于电缆 T 接端子，可根据环境和连接要求，选择普通型、防护型或密封型。该手册中都有详细说明，可以根据需要选用。

电气火灾屡见不鲜，往往会造成很大危害和损失。该手册中有线缆发烟量及烟气毒性分级，可依此选用适当的防火或阻燃线缆。

对于一些特殊要求而在表格中无法查得的数据，可按手册中提供的公式进行计算而得。这些方法也可供进一步研究和检查表格中的数据之用。

手册中还载有电线电缆和施工安装过程或完工后的试验和检查方法，可用于对电线电缆产品及施工质量检查，以确保安全。

该手册是根据有关国家规范、标准进行编写的，同时融入国际标准，因此应用范围较广。对于一带一路沿途很多国家，该手册也适用。另外，手册中还附有一些英美标准作为参考。

该手册在 1976 年已具雏形，广受好评，国内不少单位将其作为主要参考资料。经过不断地补充和修改，与时俱进，才有该手册，所以这是一本较为成熟的工具书。

祝愿读者能够拥有这样一本详尽而实用的手册。

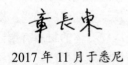

2017 年 11 月于悉尼

前　言

本手册可以追溯到 1976 年，当年编写了《电线电缆选择及敷设》，仅仅百来页的小册子，作为内部交流资料，1994 年由上海市电气工程设计研究会组织发行。2004 年将其改为《电线电缆工程实用手册》，主要面向各设计院，兼顾施工及监理单位的技术人员等。发行后，受到读者的广泛好评，很快就售罄。后因经费问题未能再印，想不到十年后仍有人询问哪里有卖的。

过去的十几年，我国经济持续快速发展，已成为仅次于美国的世界第二大经济体。许多电气工程规范相继修订，进一步与国际电工委员会（IEC）标准接轨。十几年前，本手册是国内首家引进 IEC 287–3–2《电缆截面的经济最佳化》标准的工具书，之后被国标 GB 50217—2007《电力工程电缆设计规范》及《水利水电工程导体和电器选择设计规范》等所采用，也被编入山东、四川等省的《节约用电设计导则》中。

十几年中，电线电缆新产品层出不穷。例如，在国内矿物绝缘类不燃性耐火电缆领域，当初曾经是刚性矿物绝缘电缆一统天下，而今柔性矿物绝缘电缆，大有后来居上之势。十几年前还不知道何谓铝合金电缆、铜包铝母线和电缆，而今铝合金电缆已是遍地开花，铜包铝母线和电缆也悄然问世。当初谁也想不到电缆桥架还会更新换代，而今上海樟祥电器成套有限公司推出的节能型复合高耐腐（彩钢）电缆桥架，居然成为新一代电缆桥架的发展方向。

工具书必须顺应技术发展，引领技术进步，因此编者花了三年时间对原手册进行修订。新的版本有以下特点：

1. 保留原版的精华，补充了新内容，删减了不常用的内容。内容仍以服务电气工程设计为主，延伸到工程监理、施工及工程招标，更突出了实用性。

2. 打破传统编排格式，使用更加方便。

3. 力求专业的技术论述，避免言过其实的商业化宣传。

4. 电气负荷计算是电线电缆截面选择的基础，传统方法结果与实际偏差较大，本手册第 14 章中编入"新需要系数法"，该方法正在部分工程中应用并得到验证，特将此计算法推荐给读者。

本手册中部分内容曾在全国 23 个省市做过交流，反响热烈。在编写过程中获得上海老科技工作者协会、国际铜业协会、上海樟祥电气成套有限公司、珠海光乐电力母线槽有限公司、上海浦帮机电制造有限公司、上海申捷管业科技有限公司、江苏亨通电力电缆有限公司、上海胜华电气股份有限公司等众多单位支持，并提供资料和指导，在此一并致谢。

主　编

2017.12

目　录

第1章　电线电缆类型选择

1.1　导体材料选择

电线电缆的导电材料，通常有电工铜、铝和电工铝合金等。铜线缆的电导率高，20℃时的直流电阻率 ρ 为 $1.72\times10^{-6}\Omega\cdot cm$，电工铝材的电阻率 ρ 为 $2.82\times10^{-6}\Omega\cdot cm$；铜母线 20℃直流电阻率 ρ 为 $1.80\times10^{-6}\Omega\cdot cm$，铝母线的电阻率 ρ 为 $2.90\times10^{-6}\Omega\cdot cm$。铝线缆的电阻率约为铜的 1.64 倍；用作电缆的电工铝合金的电阻率比电工铝略大一些，退火工艺精湛者可以较接近。

当载流量相同时，铝导体截面约为铜的 1.5 倍，直径约为铜的 1.2 倍。采用铜导体损耗比较低，铜材的力学性能优于铝材，延展性好，便于加工和安装。铜材的抗疲劳强度约为纯铝材的 1.7 倍，不存在蠕变性，接头可靠。但铝材的密度小，在电阻值相同时，铝导体的质量仅为铜的一半，铝线、缆明显较轻，安装劳动强度低。2006 年从北美引进的 8000 系列铝合金（简称铝合金）导体电缆采用联锁铠装，弯曲半径小，安装和接头技术要求较高，须配用专用接头并使用导电膏，同时必须有专业安装指导服务。

由于生产铝合金导体的电缆企业较多，技术标准各异，产品性能差别较大，选择时应注意比较品质和技术服务的优劣。对于铝合金电缆性能的论述详见本章 1.9 节。

（1）导体材料应根据负荷性质、环境条件、市场货源等实际情况选择铜或铝导体。

（2）下列场合的电线电缆应采用铜导体：

1）电机励磁、重要电源、移动式电气设备、二次回路等需要保持连接具有高可靠性的回路。

2）振动场所、有爆炸危险或潮湿及对铝有腐蚀等工作环境。

3）耐火电缆。

1

4）紧靠高温设备布置。

5）人员密集的公共设施（包括商场、交通枢纽、写字楼、住宅等）。

6）应急系统及消防设施的线路。

7）固定敷设用的布电线一般采用铜导体。

8）核电厂常规岛及其附属设施。

9）固定敷设用的布电线一般采用铜导体。

（3）下列场合不宜采用铝或铝合金导体电缆：

1）非专业人员容易接触的线路，如公共建筑与居住建筑。

2）导体截面为 10mm² 及以下的电缆。

（4）下列场合应采用铝或铝合金导体：

1）对铜有腐蚀而对铝腐蚀相对较轻的环境。

2）加工或储存氨气（液）、硫化氢、二氧化硫等的场所。

（5）下列场合宜采用铝或铝合金导体：

1）架空线路（采用 6000 系列，不同于电缆的 8000 系列）。

2）较大截面的中频线路。

（6）铜包铝导体是复合导体的一种，过去铜包铝导体没有用作制造电力电缆的。由于它具有良好的传输高频电流特性，国外标准及我国电子行业标准 SJ/T 11223—2000《铜包铝线》[120]都规定同于电子器件，单线直径从 0.127～8.25mm 相当于截面积 0.012 7～53.45mm²。铜层体积约为 10%～15%。传输高频电流特性只有单股导体才能显现。若采用多股结构，对于高频电流传输就失去意义。

由于前几年国内铜材价格过高上涨，一些企业尝试研发铜包铝导体的电力电缆，电缆用的单线采用 GB/T 29197—2012《铜包铝线》[89]标准。由于应用在工频配电系统，所以并不关注其高频特性，而是谋求价格低于铜而又防止铝导体氧化而导致接头失效。

铜包铝导体电力电缆样品通过了上海电缆研究所的 1000 次热循环试验，接头无异常。

铜包铝导体 20℃的直流电阻率 ρ 小于 $2.82 \times 10^{-6} \Omega \cdot cm$，可用于本章 1.1 中（1）～（4）所述之外的场所。

1.2 导体数选择

（1）用于各种系统中的电线电缆（也简称为线缆）导体数选择见表 1-1。

表 1-1 电线电缆导体数选择

交流电压/kV	系统制式	接线图	电线电缆导体数		备注
			单芯	多芯	
110	三相三线	L1 L2 L3	3×1	—	中性点直接接地
35	三相三线	**备注** L1 L2 L3	3×1	3	中性点绝缘或经电阻、电抗接地
6～10	三相三线	L1 L2 L3	3×1	3	中性点绝缘
≤1	三相四线制 TN-S	L1 L2 N PE L3	5×1	5	
	三相四线制 TN-C	L1 L2 PEN L3	4×1	4	

交流电压/kV	系统制式	接线图	电线电缆导体数		备注
			单芯	多芯	
≤1	三相四线制 TN–C–S		4×1	4	电源侧
			5×1	5	负荷侧
	三相四线制 TT		4×1	4	
	三相四线制 IT		4	4	中性点绝缘或经阻抗接地
	两相三线制		3×1	3	
			3×1	3	
	单相两线制		2×1	2	

交流电压/kV	系统制式	接线图	电线电缆导体数		备注
			单芯	多芯	
≤1	单相三线制	L1 N L2	3×1	3	

注：单芯电缆选用详见 2.2 条。

（2）下列情况下宜采用单芯电缆组成电缆束：

1）在水下、隧道或特殊的较长距离线路中，为避免或减少中间接头。

2）沿电缆桥架敷设，当导体截面较大为减小弯曲半径时。

3）负荷电流很大，采用两根电缆并联仍难以满足要求时。

4）采用刚性矿物绝缘电缆时。

（3）用于交流系统的单芯电缆宜选用无金属护套和无钢带铠装的类型。必须铠装时，应采用非铁磁材料铠装或经隔磁处理的钢丝铠装电缆，35kV 级可用节距足够大的铠装。

单芯电缆成束穿进铁磁性材料外壳时，回路中所有导体，包括 PE 导体，都应被铁磁性材料包围。

（4）三相供电系统采用单芯电缆时，由于水平排列感抗大于三角形排列，宜采用三角形敷设。距离较长时，须注意核算电压降值。

1.3　电力电缆绝缘水平选择

正确地选择电缆的额定电压是确保长期安全运行的关键之一，导体对地（与绝缘屏蔽层或金属护套之间）的额定电压，应满足所在电力系统中性点接地方式及其运行要求。配电系统标称电压为 U_n，分为两类：

A 类——接地故障能够在 1min 内被切除，如 220/380V 系统。

B 类——接地故障能够在 1h 内被切除，如 3～35kV 系统，当中性点采用低电阻接地，且接地故障切除时间小于 1min，导体对地耐压按 U_0 选择，可采用 I 类绝缘，其余则应选择 II 类。

1. 绝缘等级和电压标注

电力电缆绝缘水平分为 I 和 II 类。

电缆导体对地（与绝缘屏蔽层或金属护套之间）的额定电压 U_0。

电缆导体之间的额定电压 U。

2. 电缆绝缘水平

（1）电缆导体之间的额定电压 U 应等于或大于系统标称电压 U_n。

（2）电缆导体之间的工频最高电压 U_{max} 应按等于或大于系统的最高工作电压。

（3）绝缘的雷电冲击耐受电压峰值 U_{pl} 应能够承受雷电冲击，应按表 1-2 选取。

（4）110kV 电缆外护套绝缘水平：对于采用金属套一端互联接地或三相金属套交叉互联接地的电缆，因系统发生短路故障或遭受雷电冲击时，在金属套的不接地端或交叉互联处会出现过电压。为此需要安装过电压限制器，此时作用在外护套上的电压主要取决于过电压限制器的残压。外护套的雷电冲击耐受电压按表 1-2 选择。

110kV 或 220/380V 系统选用第 I 类的 U_0/U 绝缘水平；3～35kV 系统应选用第 II 类的 U_0/U 绝缘水平。电缆绝缘水平选择见表 1-2。

表 1-2　　　　　　　　电缆绝缘水平选择　　　　　　　单位：kV

系统标称电压 U_n		0.22/0.38	3	6		10		35	
电缆的额定电压 U_0/U	第 I 类	0.6/1	1.8/3	3.6/6		6/10		21/35	
	第 II 类		3/3	6/6		8.7/10		26/35	
导体之间的工频最高电压 $/U_{max}$			3.6	7.2		12		42	
导体对地的雷电冲击耐受电压的峰值 $/U_{pl}$			40	60	75	75	95	200	250

6

1.4 绝缘材料及护套的选择

1. 聚氯乙烯（PVC）绝缘电线电缆

导体长期允许最高工作温度 70℃；短路暂态温度（热稳定允许温度）对 300mm² 及以下截面不超过 160℃；对 300mm² 以上截面不超过 140℃。

（1）聚氯乙烯绝缘及护套电力电缆有 1kV 及 6kV 两级，主要优点：制造工艺简便，没有敷设高差限制，重量轻，弯曲性能好，接头制作简便；耐油、耐酸碱腐蚀，不延燃；铠装电缆具有内铠装结构，使钢带或钢丝免受腐蚀；价格便宜。尤其适宜在线路高差较大地方或敷设在电缆托盘、槽盒内，也适用在一般土壤以及含有酸、碱等化学性腐蚀土质中直埋。但其绝缘电阻较低，介质损耗较大，因此 6kV 回路电缆，不应使用聚氯乙烯绝缘型。

（2）聚氯乙烯的缺点是对气候适应性能差，低温时变硬发脆。普通型聚氯乙烯绝缘电缆的适用温度范围为+60～-15℃之间，不适宜在+60℃以上、-15℃以下的环境温度下使用。它敷设时的温度更不能低于-5℃，当低于 0℃时，宜先对电线电缆加热。对于低于-15℃的严寒地区，应选用耐寒聚氯乙烯电缆。高温或日光照射下，增塑剂易挥发而导致绝缘加速老化，因此，在未具备有效隔热措施的高温环境或日光经常强烈照射的场合，宜选用特种电线电缆，如耐热聚氯乙烯线缆。耐热电线电缆的绝缘材料中添加了耐热增塑剂，导体长期允许最高工作温度为 90℃ 及 105℃ 等，适应在环境温度 50℃以上环境使用，但要求电线接头处或绞接处锡焊处理，防止接头处氧化。电线实际允许工作温度还取决于电线与电器接头处的允许温度，详见表 2-1。

（3）随着经济发展和技术进步，聚氯乙烯绝缘电线还有不少衍生品种，如 BVN、BVN-90 及 BVNVB 型聚氯乙烯绝缘尼龙护套电线等。这种电线表面耐磨而且比普通 BV 型导线的外径小、重量轻，特别适合穿管敷设，又因表面耐磨，特别适合于振动场所。但在35mm² 以上截面时，价格比 BV 导线的贵得多而且比较硬，因此使用很少。

（4）普通聚氯乙烯虽然有一定的阻燃性能，但燃烧时会散放有毒烟气，故对于发生火灾时有低烟、低毒要求的场合，如客运设施、商业区、高层建筑和重要公共设施等人流较密集场所，或者重要性高的厂房，不应采用聚氯乙烯绝缘或者护套型电缆，而应采用低烟、低卤或无卤的阻燃电线电缆。

聚氯乙烯电缆不适用在含有苯及苯胺类、酮类、吡啶、甲醇、乙醇、乙醛等化学剂的土质中直埋地敷设；在含有三氯乙烯、三氯甲烷、四氯化碳、二硫化碳、醋酸酐、冰醋酸的环境中不宜采用。

2. 交联聚乙烯绝缘（XLPE）电线电缆

导体长期允许最高工作温度 90℃，短路暂态温度（热稳定允许温度）不超过 250℃。

交联聚乙烯绝缘聚氯乙烯护套电力电缆，绝缘性能优良，介质损耗小，制造方便，外径小，重量轻，载流量大，敷设方便，不受落差限制，作为终端和中间接头较简便而被广泛采用，电压等级全覆盖。由于交联聚乙烯料轻，故 1kV 级的电缆价格与聚氯乙烯绝缘电缆相差有限，故低压交联聚乙烯绝缘电缆有较好的市场前景，目前已被广泛使用。

普通的交联聚乙烯绝缘材料不含卤素，不具备阻燃性能。此外，交联聚乙烯材料对紫外线照射较敏感，因此通常采用聚氯乙烯作为外护套材料。在露天环境下长期强烈阳光照射下的电缆应采取覆盖遮阳措施。

交联聚乙烯绝缘护套电缆还可敷设于水下，但应具有高密度聚乙烯护套及防水层的构造。

3. 橡皮绝缘电力电缆

导体长期允许最高工作温度 65℃，可用于不经常移动的固定敷设线路。移动式电气设备的供电回路应采用橡皮绝缘橡皮护套软电缆（简称橡套软电缆），有屏蔽要求的回路应具有分相屏蔽。普通橡胶遇到油类及其化合物时，很快就被损坏，因此在可能经常被油浸泡的场所，宜使用耐油型橡胶护套电缆。普通橡胶耐热性能差，允许运行温度较低，故对于高温环境又有柔软性要求的回路，宜选用乙丙橡胶绝缘电缆。

1.5 铠装及外护层的选择

电缆外护层及铠装的选择见表 1–3。表中外护层类型按 GB/T 2952.3—2008《电缆外护层 第 3 部分：非金属套电缆通用外护层》[90] 编制。

1. 直埋地敷设电缆铠装及外护层选择

在土壤可能发生位移的地段，如流沙、回填土及大型建筑物、构筑物附近，应选用能承受机械张力的钢丝铠装电缆，或采取预留长度、用板桩或排桩加固土壤等措施，以减少或消除因土壤位移而作用在电缆上的应力。

电缆直埋地敷设时，当可能承受较大压力或存在机械损伤危险时，应选用钢带或钢丝铠装。

电缆金属套或铠装外面应具有塑料耐腐蚀外套，当位于盐碱、沼泽或在含有腐蚀性的矿渣回填土时，应具有增强防护性的外护套。

2. 水下敷设电缆铠装及外护层选择

敷设于通航河道、激流河道或被冲刷河岸、海湾处，宜采用钢丝铠装；在河滩宽度小于 100m、不通航的小河或沟渠底部，且河床或沟底稳定的场合，可采用钢带铠装；但钢丝、钢带外面均须具有耐腐蚀的防水或塑料外护层，对中压电缆一般需要有纵向和横向水密结构的护层。

3. 导管或排管中敷设，宜选用塑料外护套

4. 空气敷设电缆铠装及外护层选择

对于可能承受机械损伤或防鼠害、蚁害要求较高的场所，应采

各种电缆外护层及铠装的适用敷设场合

表 1-3

护套或外护层	铠装	代号	敷设方式								环境条件						备注
			户内	电缆沟	电缆托盘	隧道	管道	竖井	埋地	水下	火灾危险	移动	多砾石	一般腐蚀	严重腐蚀	潮湿	
一般橡套	无		√	√	√	√							√		√	√	
不延燃橡套	无	F	√	√	√	√		√					√				耐油
聚氯乙烯护套	无	V	√	√	√	√	√		√					√	√	√	
聚乙烯护套	无	Y	√	√	√	√						√		√	√	√	
铜护套	无					√			√		√		√	√	√	√	刚性矿物绝缘电缆
金属护套	无		√	√	√	√					√			√	√		柔性矿物绝缘电缆的一种
聚氯乙烯护套	钢带	22	√	√	√	√			√					√	√	√	

续表

护套或外护层	铠装	代号	敷设方式										环境条件				备注
			户内	电缆沟	电缆托盘	隧道	管道	竖井	埋地	水下	火灾危险	移动	多烁石	一般腐蚀	严重腐蚀	潮湿	
聚乙烯护套	钢带	23	√	√	√		√			√				√	√	√	
聚氯乙烯护套	细钢丝	32				√	√	√	√	√	√		√	√	√	√	
聚乙烯护套	细钢丝	33				√	√	√	√	√	√	√		√	√	√	
聚氯乙烯护套	粗钢丝	42				√	√	√	√		√	√	√	√	√	√	
聚乙烯护套	粗钢丝	43			√	√	√	√	√		√	√	√	√	√	√	
聚乙烯护套	铝合金带	62	√	√	√	√	√	√	√				√	√	√	√	

注：1. "√"表示适用；无标记则不推荐采用。

2. 具有防水层的聚氯乙烯护套电缆可在水下敷设。

3. 如需要用于湿热带地区的防霉特种护层可在型号规格后加代号"TH"。

4. 单芯钢带铠装电缆不适用于交流线路。

用金属铠装或防鼠蚁护套料电缆敷设于托盘、梯架、槽盒内。防白蚁型聚乙烯护套电线电缆，它的规格、电气性能、力学和物理性能与普通型同类产品相同。无防鼠、蚁害要求时，可不需铠装，而是将单根金属带按规定的缠绕形成一环扣一环做成联锁结构，可起到一定的屏蔽作用，并可耐受鼠咬。这种铠装层保护的电缆同时具备较强的抗压和抗拉能力，可以明敷或敷设在电缆梯架、网格及各式电缆托盘中，亦可暗敷等，敷设安装方便。与普通铠装电缆一样，金属联锁裸铠装电缆可以直接沿墙或在支架上敷设而不再穿管，从而减少了管材消耗，降低配套附件成本。

世德铝合金联锁裸铠装可以承受 9000N 的压力，可适用于允许采用铝导体且不会浸水的场所，如建筑物内部电力工程的配电干线。特别是它的弯曲半径仅为电缆外径的 7 倍，更适用于建筑中狭小空间布线及改造工程。但这种电缆在分支部分剥开铠装后，需要对铠装进行电气、机械和阻燃性能的恢复；敷设时不能牵引铠装，应该剥开铠装直接牵引导体。

在含有腐蚀性气体环境中，铠装应具有挤出外护套。在有放射线作用的场所（如医疗放射设备、X 射线探伤机、粒子加速器以及用于核反应堆壳内的电力电缆），应采用氯丁橡胶、氯磺化聚乙烯金属护套、矿物化合物护套或其他耐辐射的外护套；高温场所应采用硅橡胶类耐高温外护套、铜护套或矿物化合物护套。

除架空绝缘电缆外，普通电缆用于户外时，宜有遮阳措施，如加罩、盖或穿管等。

1.6　阻燃电缆选择

阻燃电缆是指在规定试验条件下，试样被燃烧，撤去火源后，火焰在试样上的蔓延仅在限定范围内且自行熄灭的电缆，即具有阻止或延缓火焰发生或蔓延的能力。阻燃性能取决于护套材料。

1. 阻燃电缆的阻燃等级

根据 GB/T 18380.31—2008（IEC 60332-3-10：2000，IDT）《电

缆和光缆在火焰条件下的燃烧试验 第 31 部分：垂直安装的成束电线电缆火焰垂直蔓延试验试验装置》[67]规定试验下，阻燃电线电缆分为 A、B、C、D 四级，见表 1–4。

表 1–4　　　　　　阻燃电缆分级表（成束阻燃性能要求）

级别	供火温度/℃	供火时间/min	成束缚设电缆的非金属材料体积/（L/m）	焦化高度/m	自熄时间/h
A	≥815	40	≥7	≤2.5	≤1
B			≥3.5		
C		20	≥1.5		
D			≥0.5		

注：1. D 级标准摘自 IEC 60332–3–25：2000 及 GB/T 19666—2005。

　　2. D 级标准仅适用于外径不大于 12mm 的绝缘电线。

　　3. 试验方法按照 GB/T 18380.1、GB/T 18380.2。

2. 阻燃电缆的性能

阻燃电缆的性能主要用氧指数和发烟性两项指标来评定。由于空气中氧气占 21%，对于氧指数超过 21 的材料在空气中会自熄，材料的氧指数越高，则表示它的阻燃性能越好。

GB/T 31247—2014《电缆和光缆燃烧性能分级》，标准等级提高了，但没有替代旧标准，目前仍实行"双轨制"，详见 14.9 节。

电线电缆的发烟性能可以用透光率来表示，透光率越小，表示材料的燃烧发烟量越大。大量的烟雾伴随着有害的 HCl 气体，妨碍救火工作，损害人体健康及设备安全。电线电缆按发烟透光率大于或等于 60% 判定低烟性能，见表 1–5。

表 1–5　　　　　　电线电缆发烟量及烟气毒性分级表

代号	试样外径 d/m	规定试样数量	最小透光率（%）
D	$d>40$	1（束）	≥60
	$20<d≤40$	2（束）	
	$10<d≤20$	3（束）	

代号	试样外径 d/m	规定试样数量	最小透光率（%）
D	5<d≤10	45/d（束）	≥60
	2≤d≤5	45/3d（束）	

注：1. 试验方法按 GB/T 17651.2—1998（IEC 61034-2：1997，IDT）《电缆或光缆在特定条件下燃烧的烟密度测定第 2 部分：试验步骤和要求》[63]。

2. 试样由 7 根绞合成束。

3. **阻燃电缆燃烧时烟气特性**

可分为三大类：

（1）一般阻燃电缆：成品电缆燃烧试验性能达到表 1-4 所列标准，而对燃烧时产生的 HCl 气体腐蚀性及发烟量不做要求者。

（2）低烟低卤阻燃电缆：除了符合表 1-5 的分级标准外，电缆燃烧时要求气体酸度较低，测定酸气逸出量在 5%～10%的范围，酸气 pH<4.3，电导率小于或等于 20μS/mm，烟气透光率大于 30%，称为低卤电缆。

（3）无卤阻燃电缆：电缆在燃烧时不发生卤素气体，酸气含量在 0～5%的范围，酸气 pH≥4.3，电导率小于或等于 10μS/mm，烟气透光率大于 60%，称为无卤电缆（试验方法 GB/T 17650.2[62]）。

电缆用的阻燃材料一般分为含卤型及无卤型加阻燃剂两种。含卤型有聚氯乙烯、聚四氟乙烯、氯磺化聚乙烯、氯丁橡胶等。无卤型有聚乙烯、交联聚乙烯、天然橡胶、乙丙橡胶、硅橡胶等。阻燃剂分为有机和无机两大类，最常用的是无机类的氢氧化铝。

一般阻燃电缆含卤素，虽然阻燃性能好又价格低廉，但燃烧时烟雾浓，酸雾及毒气大。

无卤阻燃电缆烟少、毒低、无酸雾。它的烟雾浓度比一般阻燃电缆的低 10 倍，但阻燃性能较差。大多只能做到 C 级，而价格比一般阻燃电缆贵很多；若要达到 B 级，价格更贵。由于必须在绝缘材料中添加大量的金属水化物等填充料，来提高材料氧指数和降低发烟量，这样会使材料的电气性能、机械强度及耐水性能大大降低。

不仅如此，无卤阻燃电缆一般只能做到 0.6/1kV 电压等级，6～35kV 中压电缆很难满足阻燃要求。

4. 隔氧层电缆

为了实现高阻燃等级、低烟低毒及较高的电压等级，20 世纪 90 年代研制了隔氧层电缆专利产品。在原电缆绝缘导体和外护套之间，填充一层无嗅无毒无卤的 $Al(OH)_3$。当电缆遭到火灾时，此填充层可析出大量结晶水，在降低火焰温度的同时，$Al(OH)_3$ 脱水后变成不熔不燃的 Al_2O_3 硬壳，阻断了氧气供应的通道，达到阻燃自熄。

PVC 及 XLPE 绝缘的隔氧层电缆阻燃等级均可达 A 级，烟量少于同类绝缘低烟低卤电缆。交联聚乙烯绝缘的隔氧层电缆，耐压等级可达 35kV 级，而价格仅比同类绝缘的普通电缆高得不多，是一种有推广前景的阻燃电缆。

联锁裸铠装电力电缆的阻燃性能好，成束燃烧试验可以达到阻燃 A 类。

5. 阻燃电缆

采用聚烯烃绝缘材料，阻燃玻璃纤维为填充料，辐照交联聚烯烃为护套的低烟无卤电缆，可实现 A 级阻燃。其燃烧试验按 A 级阻燃要求供火时间 40min，供火温度 815℃。其碳化高度仅 0.95m，大大低于 A 级阻燃小于或等于 2.5m 的要求。而且它们发烟量也低于 PVC 及 XLPE 绝缘的隔氧层电缆，是一种较为理想的阻燃电缆，但它的价格较贵。

由于目前规定 A 类阻燃电缆成束敷设时的非金属含量不得超过 7L/m，对于截面较大的电缆，仅数根就超过这个规定。应对的办法仅仅是将其分成数个电缆束或在电缆托盘中设纵向隔板等消极措施，往往仍然非常困难。因此研制高阻燃性能的电缆十分迫切。

上海近年推出了中低压超 A 类品质的阻燃电缆。试验允许非金属含量可达 28L/m，当 815℃火焰燃烧 40min，碳化高度小于 1m。特别是中压阻燃电缆填补了该领域的空白。超 A 类阻燃电缆产品的问世，大大方便了使用。

中压阻燃电缆的电压等级有 6/6kV、8.7/10kV、21/35kV、26/35kV，其核心技术是采用隔氧层及隔离套结构。这种电缆的外径仅比普通电缆的大 2～4mm，质量大 8%。其电气性能、敷设环境、敷设方法、载流量都与普通电缆的相同。但由于结构上增加了高密度交联聚乙烯护套，克服了低烟无卤电缆耐水性差的弊病。

6. 阻燃电缆的型号标注

$$\triangle\text{--}\square\text{--}\bigcirc\text{--}U_o/U \quad n\times S$$

其中：$\triangle$——阻燃代号：ZR 或 Z——一般阻燃；WDZR 或 WDZ——无卤低烟阻燃；GZR 或 GZ——隔氧层一般阻燃；GWL——隔氧层低烟无卤阻燃。

$\square$——阻燃等级及发烟量，见表 1–4 及表 1–5。无发烟量限制时仅注阻燃等级。

$\bigcirc$——材料特征及结构，如 VV（PVC）、YJV（XLPE）等，按 GB/T 2952 规定。

U_o/U——额定电压，kV。

n——导体数量。

S——截面，mm^2。

例如：ZR–ⅡA–YJV–8.7/10 3×240

当没有发烟量限制时，亦可简化为：ZA–YJV–8.7/10 3×240

7. 阻燃电缆选择要点

（1）由于有机材料的阻燃概念是相对的，数量较少时，呈阻燃特性；而数量较多时，有可能呈不阻燃特性。因此，电线电缆成束敷设时，应采用阻燃型电线电缆。确定阻燃等级时，重要的或人流密集的民用建筑需要按照本章附录核算电线电缆的非金属材料体积总量，并按表 1–4 确定阻燃等级。

当电缆在托盘内敷设时，应考虑将来增加电缆时，也能符合阻燃等级，宜按照近期敷设电缆的非金属材料体积预留 20% 余量。电线在槽盒内敷设时，也宜按此原则来选择阻燃等级。

（2）阻燃电缆必须注明阻燃等级。若不注明等级者，一律视为 C 级。

（3）在同一通道中敷设的电缆，应选用同一阻燃等级的电缆。阻燃和非阻燃电缆若在同一通道内敷设时，则均视为非阻燃性能。非同一设备的电力与控制电缆若在同一通道敷设时，亦宜互相隔离。

（4）直埋地电缆，直埋入建筑孔洞或砌体的电缆及穿管敷设的电线电缆，可选用普通型电线电缆。由于低烟无卤电缆的防水性能差，不适合直埋地；护套的机械强度低，不适合穿管敷设。

（5）敷设在有盖槽盒、有盖板的电缆沟中的电缆，若采用封堵、阻水、隔离等防止延燃措施，能有效防止火灾蔓延，因此可适当降低电缆的阻燃等级，编者保守认为可降低一级。

（6）选用低烟无卤型电缆时，应注意到这种电缆阻燃等级一般仅为 C 级。若要较高阻燃等级，应选用隔氧层电缆或辐照交联聚烯烃绝缘，聚烯烃护套特种电缆。

（7）由于 A 级阻燃电缆价格贵，宜选择不同路径或减少同一路径中电缆数量等，以减少电缆束的非金属含量。变电站出线较多时，宜分别敷设在不同电缆托盘内，有利于降低电缆阻燃等级。

（8）根据 GB/T 19666—2005《阻燃和耐火电线电缆通则》[73]及 GB/T 18380（IEC 60332，IDT）《电缆和光缆在火焰条件下的燃烧试验》[65]标注电缆制造行业执行的阻燃和耐火电缆标注。2014 年消防系统参考欧盟标准改编的 GB/T 31247—2014《电缆和光缆燃烧性能分级》，两套标注都有效，但差别很大，双轨制很难执行，应引起关注。

1.7　耐温、耐（防）火电线电缆的选择

耐温布电线是指额定电压在 450/750V 及以下，长期允许工作温度 90℃及以上，具有耐热阻燃的电线。

耐火电线电缆是指在规定试验条件下，在火焰中被燃烧一定时间内能保持正常运行特性的电线电缆。

1. 耐温布电线选择

耐温布电线应用在航空、航天、舰船、车辆中以及工业与民用

建筑高温环境。早期主要采用氟塑料或硅橡胶绝缘。硅橡胶绝缘加工难度大。氟塑料卤素太高，而且价格不菲。随着人们环保意识的日益增强和辐照交联技术的发展进步，形成三足鼎立格局。氟电线主要用于航天、航空，硅电线主要用于移动设备连接，而辐照交联布电线更适用于建筑布线。如辐照交联聚烯烃耐温 150℃，寿命长达60 年，价格也不高。

（1）耐（防）火电线主要技术性能见表 1—6。

表 1—6　　　　　　　　　　耐（防）火电线性能表

项　　目	性能及参数
额定电压 U_e/V	450/750
导体材料/长期允许工作温度/℃	铜/125（90）[①]
导体数	1
截面范围	1.5～240mm^2
电气性能	符合 JB/T 10491—2004
耐火性能	符合或 GB/T 19216.21—2003 规定 90min，GA 306.1～2—2007 规定 750～800℃及 850～1000℃均 90min。GB/T 19666—2005 规定 800℃和 1000℃两种，受火 90min，冷却 15min。 BS 6387–C 类（950±40）℃　　180min
载流量	同交联聚乙烯（XLPE）电线

① 产品标准 125℃，与电器连接宜不高于 90℃，建议一般用 90℃的载流量。

（2）耐（防）火电线结构特点。

传统布电线结构是导体外挤包绝缘层。耐（防）火电线是在导体外绕包云母和复合绝缘带，外层为护套。复合绝缘具有良好的耐火和防水性。护套材料有聚氯乙烯（PVC）、交联聚烯烃（SXE）和无卤低烟料，可根据需要选择。

此类结构属于无机型耐火电线。

（3）耐（防）火电线型号标注。

BMG□–U_0/U–○

B——布电线。

MG——复合绝缘。

□——护套材料：V——聚氯乙烯（PVC）；S——交联聚烯烃（SXE）；W——无卤低烟料。

U_o/U——额定电压为450/750V及600/1000V两种。

○——导体截面，1.5～240mm²。

2. 耐火电缆特性分类

耐火电缆现行标准多，有制造行业编制的国家标准，也有消防部门制定的国家标准，而且不统一，这种情况亟待清理和统一。

现行标准主要有 GB/T 19666—2005《阻燃和耐火电线电缆通则》、GB 18380《光缆和电缆燃烧试验方法》、GB 19216《在火焰条件下电缆或光缆的线路完整性试验》、GA 306.1～2—2007《阻燃及耐火电缆塑料绝缘阻燃及耐火电缆分级和要求》[21]等。其中 GB 19216 又分别 2003 和 2008 版，如 GB 19216.11（.21）—2003 是 750℃供火装置和试验方法，GB 19216.12（.31）—2008[72]是 830℃供火及冲击试验装置和试验方法。

试验标准总体不及相应英国标准严格。

根据 GB/T 19666—2005《阻燃和耐火电线电缆通则》，耐火电缆按耐火特性 FENCHENG 分为 N、NJ、NS 三种，见表 1-7。

表 1-7 　　　　　　　　耐火电缆性能表

代号	名称	供火时间+冷却时间/min	冲击	喷水	合格指标
N	耐火		—	—	
NJ	耐火+冲击	90+15	√	—	2A 熔丝不熔断 指示灯不熄灭
NS	耐火+喷水		—	√	

注：1. 试验方法参考 GB/T 19216.21—2003（IEC 60331-21：1999，IDT）[71]。

　　2. 试验电压：0.6/1kV 及以下电缆取额定电压；数据及信号电缆取相对地电压（110±10）V。

　　3. 供火温度均为 750℃。

3. 耐火电缆按绝缘材质分类

可分为有机型和无机型两种。

（1）有机型主要是采用耐高温 800℃的云母带以 50%重叠搭盖率包覆两层作为耐火层。外部采用聚氯乙烯或交联聚乙烯为绝缘，若同时要求阻燃，只要将绝缘材料选用阻燃型材料即可。它之所以具有"耐火"特性，完全依赖于云母层的保护。采用阻燃耐火型电缆，可以在外部火源撤除后迅速自熄，使延燃高度不超过 2.5m。有机型耐火电缆一般只能做到 N 类。

（2）无机型耐火电缆又称为矿物绝缘电缆，可分为刚性和柔性两种。国外称为 MI 电缆（Mineral Insulation Cable）。由于翻译的原因，引入刚性耐火电缆时，译为防火电缆，含义并不明确。根据现行标准应为耐火电缆。

刚性和柔性矿物绝缘电缆结构如图 1–1 和图 1–2 所示。

图 1–1　刚性矿物绝缘电缆剖面图　　图 1–2　柔性矿物绝缘电缆剖面图

刚性矿物绝缘电缆采用氧化镁作为绝缘材料，铜管为护套。

柔性矿物绝缘电缆大约在 20 世纪 70 年代诞生于瑞士的斯图特公司，直至 1984 年才得到推广应用。我国相应的产品于 2003 年在上海诞生，2006 年推广应用。

无论是刚性还是柔性矿物绝缘电缆，都具有不燃、无烟、无毒和耐火特性。

矿物绝缘电缆的检测尚无国家标准。但除了满足 GB/T 19216—2008 耐火及冲击标准外，尚应对喷水要求加以具体化。可参考英国标准 BS 6387—2013[2]和 BS 8491—2008[3]，该标准对具备抗喷淋和抗机械撞击性能要求很明确。BS 6387 在 2013 年做重大修改，仅保留

C-W-Z 试验方法，详见表 1-8。该标准适用范围仅限于外径小于或等于 20mm 电缆，对于外径大于 20mm 电缆，沿用更为严格的 BS 8491—2008，详见表 1-9。

表 1-8　　　　　　BS6387—2013 电缆耐火性能规定

耐火	抗喷淋	抗机械撞击	
C 类：（950±40）℃ 180min	W 类：（650±40）℃ 15min 后 再洒水 15min	Z 类：（950±40）℃ 15min	每分钟 撞击 2 次

表 1-9　　　　　　BS8491—2008 电缆耐火性能规定

耐火/℃	撞　击	喷　淋
（830+40）℃ 时长分 3 挡： （30′；60′；120′共 3 挡）	铁棒在火中直接敲打电缆 试验开始后每 10min 一次直 至试验全部结束	水流在火中直接喷射在 电缆上 水流强度：12.5L/min 试验结束前 5min 分 5 次喷射

　　BS 8491 标准虽然降低了火焰温度，缩短了受火时间，对不同的耐火能力也做了 3 个不同档次的分类挡规定（30min、60min、120min）。但同时也对试验方法做了调整：首先，三项试验必须在同一根试样上完成；其次，试验用铁棒和喷射水流都必须直接作用在电缆本体上；再次，试样的弯曲弧度应是制造厂商承诺的电缆最小弯曲半径等规定。

　　国内刚性和部分优质柔性矿物绝缘电缆大多已能满足这一水平的要求。

　　刚性和柔性矿物绝缘电缆，都可外覆有机材料的护层，但要求无卤、低烟、阻燃。

　　矿物绝缘电缆同时具备耐高温特性，适用于高温环境，如冶金、建材工业，也可适用于锅炉、玻璃炉窑、高炉等表面敷设。

　　无机型刚性耐火电缆通常标注为 BTT 型，按绝缘等级及护套厚度分为轻型 BTTQ、BTTVQ（500V）和重型 BTTZ、BTTVZ（750V）两种。分别适用于线芯和护套间电压不超过 500V 及 750V（方均根值）的场合。

此外，BTT 电缆外护层机械强度高，可兼作 PE 线，接地十分可靠。

BTT 型电缆按护套工作温度分为 70℃和 105℃。70℃分为带 PVC 外护套及裸铜护套两种；105℃的裸铜护套电缆适用于人不可能触摸到的空间。在高温环境中应采用裸铜护套型，在民用建筑的一般场所中应用两种均可。但 105℃线缆如果直接与电气设备连接而未加特种过渡接头者，应将工作温度限制在 85℃。若 BTTZ 电缆与其他电缆同路径敷设时，应选用 70℃的品种。BTT 电缆还适用于防辐射的核电站、γ 射线探伤室及工业 χ 光室等。

刚性矿物绝缘电缆必须严防潮气侵入，配用各类专用接头及附件，施工要求也非常严格。

单芯刚性矿物绝缘电缆须注意出现在铜护套上的感应电流，有时感应电流很大，必须做好三相护套良好连接，以消除感应电流。也可采用其他方法，工程应用可以因地制宜选择。

无机型柔性耐火电缆结构是在铜导体外均匀包绕两层云母带，以 50%重叠搭盖作为耐火层。线芯绝缘及线芯之间填充物均采用矿物化合物，护套采用低烟无卤料。辐照矿物化合物是将一种特殊配方的无机化合物经过大功率电子加速器所产生的高能 β 射线辐照，使材料保持柔软的同时，达到较高的耐火性能，不仅同样满足 BS 6387 中 C–W–Z 的最高标准，而且敷设如同普通电力电缆，十分方便。由于其制造长度长，大大减少接头，使线路的可靠性提高。无机型柔性耐火电缆的型号各异，大致分两类：第一类标注为 BBTRZ（600/1000V），电压为导体间电压有效值，导体长期允许最高工作温度可达 125℃，但选用时载流量须进行修正。另一种标注为仅注明阻燃 Z 和耐火 N，不特别注明柔性。

（3）耐火电缆按电压分类共有低压 0.6/1.0kV 和中压 6/10kV、8.7/15kV、26/35kV 四种。

近年来上海成功推出中压隔离型柔性矿物绝缘耐火电缆，填补了中压耐火电缆的空白，技术核心仍然是成功应用隔氧层技术，详见图 1–3。与低压电缆所不同的是在绝缘层外包覆了绝缘屏蔽层和铜带屏蔽层，不仅有效地均匀电压，而且大大减少相间短路的可能性。

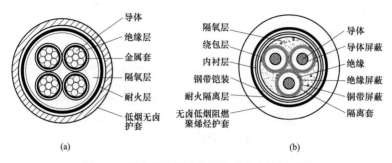

图 1–3　隔离型柔性矿物绝缘耐火电缆剖面图
（a）低压；（b）中压

上海高桥电缆集团有限公司的隔离型矿物绝缘电缆绝缘采用金云母带，长期允许工作温度为 90℃，阻燃性能超 A 级，无卤低烟性能，耐火性能是火焰温度 950℃供火时间 180min 绝缘不击穿，可承受水喷淋和机械撞击，满足 BS6387 标准的 C–W–Z。

江苏亨通电力电缆有限公司（RTXMY）、上海申通电缆厂有限公司（BBTRG）等研制成功的超柔矿物绝缘防火电缆，最初用于军工，近年来扩展至工业与民用建筑工程，额定电压 0.6/1kV，试验电压 3.5kV/5min，性能优良，耐火性能通过 950℃、180min 燃烧试验及 BS6387—2013（C–W–Z 级）、BS8491—2008 标准规定的耐火、喷淋、冲击试验。自主开发的配方材料弹性及柔软度佳，大大提高了产品的柔软、弯曲性能，尤其是联锁铠装型的结构，弯曲半径仅 7 倍电缆外径，称为超柔矿物绝缘防火电缆。

超柔矿物绝缘防火电缆有三种形式，即裸护套、裸不锈钢联锁护套、不锈钢联锁护套加外护套。不锈钢联锁护套可兼作铠装，可根据敷设条件选择。

一般低压耐火电缆可无铠装。需要铠装时，铠装层有钢带和钢丝两种，截面范围全，适用于各类工业与民用建筑及市政工程。

柔性矿物绝缘耐火电缆外径与重量略大于普通的交联聚乙

烯电缆。它的敷设方法则与其相同。载流量可沿用表 5-19，电压降值均与普通交联聚乙烯电缆相近，可以沿用表 5-20～表 5-24 数据。

（4）耐火电缆的型号标注。

1）有机型耐火电缆：

$$\triangle - \bigcirc - U_0/U \quad n \times S$$

其中：$\triangle$——耐火代号，一般标注为 NH 或简化为 N。

阻燃耐火：阻燃 A 级——ZANH；

阻燃 B 级——ZBNH；

阻燃 C 级——ZRNH 或 ZNH。

无卤低烟阻燃耐火——WDZRNH 或 WDZN；

隔氧层一般阻燃耐火——GZRNH 或 GZN；

隔氧层低烟无卤阻燃耐火——GWLNH 或 GWN。

$\bigcirc$——材料特性及结构，如 VV 或 YJV$_{22}$ 等。

U_0/U——额定电压，kV。

n——导体数量。

S——截面，mm^2。

例如：NH-VV-0.6/1 3×240+1×120

即表示耐火型聚氯乙烯绝缘及护套电力电缆。

又如：ZRNH-VV$_{22}$-0.6/1 3×240+1×120

即表示阻燃 C 级的耐火电缆，无发烟量限制的聚氯乙烯绝缘，聚氯乙烯护套钢带内铠装电力电缆。

2）刚性矿物绝缘电缆的标注：

如 BTTVZ 4×（1H150）：

BTT——刚性矿物绝缘电缆代号；

V——PVC 外护层，无护层者不注；

Z——重型（750V），Q 为轻型（500V）；

4——根数；

（1H150）——1 芯 150mm^2。

又如：BTTQ 4L2.5，4L2.5 为 4 芯 2.5mm^2。

3) 柔性矿物绝缘电缆标注无统一规定，举例如下：

A. 一般标注法：

BBTR□△-○　$n×S$

其中：BBTR——柔性矿物绝缘电缆代号，第 1 个 B 表示 β 射线，第

　　　　　2 个 B 表示布线，T 表示铜导体，R 表示柔软；

　　　□——重型或加强型：Z——重型，低烟无卤护套（600/1000V）；

　　　　　G——加强型，无磁不锈钢金属护套。

　　　△——铠装类别，无铠装不注，S 为防鼠型，非防鼠型不注；

　　　○——额定电压，有 600/1000V、450/750V、300/500V 三种；

　　　n——导体数量；

　　　S——截面，mm^2。

　　　例如：BBTRZ–1000　$3×120+1×70$，表示重型，U_0/U 为 600/1000V
无铠装的柔性矿物绝缘电缆，导体为 $3×120mm^2+1×70mm^2$。

B. 隔离型耐火电缆标注法，只注阻燃耐火等级：

WDZAN□△-○　$n×S$

其中：□——绝缘材料；

　　　其余符号与以上 A 相同。

　　　例如：WDZAN–YJY 0.6/1　$3×70+1×35$，表示无卤低烟 A 级阻
燃铜导体交联聚乙烯绝缘、聚烯烃护套、无铠装耐火电缆，额定电
压为 0.6/1kV，导体为 $3×70mm^2+1×35mm^2$。

C. 超柔矿物绝缘防火电缆标注法：

RTXMY○　$n×S$

RTXG（Y）　○$n×S$

其中：RTXMY——裸护型；

　　　RTXG（Y）——联锁铠装型；

　　　R——特性代号（超柔性）；

　　　T——铜导体；

　　　X——耐火绝缘体绝缘；

　　　M——耐火隔离层；

　　　Y——外护套；

G——联锁铠装。

例如：RTXMY 0.6/1 3×120+1×70，表示 U_0/U 为 0.6/1kV 裸护型超柔矿物绝缘防火电缆，导体为 3×120mm²+1×70mm²。

又如：RTXGY 0.6/1 3×95+1×50，表示 U_0/U 为 0.6/1kV 联锁铠装型超柔矿物绝缘非金属护套防火电缆，导体为 3×95mm²+1×50mm²。

4）中压隔离型耐火电缆标注。

WDZAN–YJY△–○ $n×S$

其中：WDZAN——中压隔离型耐火电缆均采用低烟无卤 A 类阻燃型耐火电缆；

YJY——交联聚乙烯绝缘，聚烯烃护套；

△——23 为钢带内铠装，33 为细钢丝内铠装，63 为非磁性钢带，73 为非磁性细钢丝内铠装；

○——U_0/U（kV）分为 6/10、8.7/10、26/35 三种；

n——导体数量，单芯或 3 芯；

S——截面，mm²，25～400mm²。

例如：WDZAN–YJY₂₃–8.7/10 3×95mm²

5）刚性和柔性矿物绝缘耐火电缆比较详见表 1–10。

表 1–10　　　　　　　　刚性和柔性矿物绝缘耐火电缆比较

项 目	刚 性	柔 性
导体结构	圆铜杆	细铜绞线
导体长期允许最高工作温度	70℃及 105℃	125℃
电压等级	Z–750V Q–500V	Z–600/100V Q–300/500V
制造长度	短（截面越大制造长度越短）	长（只受装盘尺寸限制）
接头制作工艺	复杂	简便
芯数选择	推荐用单芯	推荐用多芯

26

项　目	刚　性	柔　性
敷设方式	要求较高	同普通电力电缆
燃烧烟量	无 PVC 护套—无 带 PVC 护套—少量	微量
耐火等级	符合 GB/T 19666—2005 NJ+NS 级 BS 6387C–W–Z 及 BS 8491–120 分级	符合 GB/T 19216—2008 NJ 级 BS 6387C–W–Z 及 BS 8491–120 分级
价格	较高	较低

4. 耐火电线电缆应用

（1）耐火电线电缆应用范围。凡是在火灾中仍须保持正常运行的线路应采用耐火电线电缆，例如工业及民用建筑的消防系统、救生系统，高温环境，辐射较强的场合等。具体是：

1）消防泵、喷淋泵、消防电梯等供电线路及控制线路。

2）防火卷帘门、电动防火门、排烟系统风机、排烟阀、防火阀的供电控制线路。

3）集中供电的应急照明线路、控制及保护电源线路。

4）大、中型变配电站中，重要的继电保护线路及操作电源线路。

5）冶金工业熔炼车间、建材工业的玻璃炉窑等高温环境。

6）核电站或核反应堆、电子加速器等辐射较强的场合。

（2）耐火电线电缆选择要点：

1）可根据建筑物或工程的重要性确定，特别重大的应选无机型耐火电缆，一般的应选有机型耐火电缆。对于油库、炼钢炉或者电缆密集的隧道及电缆夹层内，应选择刚性或柔性矿物绝缘耐火电缆。

2）可根据建筑物发生火灾后的危害程度及线路的重要性选择，如建筑物内明敷的消防设施的电源及控制线路，宜采用无机型（刚性或柔性）矿物绝缘耐火电缆，不宜采用有机类耐火电缆。

3）火灾时，由于环境温度剧烈升高，而导致导体电阻的增大，当火焰温度为 800～1000℃时，导体温度可达到约 500℃，电阻约增大 3～4 倍，此时仍应保证系统正常工作，须按此条件校验电压降，详见第 2.4 节。

4）耐火电缆亦应考虑自身在火灾时的机械强度，因此，明敷的耐火电线电缆截面应不小于 2.5mm²。

5）应区分耐高温电缆与耐火电缆，前者只适用于高温环境。

6）一般有机类的耐火电缆本身并不阻燃。若既需要耐火又要满足阻燃者，应采用阻燃耐火型电缆或无机型耐火电缆。

7）普通电缆及阻燃电缆敷设在耐火电缆槽盒内，并不一定能满足耐火的要求，设计选用时必须注意这一点。

8）明敷的耐火电缆需要同时防水冲击及防重物坠落损伤时，应采用无机型刚性或柔性矿物绝缘电缆。

9）GB 50016—2014《建筑防火设计规范》[35]有条文说明"矿物绝缘类不燃电缆由铜芯、矿物质绝缘材料、铜等金属护套组成，除具有良好的导电性能、机械物理性能外，还具有良好的不燃性，这种电缆在火灾条件下，不仅能保证火灾延续时间内消防供电，还不会延燃，不会产生烟雾。故规范允许这类电缆直接明敷。"有的读者误解为符合要求的矿物绝缘电缆必须带有金属护套，甚至修改电缆结构标准去"迎合"规定。通常规范应该仅仅提出耐火温度和时间等技术条件，而不应该限制结构类型。柔性矿物绝缘电缆有多种结构，凡是通过相应试验标准都可以使用。

1.8 分支电缆选择

20 世纪 70 年代，日本首先推出分支电缆新产品，随后在我国香港地区及东南亚各国得到推广，约 20 世纪 90 年代进入中国内地，在中国的一些大城市中，特别是在一些高层建筑及各种民用、工业建筑的树干式供配电系统中得到广泛应用。目前国内已有多家工厂生产。

1. 概述

分支电缆制作时，首先将成品电缆在指定的位置剥去护套及绝缘层，紧接着冷压接分支接头，最后进行二次注塑，全部过程都在车间内用专用机械设备加工，如图 1-4 所示。其接头绝缘可采用阻燃（自熄时间小于或等于 12s，符合 GB/T 12666.1～3—2008[50]的要求）或耐火（在燃烧的情况下保持 90min 的正常运行，符合 GB 12666.6 的要求）材料。由于其将主干电缆、分支电缆和电缆头融为一体，因此它有可靠性高、气密防水、接头接触电阻小等优点。

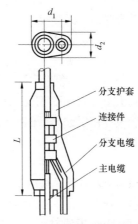

图 1-4　分支电缆分支连接体剖面图

2. 分支电缆使用场合

分支电缆主要用于中小负荷的配电线路中，可广泛使用于：

（1）住宅楼、办公楼等高层建筑中，对各楼层进行配电。

（2）机场跑道照明、路灯等设施的供电。

（3）隧道树干式供电。

（4）工厂车间或现代化标准厂房的供电干线。

3. 分支电缆的可靠性

施工较为简单，接头通常无需维护。产品的电气性能和物理性能在工厂均经过严格的测试，其工艺的一致性保证了质量的一致性，确保了运行的可靠性。

4. 分支电缆种类

分支电缆有聚氯乙烯和交联聚乙烯绝缘两大类，也可制成低烟低卤或无卤阻燃型。电压等级目前仅限于 0.6/1kV 级，它的载流量与同类绝缘电缆相同。

为满足市场需求，各制造商纷纷推出耐火型预分支电缆，但大多只能做到耐受 750℃、90min 燃烧试验。近年来上海和江苏分别开发了耐（防）火型预分支电缆，能够通过 950℃、180min 的燃烧试验。主干电缆和分支电缆都采用各厂生产的耐（防）火电缆；分支导体结构也与一般分支电缆没有区别，技术难点在于分支部分绝缘的耐火处理。上海采用金云母及耐火包带绕包。江苏则采用耐火矿物绝缘体复合带缠绕后，再用高阻燃材料二次注塑。要求达到与主干电缆相同的耐火等级。

5. 分支电缆选择

（1）规格可根据实际负荷大小来选择。干线电缆截面应不大于185mm^2，分支电缆截面应小于或等于干线截面，同时按机械强度考虑不应小于 10mm^2，且必须采用多股线。民用建筑中为了避免因楼层功能改变而引起容量的变动，宜将预分支电缆的干线和支线截面均放大一级。

（2）分支电缆有单芯和多芯（拧绞型）两类。在敷设条件不受限制的场合，宜优先采用单芯电缆。

（3）特殊情况上还应预留分支线以供备用。

（4）由于不能变更分支位置，故在订货前应实地测量分支位置尺寸，如建筑电气竖井的实际尺寸（竖井高度、层高、每层分支接头位置等），工厂再根据实际尺寸量身定制。

（5）分支电缆的分支部分应受到干线电缆始端电器保护，为此长度通常不超过 3m。可以免作保护灵敏度校验。当分支部分导体截面小于干线截面的 1/3 时，应穿钢管保护。

6. 分支电缆配件及施工

垂直敷设时需要的主要配件有吊头、挂钩、支架、缆夹等。

（1）吊头：在主电缆顶端作为安装起吊用。用户在确定分支电缆主电缆截面后，只需在图样上注明配备"吊头"，制造厂商即会按照相应的主电缆截面予以制作。

（2）挂钩：安装于吊挂横梁上，预制分支电缆起吊后挂在挂钩上。

（3）支架：在预制分支电缆起吊敷设后，对主电缆进行紧固、夹持的附件。

（4）缆夹：将主电缆夹持紧固在支架上的配件。

（5）预分支电缆敷设时，将分支绑扎在主干电缆上。待主干电缆安装固定后，再将绑扎解开。垂直吊后，通过挂钩和吊头，挂于吊挂横梁上。设计应充分考虑其承重强度，尤其是高层建筑和大截面电缆时。

分支电缆在建筑物电缆竖井中安装如图 1-5 所示。若采用单芯电缆时，应防止涡流效应和电磁干扰，不应使用导磁金属夹具。

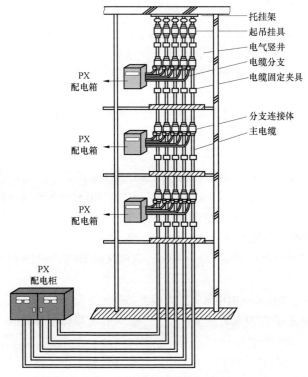

图 1-5　分支电缆安装示意图

为满足短路保护的要求，分支部分的长度超过 3m，则需加装熔断器或断路器。

7. 分支电缆的优缺点

（1）与传统的施工现场处理电缆分支接头或插接式母线槽相比，分支电缆具有如下优点：

1）分支接头的绝缘处理费用较低。

2）施工周期缩短。

3）对施工人员的技术要求条件下降。

4）受空间、环境条件的限制较少。

5）分支连接体的绝缘性能和电缆主体一致，绝缘性能优越，可靠性高。

6）具有更高的抗震、防水性能。

（2）分支电缆的主要缺点是：一旦分支部位确定后，在现场不能变更位置尺寸，因此灵活性不如插接式母线槽。

1.9 铝合金电缆选择

1. 铝合金电缆的导体

根据铝合金成分，可分为各种系列，用于电缆的导体主要是 8000 系列，它的非铝成分约 0.8%~1.5%。GB/T 30552—2014《电缆导体用铝合金线》[93]和北美标准 ASTM B800—05《电气用退火及中温回火 8000 系列铝合金导线》[1]、UL 44—2005《热固性绝缘电线和电缆》[9]等标准均规定了 6 种牌号，其中又以 8030、8176 两种牌号最为常用。

GB/T 29920—2013《电工用稀土高铁铝合金杆》[91]，规定了两种牌号的铝合金杆材，经实测稀土高铁铝合金导体电缆的电气与机械性能并无特殊性。

由于铝合金导体的主材为铝，其物理性能与铝十分接近，因此可以认定铝合金导体是铝导体的一种。而铝合金电缆除常规的钢带、钢丝铠装结构外，还引进了北美标准中的铝合金带联锁铠装结构，减小弯曲半径，改善了施工性能。

2. 铝合金电缆与铜、铝电缆的技术性能比较

其性能对比见表 1–11。

表 1–11 铝合金电缆与铜、铝电缆的技术性能比较

项　　目		电缆导体类型		
		铜	铝	铝合金
载流量相对值	%	100	～77.5	～77.5
导电性能相对值	%	100	61～63	59～61
能　耗		较小	较大	较大
直流电阻相对值	%	100	～165	～165
导体连接可靠性	抗氧化	好	差	差
	抗蠕变	好	差	差
	微动磨损	少	多	多
	金属间化合物	无	有	有
	耐腐蚀性	好	较差	差
施工性能	导体抗拉强度/MPa	240	160	110
	允许牵引强度/MPa	70	40	28
	电缆外径	较小	较大	较大
	弯曲半径倍数	≥15D	≥15D	≥7D
	端子连接工艺	简易	繁复	繁复
	电缆重量相对值	100%	80%	80%

注：1. D 为电缆外径，铝合金电缆应采用联锁铠装弯曲半径较小。

2. 电缆重量是以低压电缆代表规格计算后的约数。

3. 导体抗拉强度为行业典型值，电缆允许牵引强度按导体抗拉强度的 1/4 取值。

4. 直流电阻依据：GB/T 3956—2008[99]；GB/T 12706.1～4—2008[51]；GB/T 31840—2014[97]。

表 1–11 的说明如下：

（1）连接可靠性涉及材质抗氧化性能与施工工艺、抗蠕变性能、微动磨损与金属间化合物和耐腐蚀性能。

1）抗氧化性能及施工工艺。金属表面的氧化被公认为连接失效的第一要素。铝和铝合金在空气中会迅速氧化，形成的氧化物坚硬

且脆，电阻率约 $10^{24}\mu\Omega\cdot cm$ 呈现绝缘体特性。接头施工时需使用精细打磨机，涂抹导电膏隔绝空气，以保证连接可靠。

2）抗蠕变性能。所谓蠕变是材料在一定温度及压力作用下，随时间延长而产生的塑性变形，也是连接失效的重要原因。抗蠕变性能高，接头就可靠。

铝导体抗蠕变性能比铜差，因此需要加强运行维护。

铝合金导体抗蠕变性能，上海电缆研究所的研究报告认为优于铝导体。国际铜业协会提供加拿大测试结果，北美生产的铝合金电缆符合这个结果，而中国大陆的铝合金电缆样品还比铝电缆的差。分析原因很可能是取决于退火程度。往往追求提高导电性能的同时会降低抗蠕变性能，国内铝合金电缆抗蠕变性能有分散线，选择时应注意。

3）微动磨损及金属间化合物是造成铜-铝过渡接头损坏的原因。过渡接头是目前解决铝和铝合金电缆与铜端子连接的较好方法，但性能和价格差异很大，应选择优质产品，详见第 11 章。

4）耐腐蚀性能。上海电缆研究所检测报告表明铝合金电缆的耐腐蚀性比铝电缆差。由于在铝中掺入与铝电位不同的微量元素，在电介质条件下就会形成电化腐蚀。但编者认为由于电缆的导体被绝缘和护套包覆，裸露在空气中的只有终端接头，适当处置是可以克服的。

（2）施工性能中，应注意以下两点：

1）最大允许牵引强度低也是因掺入微量元素带来的负面影响。因为微量元素导致电阻率升高，采用退火工艺降低电阻率的同时降低了抗拉强度，一般而言比铝芯电缆导体强度降低约 30%，这对长的中压电缆施工有明显的不利影响。加上大截面铝合金电缆接头技术尚不成熟，又缺乏足够的应用经验，编者不主张目前在中压系统推广铝合金电缆。

2）弯曲半径低压铝合金电缆：采用联锁铠装时弯曲半径最小可达 7 倍电缆外径，方便施工。

3. 铝合金电缆型号标识

（1）常用标识：△□○ * m-U_0/U $n{\times}S$

其中：△——绝缘代号：V 表示 PVC（聚氯乙烯）；

YJ 表示 XLPE（交联聚乙烯）。

□——导体代号 LH（或 HL）表示铝合金；

○——护套特征及结构，如 V 表示 PVC，Y 表示 PE（聚乙烯）等；

＊——铠装代号，S 表示铝合金带联锁铠装，2—钢带，3—钢丝；

m——外护层代号，不标—无外护层，2—聚氯乙烯，3—聚乙烯；

U_o/U——额定电压，kV；

n——导体数；

S——截面，mm^2。

例如：YJLHV–0.6/1　3×120+1×70 表示交联聚乙烯绝缘聚氯乙烯护套铝合金电力电缆，额定电压为 0.6/1kV，3+1 芯，导体为 $3×120mm^2+1×70mm^2$

又如：YJLHVS2–0.6/1　4×185 表示交联聚乙烯绝缘聚氯乙烯护套铝合金带联锁铠装聚氯乙烯外护套铝合金电力电缆，额定电压 0.6/1kV，导体为 $4×185mm^2$。

（2）厂方美标的表示方法。天津通用电缆公司等参照美标型号，详见表 1–12。

表 1–12　　　　　　　　天津通用铝合金电缆型号标识

美标型号	名　　称	相当常规型号	备注
ZA–AC90（–40）	交联聚乙烯绝缘聚氯乙烯护套铝合金带联锁铠装铝合金电力电缆	ZA–YJLHS	
ZB–ACWU90（–40）	交联聚乙烯绝缘聚氯乙烯护套铝合金带联锁铠装铝合金电力电缆	ZB–YHLHVS2	
ZC–TC90（–40）	交联聚乙烯绝缘聚氯乙烯裸护套铝合金电力电缆	ZC–YJLHV	

注：1. 美标型号中 90（–40）表示导体最高长期允许工作温度 90℃，最低允许环境温度 –40℃，这是因为北美高纬度的相应标准，国内除东北、西北少数地区外都无必要。

　　2. 天津通用的型号中 ZA、ZB、ZC 是参照 GB/T 19666—2005 规则标注阻燃等级 A、B、C。

　　3. AC—Armored Cable；TC—Tray Cable；ACWU—Armored Cable Used in Wet or Underground。

4. 铝合金电缆的选用要点

（1）铝合金电缆与铜、铝电缆一样可以有不同的护套和铠装，可根据外护套及铠装类型的不同使用于不同环境，但铝合金电缆多采用联锁铠装，适用于室内干燥环境，带外护层的可以埋地敷设。

（2）铝合金电缆的应用场所同铝电缆，其载流量及电压降参见铝电缆相应数据。

（3）与铜电缆对比，铝合金电缆投资较低，但损耗较大，选择时应比较技术经济指标。

5. 铝合金电缆施工要点

（1）电缆附件应选择电缆制造商配套产品，并要求提供接头热循环试验报告。

（2）应要求电缆供应商提供安装指导书并委派技术人员进行施工配合。

（3）应去除接头部位铝合金表面的氧化膜，并立即涂覆导电膏，应严格遵循施工工艺要求。

（4）与电器连接时应注意：电器的安装孔位或端子要按照铜电缆接头尺寸设计要求，铝合金电缆端子尺寸大，连接处电流密度不应超过电缆，且须保证绝缘和爬电距离，也应满足动稳定要求。

1.10　铜包铝电缆选择

（1）铜包铝电缆除导体材料外，其余如导体结构、绝缘和护套材料、绝缘水平、铠装等与普通 0.6/1kV 电力电缆并没有不同，导体长期允许最高工作温度为 90℃。制造标准也按 GB/T 12706.1～4—2008（IEC 60502-1～4: 2004, MOD）《额定电压 1kV（U_m=1.2kV）到 35kV（U_m=40.5kV）挤包绝缘电力电缆及附件》。

（2）载流量可参见表 5-10，电压降值参见表 5-23，也可参照 CECS 399—2015《铜包铝电力电缆工程技术规范》[14]。

（3）应用场所应根据 CECS 399—2015《铜包铝电力电缆工程技术规范》，铜包铝电力电缆可应用在 GB 50217《电力工程电缆设计规范》所规定场所，可参见本章 1.1 中第 2 节，同时应该是对铜和铝都没有腐蚀的环境。

（4）附件可采用与铜导体电缆相同的规格。

（5）近年来铜包铝导体电缆已经用于一般环境的工业与民用建筑。由于铜包铝导体制造工艺较复杂，生产成本比铝导体电缆的高，按相同载流量进行比较，电缆工程投资大约为铜电缆的 70%～80%，这个比例随铜价浮动而变化，选用时应做好技术经济比较。

铜包铝电缆的应用还在起步阶段，生产厂较少，电缆行业对它的机械和电气性能的研究还有许多工作要做，例如，载流量、抗蠕变性能等基础研究。

（6）铜包铝导体是复合导体的一种，过去铜包铝导体没有用作制造电力电缆的。由于它具有良好的传输高频电流特性，国外标准及我国电子行业标准 SJ/T 11223—2000《铜包铝线》都规定用于电子器件，单线直径 0.127～8.25mm 相当于截面积 0.012 7～53.45mm^2，铜层体积约为 10%～15%，传输高频电流特性只有单股导体才能显现。若采用多股结构，对于高频电流传输就失去意义。

由于前几年国内铜材价格上涨过高，一些企业尝试研发铜包铝导体的电力电缆，电缆用的单线采用 GB/T 29197《铜包铝线》。由于应用在工频配电系统，所以并不关注其高频特性，而是谋求价格低于铜而又防止铝导体氧化而导致接头失效。

铜包铝导体电力电缆样品通过了上海电缆研究所的 1000 次热循环试验，接头无异常。

铜包铝导体 20℃的直流电阻率 ρ＜2.82×10^{-6}Ω•cm，可用于本章 1.1 中第 2～4 节外的场所。

（7）铜包铝电缆施工可参见 GJCT—125《铜包铝电缆敷设与安装》[111]标准图集。

第2章 导体截面选择

2.1 电线电缆导体截面选择的条件

（1）按温升选择。导体通过负载电流时，导体温度不超过导体绝缘所能承受的长期允许最高工作温度。

（2）按经济条件选择。即按寿命期内的总费用（初始投资与线路损耗费用之和，也称 TOC）最少原则选择，参见第 3 章。按此条件选择电缆截面有利于减少线路损耗，也是电气节能措施之一。

（3）按短路动、热稳定选择。高压电缆要校验短路热稳定性；低压电线电缆，对非熔断器保护回路，当短路电流较大时，也需进行热稳定校验；母线和滑触线要进行动、热稳定的校验。

（4）线路电压降在允许范围内。

（5）满足机械强度的要求。

（6）低压电线电缆应符合过负荷保护的要求；TN 系统中还应保证在接地故障时保护电器能断开电路。

综上所述，将其中最大截面作为最终结果。

2.2 按温升选择截面

为保证导体的实际工作温度不超过允许值，导体按发热条件的允许长期工作电流（以下简称载流量），应不小于线路的工作电流。电缆通过不同散热环境区段，其对应的导体工作温度会有差异，通常此区段长度超过 3m 时，应按照最恶劣散热环境区段来选择截面。当负荷为断续工作或短时工作时，应折算成等效发热电流，按温升选择电线电缆的截面，或者按工作制校正电线电缆载流量，参见第 6 章。

影响电线电缆载流量的直接因素如下：

（1）电线电缆的材质，如导体材料的损耗大小、绝缘材料的长期允许最高工作温度（见表 2–1）和允许短路温度。

表 2–1 电线电缆导体长期允许最高工作温度 单位：℃

电线电缆种类	导体长期允许最高工作温度/℃	电线电缆种类	导体长期允许最高工作温度/℃
500V 橡皮绝缘电线	65	通用橡套软电缆	60
450/750V 塑料绝缘电线	70	耐热聚氯乙烯导线	105
1～110kV 交联聚乙烯绝缘电力电缆	90	铜、铝母线槽	110
		铜、铝滑接式母线槽	70
1kV 聚氯乙烯绝缘电力电缆	70	刚性矿物绝缘电缆	70、105①
裸铝、铜母线和绞线	70	柔性矿物绝缘电缆	125
乙丙橡胶电力电缆	90		

① 刚性矿物绝缘电缆是指电缆表面温度，线芯温度约高 5～10℃。

电缆允许短路温度：交联聚乙烯绝缘电力电缆为 250℃；聚氯乙烯绝缘电力电缆截面 300mm² 及以上为 140℃，300mm² 以下为 160℃。

（2）多回路敷设时的载流量校正。本节所列载流量表中均为单回路或单根电缆的载流量数据。当多回路敷设时，应乘以表 2–2～表 2–6 的校正系数。

这些校正系数是假定各回路电缆截面相等且都是在额定载流量的情况下计算而得的数字。实际情况会有所不同，计算方法十分复杂。工程设计时，可应用这些数字，当负荷率小于 100% 时，实际校正系数可提高一些。

表 2–2～表 2–6 的校正系数，只适用于线芯长期允许工作温度 θ_n 相同的绝缘导线或电缆束。假若不同 θ_n 的绝缘导线或电缆成束敷设，那么束中所有的绝缘导线或电缆载流量，只能根据其中 θ_n 最低的绝

表2-2　多回路管线或多根多芯电缆成束敷设时的载流量校正系数

项目	排列（电缆相互接触）	回路数或多芯电缆数量												表2-7敷设方式
		1	2	3	4	5	6	7	8	9	12	16	20	
1	成束敷设在空气中，沿墙、嵌入墙，或封闭式敷设	1.00	0.80	0.70	0.65	0.60	0.57	0.54	0.52	0.50	0.45	0.41	0.38	A~F
2	单层敷设在墙上、地板或无孔托盘上	1.00	0.85	0.79	0.75	0.73	0.72	0.72	0.71	0.70	多于9个回路或9根多芯电缆不再减小降低系数			C
3	单层直接固定在木质天花板下	0.95	0.81	0.72	0.68	0.66	0.64	0.63	0.62	0.61				C

表 2-7

项目	排列（电缆相互接触）	回路数或多芯电缆数量												敷设方式
		1	2	3	4	5	6	7	8	9	12	16	20	
4	单层敷设在水平或垂直的有孔托盘上	1.00	0.88	0.82	0.77	0.75	0.73	0.73	0.72	0.72	多于9个回路或9根多芯电缆不再减小降低系数			E至F
5	单层敷设在梯架或索夹板上	1.00	0.87	0.82	0.80	0.80	0.79	0.79	0.78	0.78				

注：1. 这些系数适用于尺寸和负荷相同的电缆束。

2. 相邻电缆水平间距超过了 2 倍电缆外径时，则不需要降低系数。

3. 下列情况使用同一系数：① 由二根单芯或三根单芯电缆组成的电缆束；② 多芯电缆。

4. 假如系统中同时有两芯和三芯电缆，以三根电缆总数件为回路数，两芯电缆作为两根负荷导体，三芯电缆作为三根负荷导体查表中相应系数。

5. 假如电缆束中含有 n 根单芯电缆，它可考虑为 $n/2$ 回路两根负荷导体回路，或 $n/3$ 回三根负荷导体回数。

6. 表中各值的总体误差在 ±5% 以内。

缘导线或电缆束选择载流量并乘以校正系数。也就是说，在工程设计中应避免不同 θ_n 的绝缘导线或电缆成束敷设。

如果某一回路（管线或电缆）的实际电流不超过成束敷设的 30% 额定电流时，在选择校正系数时，此回路数可忽略不计。

敷设在导管及电缆槽盒中的电缆束，束内有不同截面的绝缘导体或电缆，偏安全的成束降低系数计算公式如下

$$F = \frac{1}{\sqrt{n}} \tag{2-1}$$

式中　F——成束降低系数；

　　　n——电缆束中多芯电缆数或回路数。

采用这一公式得到的电缆束降低系数将减少小截面电缆的过负荷危险，但可能导致大截面电缆未能充分利用。假如大截面和小截面的绝缘导体或电缆不混合在同一电缆束内，则大截面电缆未充分利用的问题就可以避免。

表 2-3　　　　　多回路直埋地电缆的载流量校正系数

回路数	电缆间的间距/a				
	无间距（电缆相互接触）	一根电缆外径	0.125m	0.25m	0.5m
2	0.75	0.80	0.85	0.90	0.90
3	0.65	0.70	0.75	0.80	0.85
4	0.60	0.60	0.70	0.75	0.80
5	0.55	0.55	0.65	0.70	0.80
6	0.50	0.55	0.60	0.70	0.80
7	0.45	0.51	0.59	0.67	0.76
8	0.43	0.48	0.57	0.65	0.75
9	0.41	0.46	0.55	0.63	0.74
12	0.36	0.42	0.51	0.59	0.71
16	0.32	0.38	0.47	0.56	0.68
20	0.29	0.35	0.44	0.53	0.66

回路数	电缆间的间距/a				
	无间距 （电缆相互接触）	一根电缆外径	0.125m	0.25m	0.5m

多芯电缆

单芯电缆

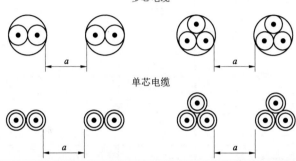

注：1. 表中所给值适用于埋地深度 0.7m，土壤热阻系数为 2.5K·m/W 时的情况。在土壤热阻系数小于 2.5K·m/W 时，校正系数一般会增加，可采用 IEC 60287-2-1[5] 给出的方法进行计算。

2. 假如回路中每相包含 m 根并联导体，确定降低系数时，该回路应认为是 m 个回路。

表 2-4   敷设在埋地管道内多回路电缆的载流量校正系数

单路管道内的多芯电缆				
电缆 根数	管道之间距离			
	无间距 （管道相互接触）	0.25m	0.5m	1.0m
2	0.85	0.90	0.95	0.95
3	0.75	0.85	0.90	0.95
4	0.70	0.80	0.85	0.90
5	0.65	0.80	0.85	0.90
6	0.60	0.80	0.80	0.90
7	0.57	0.76	0.80	0.88
8	0.54	0.74	0.78	0.88
9	0.52	0.73	0.77	0.87

单路管道内的多芯电缆				
电缆根数	管道之间距离			
	无间距（管道相互接触）	0.25m	0.5m	1.0m
10	0.49	0.72	0.76	0.86
11	0.47	0.70	0.75	0.86
12	0.45	0.69	0.74	0.85
13	0.44	0.68	0.73	0.85
14	0.42	0.68	0.72	0.84
15	0.41	0.67	0.72	0.84
16	0.39	0.66	0.71	0.83
17	0.38	0.65	0.70	0.83
18	0.37	0.65	0.70	0.83
19	0.35	0.64	0.69	0.82
20	0.34	0.63	0.68	0.82

表 2-5　　　敷设在自由空气中多芯电缆载流量校正系数

敷设方式		托盘或梯架数	每个托盘中电缆数					
			1	2	3	4	6	9
有孔托盘[①]	接触 ≥300mm ≥20mm	1	1.00	0.88	0.82	0.79	0.76	0.73
		2	1.00	0.87	0.80	0.77	0.73	0.68
		3	1.00	0.86	0.79	0.76	0.71	0.66
		6	1.00	0.84	0.77	0.73	0.68	0.64
	有间距 D_e ≥20mm	1	1.00	1.00	0.98	0.95	0.91	—
		2	1.00	0.99	0.96	0.92	0.87	—
		3	1.00	0.98	0.95	0.91	0.85	—

敷设方式		托盘或梯架数	每个托盘中电缆数					
			1	2	3	4	6	9
垂直安装的有孔托盘②	接触	1	1.00	0.88	0.82	0.78	0.73	0.72
		2	1.00	0.88	0.81	0.76	0.71	0.70
	有间距	1	1.00	0.91	0.89	0.88	0.87	—
		2	1.00	0.91	0.88	0.87	0.85	—
无孔托盘	接触	1	0.97	0.84	0.78	0.75	0.71	0.68
		2	0.97	0.83	0.76	0.72	0.68	0.63
		3	0.97	0.82	0.75	0.71	0.66	0.61
		6	0.97	0.81	0.73	0.69	0.63	0.58
梯架和夹板等①	接触	1	1.00	0.87	0.82	0.80	0.79	0.78
		2	1.00	0.86	0.80	0.78	0.76	0.73
		3	1.00	0.85	0.79	0.76	0.73	0.70
		6	1.00	0.84	0.77	0.73	0.68	0.64
	有间距	1	1.00	1.00	1.00	1.00	1.00	—
		2	1.00	0.99	0.98	0.97	0.96	—
		3	1.00	0.98	0.97	0.96	0.93	—

敷设方式		托盘或梯架数	每个托盘或梯架内三相回路数		
			1	2	3
有孔托盘[①]	相互接触 	1	0.98	0.91	0.87
		2	0.96	0.87	0.81
		3	0.95	0.85	0.78
垂直安装的有孔托盘[①]	相互接触 	1	0.96	0.86	—
		2	0.95	0.84	
梯架和夹板等[①]	相互接触 	1	1.00	0.97	0.96
		2	0.98	0.93	0.89
		3	0.97	0.90	0.86
有孔托盘[①]		1	1.00	0.98	0.96
		2	0.97	0.93	0.89
		3	0.96	0.92	0.86

敷设方式	托盘或梯架数	每个托盘或梯架内三相回路数		
		1	2	3
垂直安装的有孔托盘[②]	1 2	1.00 1.00	0.91 0.90	0.89 0.86
梯架夹板等[①]	1 2 3	1.00 0.97 0.96	1.00 0.95 0.94	1.00 0.93 0.90

注：1. 表中给的值为各种导体截面和电缆型号得出的平均值，误差一般小于±5%。

2. 上表中降低系数适用于电缆单层敷设（或三角形成束敷设），不适用于电缆多层相互接触敷设。

3. 对于回路中每相有多根电缆并联时，每三相一组作为一个回路计算。

4. 如果回路的每相包含 m 根平行导体，确定降低系数时，这个回路应当认为是 m 个回路。

① 表中所给的数值用于两个托盘间垂直距离为 300mm，且托盘与墙之间距离不小于 20mm 的情况，小于这一距离时，降低系数应当减小。

② 表中所给的数值为托盘背靠背安装，水平间距为 225mm，小于这一距离时，降低系数应当减小。

（3）敷设方式对布线系统载流量的影响。布线系统载流量国家标准 GB/T 16895.6—2014（IEC 60364-5-52：2009，IDT）《低压电气装置第 5–52 部分：电气设备的选择和安装布线系统》[60]将电线电缆的敷设方式划分为 A₁、A₂、B₁、B₂、C、D、E、F、G 九大类。本手册编制了常用的 B₁、B₂、C、D、D₂、E、F、G 八种敷设方法的载流量表，其余敷设方法的相应载流量可以运用表 2–7 备注栏中的换算系数间接求得。

表 2–6   电缆在托盘、梯架内多层敷设时载流量校正系数

支架形式	电缆中心距	电缆层数	校正系数	支架形式	电缆中心距	电缆层数	校正系数
有孔托盘	紧靠排列	2	0.55	梯架	紧靠排列	2	0.65
		3	0.50			3	0.55

注：1. 表中数据不适于交流系统中使用的单芯电缆。

2. 多层敷设时，校正系数较小，工程设计应尽量避免 2 层及以上的敷设方式。

3. 多层敷设时，平时不载流的备用电缆或控制电缆应放置在中心部位。

4. 本表的计算条件是按电缆束中 50%电缆通过额定电流，另 50%电缆不通电流。表中数据也适用于全部电缆载流 85%额定电流的情况；特殊工程需要详细计算时，可采用 IEEE 电力传输学报 VOL13.NO.3.JULY1998 中"在槽盒和梯架上电缆束暂态或稳态温升的解析计算方法"。

5. 3 层电缆的校正系数小，宜少用。

表 2–7   布线系统载流量相对应的敷设方式

类别	示意图	敷设方式	备 注
A₁	室内	绝缘导线或单芯电缆穿管敷设在热绝缘墙中	1. 管材可以是金属管或塑料管 2. 热绝缘墙一般指保温墙或类似于木板的墙，砖墙不属于此类 3. A₁ 类载流量=0.8× B₁ 类载流量 4. A₂ 类载流量=0.76× B₁ 类载流量
A₂	室内	多芯电缆穿管敷设在热绝缘墙中	

类别	示意图	敷设方式	备 注
B_1		绝缘导线或单芯电缆穿管明敷在墙上或暗敷在墙内	1. 可以是砖墙或混凝土类墙 2. 管线可水平或垂直敷设 3. 多芯电缆线槽可以墙上明敷、嵌墙或嵌入地坪至少有一个面在空气中 4. 多芯电缆穿管明敷；嵌墙或线槽敷设归入 B_2 类，载流量按 $0.91×B_1$ 计
		绝缘导线或单芯电缆敷设在墙上线槽或悬吊线槽内	
		单芯或多芯电缆敷设在建筑物砖墙、孔道内 $5D_e \leqslant V < 50D_e$ V—砖砌孔道的狭边 D_e—单芯电缆外接圆直径或多芯电缆外径	1. 当 $1.5D_e \leqslant V < 5D_e$ 时归入 B_2 类 2. B_2 类载流量 = $0.91×B_1$ 类载流量
		绝缘导线或单芯电缆敷设在建筑物孔道中的管道内 $V \geqslant 20D_e$ V—砖砌孔道的狭边 D_e—管道外径或垂直深度	1. 当 $1.5D_e \leqslant V \leqslant 20D_e$ 时归入 B_2 类 2. B_2 类载流量 = $0.91× B_1$ 类载流量

类别	示意图	敷设方式	备注
B_1		单芯或多芯电缆敷设在架空地板或天花板空间内 $5D_e \leqslant V < 50D_e$ V—架空地板或天花板有效空间 D_e—单芯电缆外接圆直径或多芯电缆外径	当 $5D_e \leqslant V < 50D_e$ 时归入 B_1 类
C		电缆敷设在无孔托盘内 D_e 单芯电缆外接圆直径或多芯电缆外径	1. 可以是砖墙或混凝土类墙 2. C 类载流量 = 0.93×E 类载流量
D_1		单芯或多芯电缆直埋地或穿管埋地敷设	
D_2		直接埋地敷设	
E		多芯电缆敷设在自由空气中	1. 单芯电缆相互接触敷设在自由空气中归入 F 类 2. E 类载流量 = 0.92×F 类载流量

类别	示意图	敷设方式	备 注
E		单回路多芯电缆敷设在有孔托盘、梯架或网状桥架上 D_e 单芯电缆外接圆直径或多芯电缆外径	
		多芯电缆敷设在钢索上	
G		绝缘导线及单芯电缆有间距敷设在自由空气中	
		裸导线或绝缘导线敷设在绝缘子上	

（4）敷设处环境对布线系统载流量的影响：

1）敷设处的环境温度，是指电线电缆无负载时周围介质温度，见表 2-8。

表 2-8　　　　　　　　确定电线电缆载流量的环境温度

电缆敷设场所	有无机械通风	选取的环境温度
土中直埋	—	埋深处的最热月平均地温

电缆敷设场所	有无机械通风	选取的环境温度
水下	—	最热月的日最高水温平均值
户外空气中、电缆沟	—	最热月的日最高温度平均值
有热源设备的厂房	有	通风设计规范
	无	最热月的最高温度平均值另加5℃
一般性厂房及其他 建筑物内	有	通风设计温度
	无	最热月的日最高温度平均值
户内电缆沟	无	最热月的日最高温度平均值另加5℃
隧道、电气竖井		
隧道、电气竖井	有	通风设计规范

注: 1. 数量较多的电缆工作温度大于 70℃的电缆敷设于未装机械通风的隧道、电气竖井时, 应计入对环境温升的影响, 不能直接采取仅加5℃。

2. 本表摘自 GB 50054—2011《低压配电设计规范》[37]。

本手册所列载流量值, 空气中敷设是以环境温度 30℃为基准, 埋地敷设是以环境温度 20℃为基准。在不同的环境温度下, 电线电缆允许的载流量尚应乘以相应的校正系数 (见表 2–17 和表 2–18)。为了使用方便, 编入了几种常用的环境温度下的载流量数据。在空气中敷设的有 25℃、30℃、35℃、40℃四种; 耐热塑料线及乙丙橡胶类的有 50℃、55℃、60℃、65℃四种, 在土壤中直埋或穿管埋设的有20℃、25℃、30℃三种。

当敷设处环境温度不同于上述数据时, 载流量应乘以校正系数 K_t, 其计算公式为

$$K_t = \sqrt{\frac{\theta_n - \theta_a}{\theta_n - \theta_c}} \qquad (2-2)$$

式中　　θ_n——电线电缆线芯允许长期工作温度, ℃, 见表 2–1。

θ_a——敷设处的环境温度, ℃;

θ_c——已知载流量数据的对应温度, ℃。

为使用方便,将不同环境温度 θ_a 的 K_t 值列于表 2–9 和表 2–10 中。

表 2–9　空气中敷设时环境温度不等于 30℃时的校正系数 K_t 值

环境温度/℃	PVC	XLPE、EPR、BTR□	BTT□	
			PVC 外护层和易于接触的裸护套/70℃	不允许接触的裸护套/105℃
10	1.22	1.15	1.26	1.14
15	1.17	1.12	1.20	1.11
20	1.12	1.08	1.14	1.07
25	1.06	1.04	1.07	1.04
35	0.94	0.96	0.93	0.96
40	0.87	0.91	0.85	0.92
45	0.79	0.87	0.78	0.88
50	0.71	0.82	0.67	0.84
55	0.61	0.76	0.57	0.80
60	0.50	0.71	0.45	0.75
65		0.65		0.70
70		0.58		0.65
75		0.50		0.60
80		0.41		0.54
85				0.47
90				0.40
95				0.32

注:1. 更高的环境温度,与制造厂协商解决。

2. PVC—聚氯乙烯绝缘及护套电缆;XLPE—交联聚乙烯绝缘电缆;

EPR—乙丙橡胶绝缘电缆。

3. BTT□—刚性矿物绝缘电缆;BTR□—柔性矿物绝缘电缆。

表 2–10　埋地敷设时环境温度不等于 20℃时的校正系数 K_t 值
（用于地下管道中的电缆载流量）

埋地环境温度/℃	PVC	XLPE 和 EPR
10	1.10	1.07
15	1.05	1.04

埋地环境温度/℃	PVC	XLPE 和 EPR
25	0.95	0.96
30	0.89	0.93
35	0.84	0.89
40	0.77	0.85
45	0.71	0.80
50	0.63	0.76
55	0.55	0.71
60	0.45	0.65
65		0.60
70		0.53
75		0.46
80		0.38

注：1. 本表适用于电缆直埋地及地下管道埋设。

2. PVC 聚氯乙烯绝缘及护套电缆，XLPE 交联聚乙烯绝缘电缆，EPR 乙丙橡胶绝缘电缆。

2）土壤热阻系数。土壤热阻是指土壤与电缆表面界面的热阻，它和界面大小、土壤性质、土壤密度、含水量及电缆表面温度等因素有关。当电缆直埋地或穿管埋地时，除土壤温度外，土壤热阻系数是另一影响电缆载流量的主要因素。

根据我国不同地区的土壤分布情况，土壤热阻系数见表 2-11。

表 2-11　　　　　　　不同类型土壤热阻系数 ρ_τ

不同类型土壤热阻系数 ρ_τ /（K·m/W）				
	0.8	1.2	1.5	2.0	3.0
土壤情况	潮湿土壤、沿海、湖、河畔地带、雨量多的地区，如华东、华南地区等	普通土壤，如东北大平原夹杂质的黑土或黄土，华北大平原黄土、黄黏土沙土等	较干燥土壤，如高原地区、雨量较少的山区、丘陵、干燥地带湿度为 8%～12%的沙泥土	干燥土壤，如高原地区、雨量少的山区、丘陵、干燥地带	非常干燥湿度小于4%的沙或湿度小于1%的黏土

不同类型土壤热阻系数 ρ_τ /（K·m/W）				
0.8	1.2	1.5	2.0	3.0

土壤情况	湿度大于 9%的沙土或湿度大于10%的沙泥土	湿度为 7%～9%的沙土或湿度为12%～14%的沙泥土		湿度为 4%～7%的沙土或湿度为4%～8%的沙泥土	

从表 2-11 中所列数据可知，干燥的沙热阻系数较高，约在 2.5～3.0 之间，建筑垃圾也在 2.0～2.5 之间，因此埋地电缆载流量表以 ρ_τ=2.5 为代表数据（GB/T 16895.6—2014（IEC 60364-5-52：2009，IDT)《低压电气装置第 5-52 部分：电气设备的选择和安装布线系统》和 JB/T 10181.5/IEC 60287-3-2[6]指出，当未能明确土壤类型和地理位置时取 ρ_τ=2.5 通常是必要的）。这些数据符合电缆敷设标准图中的敷设方式，也适用于敷设在建筑物周围的电缆。当电缆敷设处的实际土壤热阻系数不等于 2.5K·m/W 时，电缆载流量应按 2-12 进行校正。

表 2-12　　　　　不同土壤热阻系数的载流量校正系数

土壤热阻系数/（K·m/W）		1.00	1.20	1.50	2.00	2.50	3.00
载流量校正系数	电缆穿管埋地	1.18	1.15	1.1	1.05	1.0	0.96
	电缆直埋接地	1.5	1.4	1.28	1.12	1.0	0.9

注：校正系数适用于管道埋地深度不大于 0.8m。

从表 2-11 中也可知，沙作为电缆敷设的垫层，对于电缆载流量并不是好的选择。特别是颗粒大小均匀的粗沙更差，由于其取材容易及价格较低因而被大量应用，从提高载流量的角度，宜选择热阻系数较小的垫层。

沙与砾石混合比 1:1，沙粒度直径不超过 2.4mm，砾石粒度直径约 2.4～10mm，（不得带有尖角形颗粒）均匀混合后，作为垫层代替沙垫层，在干燥状态下，ρ_τ 约为 1.2～1.5K·m/W。

沙与水泥混合,沙与水泥体积比 14:1 或重量比 18:1 代替沙垫层,在干燥状态下,ρ_τ 约为 1.2K·m/W。

也可采用特殊配方的"敷设电缆用回垫土"(专利号 90108313.5)代替沙垫层。这种特殊回垫土由不同粗细的沙、砾石、水泥、粉煤灰及一些特殊材料配制而成,能有效降低土壤热阻,提高电缆载流量。它的 ρ_τ 约为 1.0~1.2K·m/W,性能高于沙与砾石和沙与水泥混合的垫层,而且能长时间保持稳定,成本也很低廉。

当设计选用交联聚乙烯绝缘聚氯乙烯护套电缆直埋地敷设时,选用热阻较小的垫层尤为重要。由于这种电缆的线芯工作温度可达 90℃,电缆表面温度也较高,往往造成电缆沿线周围土壤干化,即所谓水分迁移现象。由于水分迁移,使土壤热阻系数增大。电缆线芯长期工作温度超过 70℃时,水分迁移比较明显。线芯温度越高,情况越严重。这种现象在地下水位较低的西北地区尤为显著,屡有电缆过热事故发生。对于南方地区虽现象较轻,但也存在,值得重视。因此,除直接埋设于水泥或沥青路面下或有保水覆盖层的情况外,一般应考虑水分迁移的影响。设计宜采用土壤热阻系数 2.5~3.0K·m/W 来校正电缆载流量,以降低电缆表面温度,否则应采用特殊回垫土换土处理。

3)日照的影响。电缆户外敷设且无遮阳时,载流量校正系数见表 2-13。

表 2-13　　1~10kV 电缆户外敷设无遮阳时载流量校正系数

电缆截面/mm²			35	50	70	95	120	150	185	240
电压/kV	1	芯数 三				0.90	0.98	0.97	0.96	0.94
	6~10	三	0.96	0.95	0.94	0.93	0.92	0.91	0.90	0.88
		单				0.99	0.99	0.99	0.99	0.98

注:运用本表系数校正对应的载流量基础值,是采取户外环境温度的户内空气中电缆载流量。

4)电缆在电缆沟内或电缆隧道中通风对载流量的影响。不通风

56

且有盖的电缆沟内，电缆产生的热量主要靠四壁传导散出，因此会造成热量积聚，使电缆沟内空气温度上升，电缆的长期允许载流量比空气可以自由流动的地方小。

电缆沟空气的温升与电缆沟断面尺寸及电缆总损耗有关。电缆的损耗计算参见第 5 章。

户内电缆沟或者户外电缆沟盖板上复土厚度超过 30cm 以上者，可不计阳光直射的影响。选择电缆截面时，电缆沟内空气温度可按最热月的日最高温度平均值加 5℃ 来选择。对于户外电缆沟盖板上无覆土的情况，应计入阳光直射使盖板发热而导致沟内气温上升的因素，通常日照可使沟内平均气温升高 2～5℃，也就是应按最热月的日最高温度平均值加 7～10℃ 来选择电缆截面。

当电缆数量较多，采用电缆隧道敷设时，须详细计算因电缆发热而引起的隧道内空气的升温。一般电缆隧道宜采用自然通风。在自然通风情况良好的电缆隧道内选择电缆截面时，环境温度仍可采用最热月日最高温度平均值。

当交联聚乙烯绝缘电缆数量较多，由于导体工作温度可能超过80℃，电缆外表的温度也接近 70℃，会导致环境温度显著升高。当隧道内气温达到 50℃ 时，需采取机械通风。此时，选择电缆截面应根据隧道内的通风计算温度来确定载流量。

2.3 按经济电流选择截面

根据 GB 50217—2007《电力工程电缆设计规范》关于导体经济电流和经济截面选择的原理和方法，本手册结合工程设计的应用习惯，编制了导体的经济电流范围表格，以方便使用，参见第 3 章。

2.4 按电压降校验截面

用电设备端子电压实际值偏离额定值时，其性能将受到影响，影响的程度由电压偏差的大小和持续时间而定。

配电设计中，按电压降校验截面时，应使各种用电设备端电压符合电压偏差允许值。当然还应考虑到设备运行状况，例如，对于少数远离变电站的用电设备或者使用次数很少的用电设备等，其电压偏移的允许范围可适当放宽，以免过多地耗费投资。

对于照明线路，一般按允许电压降选择线缆截面，并校验机械强度和允许载流量。可先求得计算电流和功率因数，用电流矩法进行计算。

选择耐火电缆应注意，因着火时导体温度急剧升高导致电压降增大，应按着火条件核算电压降，以保证重要设备连续运行。目前市场上优质耐火电缆，燃烧试验测得的导体温度大约在 500℃左右，导体电阻大约增至 3 倍，只要将按正常情况（即电压偏移允许值按 $-5\%\sim+5\%$）选择的电线电缆截面应适当放大，原来选择 50mm² 及以下截面时，放大一级截面；70mm² 及以上截面时，放大两级截面，通常就可以满足着火条件下的电压偏差不大于 -10% 的条件。

1. 导线阻抗计算

（1）导线电阻计算。

1）导线直流电阻 R_θ 按下式计算

$$R_\theta = \rho_\theta C_j \frac{L}{S} \tag{2-3}$$

$$\rho_\theta = \rho_{20}[1 + \alpha(\theta - 20)] \tag{2-4}$$

式中　R_θ ——导体实际工作温度时电阻，Ω；

　　　L ——线路长度，m；

　　　S ——导线截面，mm²；

　　　C_j ——绞入系数，单股导线为 1，多股导线为 1.02；

　　　ρ_{20} ——导线温度为 20℃时的电阻率，铝线芯（包括铝电线、铝电缆、硬铝母线）为 0.028 2Ω·mm²/m（相当于 2.82×10^{-6}Ω·cm），铜线芯（包括铜电线、铜电缆、硬铜母线）为 0.017 2Ω·mm²/m（相当于 1.72×10^{-6}Ω·cm）；

　　　ρ_θ ——导体温度为 θ℃时的电阻率，10^{-6}Ω·cm；

　　　α ——电阻温度系数，铝和铜取 0.004；

θ——导体实际工作温度，℃。

2）导线交流电阻 R_j 按下式计算

$$R = K_{jf}K_{lj}K_{\theta} \qquad （2-5）$$

$$K_{jf} = \frac{r^2}{\delta(2r-\delta)} \qquad （2-6）$$

$$\delta = 5030\sqrt{\frac{\rho_{\theta}}{\mu \times f}} \qquad （2-7）$$

式中　R——导体温度为 θ℃时的交流电阻值，Ω；

　　　R_{θ}——导体温度为 θ℃时的直流电阻值，Ω；

　　　K_{jf}——趋肤效应系数，导体的 K_{jf} 用式（2-6）计算，（当频率为 50Hz、芯线截面不超过 240mm² 时，K_{jf} 均为 1），当 $\delta \geqslant r$ 时，$K_{jf}=1$；$\delta \geqslant 2r$ 时，K_{jf} 无意义。母线的 K_{jf} 见表 2-14；

　　　K_{lj}——邻近效应系数，导体从图 2-1 曲线求取，母线的 K_{lj} 取 1.03；

　　　ρ_{θ}——导体温度为 θ℃时的电阻率，$\Omega \cdot cm$；

　　　r——线芯半径，cm；

　　　δ——电流透入深度，cm；（因趋肤效应使电流密度沿导体横截面的径向按指数函数规律分布，工程上把电流可等效地看作仅在导体表面 δ 厚度中均匀分布，不同频率时的电流透入深度 δ 值见表 2-15）；

　　　μ——相对磁导率，有色金属导体为 1；

　　　f——频率，Hz。

表 2-14　　　　　母线的趋肤效应系数（50Hz）

母线尺寸 宽×厚/mm×mm	铝	铜	母线尺寸 宽×厚/mm×mm	铝	铜
31.5×4	1.000	1.005	63×8	1.03	1.09
40×4	1.005	1.011	80×8	1.07	1.12
40×5	1.005	1.018	100×8	1.08	1.16

母线尺寸 宽×厚/mm×mm	铝	铜	母线尺寸 宽×厚/mm×mm	铝	铜
50×5	1.008	1.028	125×8	1.112	1.22
50×6.3	1.01	1.04	63×10	1.08	1.14
63×6.3	1.02	1.055	80×10	1.09	1.18
80×6.3	1.03	1.09	100×10	1.13	1.23
100×6.3	1.06	1.14	125×10	1.18	1.25

表 2–15　　　　　　　不同频率时的电流透入深度 δ 值　　　　　单位：cm

频率/Hz	铝				铜			
	60℃	65℃	70℃	75℃	60℃	65℃	70℃	75℃
50	1.287	1.298	1.309	1.319	1.005	1.013	1.022	1.030
300	0.525	0.530	0.534	0.539	0.410	0.414	0.417	0.421
400	0.455	0.459	0.463	0.466	0.355	0.358	0.361	0.364
500	0.407	0.410	0.414	0.417	0.318	0.320	0.323	0.326
1000	0.288	0.290	0.293	0.295	0.225	0.227	0.299	0.230

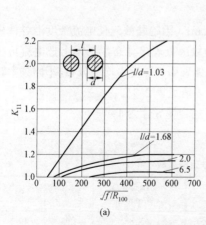

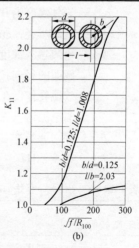

(a)　　　　　　　　　　　　　　(b)

图 2–1　实心圆导体和圆管导体的邻近效应系数曲线

（a）实心圆导体；（b）圆管导体

f—频率（Hz）；R_{100}—长 100m 的电线电缆在运行温度时的电阻（Ω）

3）线芯实际工作温度。线路通过电流后，导线产生温升，表 2-16 电压降计算公式中的线路电阻 R，就是温升对应工作温度下的电阻值，它与通过电流大小（即负荷率）有密切关系。由于供电对象不同，各种线路中的负荷率也各不相同，因此线芯实际工作温度往往不相同，在合理计算线路电压降时，应估算出导线的实际工作温度。工程中导线的实际线芯温度可按如下估算：

6～35kV 架空线路，$\theta = 55℃$；

380V 架空线路，$\theta = 60℃$；

35kV 交联聚乙烯绝缘电力电缆，$\theta = 75℃$；

1～10kV 交联聚乙烯绝缘电力电缆，$\theta = 80℃$；

1kV 聚氯乙烯绝缘及护套电力电缆，$\theta = 60℃$；

380V 插接式母线槽（铜质及铝质），$\theta = 80℃$；

380V 滑接式母线槽（铜质及铝质），$\theta = 65℃$。

（2）导线电抗计算。

在配电工程中，架空线路各相导体一般不换位，为简化计算，假设各相电抗相等。另外，由于容抗对感抗而言，正好起抵消的作用，虽然有些电缆线路其容抗值不小，但为了简化计算，线路容抗常可忽略不计，因此，导线电抗值实际上只计入感抗值。这样的计算结果通常趋于保守。

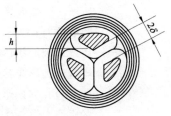

图 2-2　电缆扇形线芯排列图

低压电缆线芯扇形排列如图 2-2 所示，矩形螺母线排列如图 2-3 所示。

1）电线电缆的感抗按下式计算

$$X' = 2\pi f L' \tag{2-8}$$

$$L' = \left(2\ln\frac{D_j}{r} + 0.5\right) \times 10^{-4} = 2\left(\ln\frac{D_j}{r} + \ln e^{0.25}\right) \times 10^{-4} \tag{2-9}$$

$$= 2 \times 10^{-4}\ln\frac{D_j}{re^{-0.25}} = 4.6 \times 10^{-4}\lg\frac{D_j}{0.778r} = 4.6 \times 10^{-4}\lg\frac{D_j}{D_z}$$

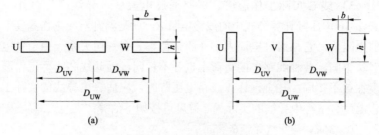

图 2-3　母线排列图

（a）母线平放；（b）母线竖放

当 f=50Hz 时，式（2-8）可简化为

$$X' = 0.144\,5\lg\frac{D_j}{D_z} \qquad (2-10)$$

式中　X'——线路每相单位长度的感抗，Ω/km；

　　　f——频率，Hz；

　　　L'——电线、母线或电缆每相单位长度的电感量，H/km；

　　　D_j——几何均距，cm，对于架空线为 $\sqrt[3]{D_{UV}D_{VW}D_{WU}}$，如图 2-4 所示，穿管电线及圆形线芯的电缆为 $d+2\delta$，扇形线芯的电缆为 $h+\delta$，如图 2-2 所示；

　　　r——电线或圆形线芯电缆主线芯的半径，cm；

　　　d——电线或圆形线芯电缆主线芯的直径，cm；

　　　D_z——线芯自几何均距或等效半径，cm；对于圆形截面线芯的电线电缆，D_z 取 0.389d；对于压紧扇形截面线芯的电缆 D_z 取 $0.439\sqrt{S}$，S 为线芯标称截面积，cm^2；对于矩形母线，D_z 取 0.224（$b+h$），b 是母线厚，cm，h 是母线宽，cm；

　　　δ——穿管电线或电缆主线芯的绝缘厚度，cm；

　　　h——扇形线芯电缆主线芯的压紧高度，cm。

铠装电缆或电线穿钢管时，由于钢带（丝）或钢管的影响，相当于导体间距增加了 15%~30%，使感抗约增加 1%，因数值差异不

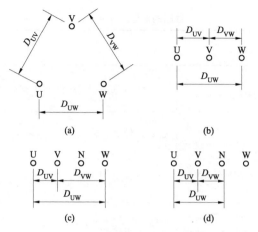

图 2-4 架空线路导线排列图

（a）三线制导线三角形排列图；（b）三线制导线水平排列图；

（c）四线制导线水平排列之一；（d）四线制导线水平排列之二

大，本手册编制时可以忽略不计。

1kV 及以下的四芯电缆感抗略大于三芯电缆，但对计算电压降影响很小，本节电压降计算表均采用三芯电缆数据。

2）母线感抗值计算公式如下

$$X' = 2\pi f\left(4.6\lg\frac{2\pi D_j + h}{\pi b + 2h} + 0.6\right)\times 10^{-4} \tag{2-11}$$

当 $f=50$Hz 时，可简化为

$$X' = 0.144\,5\lg\frac{2\pi D_j + h}{\pi b + 2h} + 0.018\,84 \tag{2-12}$$

式中 D_j——几何均距，cm，对于架空线为 $\sqrt[3]{D_{UV}D_{VW}D_{WU}}$；

         h——母线的宽度，cm，如图 2-4 所示；

         b——母线的厚度，cm，如图 2-4 所示。

2. 电压降计算

线路的电压降计算公式见表 2-16。

表 2–16　　　　　　　　　　　**线路的电压降计算公式**

线路种类	负荷情况	计算公式
三相平衡负荷线路	（1）终端负荷用电流矩 Il/（A·km）表示	$\Delta u\% = \dfrac{\sqrt{3}}{10U_n}(R'_o\cos\varphi + X'_o\sin\varphi)Il = \Delta u_a\% Il$
	（2）几个负荷用电流矩 $I_i l_i$/（A·km）表示	$\Delta u\% = \dfrac{\sqrt{3}}{10U_n}\sum[(R'_o\cos\varphi + X'_o\sin\varphi)I_i l_i] = \sum(\Delta u_a\% I_i l_i)$
	（3）终端负荷用负荷矩 Pl/（/kW·km）表示	$\Delta u\% = \dfrac{1}{10U_n^2}(R'_o + X'_o\tan\varphi)Pl = \Delta u_p\% Pl$
	（4）几个负荷用负荷矩 $P_i l_i$/（kW·km）表示	$\Delta u\% = \dfrac{1}{10U_n^2}\sum[(R'_o + X'_o\tan\varphi)P_i l_i] = \sum(\Delta u_p\% P_i l_i)$
	（5）整条线路的导线截面、材料及敷设方式均相同且 $\cos\varphi=1$，几个负荷用负荷矩 $P_i l_i$/（kW·km）表示	$\Delta u\% = \dfrac{R'_o}{10U_n^2}\sum P l_i = \dfrac{1}{10U_n^2\gamma S}\sum P l_i = \dfrac{\sum P_i l_i}{CS}$
接于线电压的单相负荷线路	（1）终端负荷用电流矩 Il/（A·km）表示	$\Delta u\% = \dfrac{2}{10U_n}(R'_o\cos\varphi + X''_o\sin\varphi)Il \approx 1.15\Delta u_a\% Il$
	（2）几个负荷用电流矩 $I_i l_i$/（A·km）表示	$\Delta u\% = \dfrac{2}{10U_a}\sum[(R'_o\cos\varphi + X''_o\sin\varphi)I_i l_i]$ $\approx 1.15\sum(\Delta u_a\% I_i l_i)$
	（3）终端负荷用负荷矩 Pl/（kW·km）表示	$\Delta u\% = \dfrac{2}{10U_n^2}(R'_o + X''_o\tan\varphi)Pl \approx 2\Delta u_a\% Pl$
	（4）几个负荷用负荷矩 $P_i l_i$/（kW·km）表示	$\Delta u\% = \dfrac{2}{10U_n^2}\sum[(R'_o + X''_o\tan\varphi)p_i l_i] \approx 2\sum(\Delta u_p\% P_i l_i)$
	（5）整条线路的导线截面、材料及敷设方式均相同且 $\cos\varphi=1$，几个负荷用负荷矩 $P_i l_i$/（kW·km）表示	$\Delta u\% = \dfrac{2R'_o}{10U_n^2}\sum P_i l_i$

线路种类	负荷情况	计 算 公 式
接于相电压的两相N线平衡负荷线路	（1）终端负荷用电流矩 Il /（A·km）表示	$\Delta u\% = \dfrac{1.5\sqrt{3}}{10U_n}(R'_o\cos\varphi + X''_o\sin\varphi)Il \approx 1.5\Delta u_a\%Il$
	（2）终端负荷用负荷矩 Pl /（kW·km）表示	$\Delta u\% = \dfrac{2.25}{10U_n^2}(R'_o + X''_o\tan\varphi)Pl \approx 2.25\Delta u_p\%Pl$
	（3）终端负荷且 $\cos\varphi=1$，用负荷矩 Pl /（kW·km）表示	$\Delta u\% = \dfrac{2.25R'_o}{10U_n^2}Pl = \dfrac{2.25}{10U_n^2\gamma S}Pl = \dfrac{Pl}{CS}$
接相电压的单相负荷线路	（1）终端负荷用电流矩 Il /（A·km）表示	$\Delta u\% = \dfrac{2}{10U_{nph}}(R'_o\cos\varphi + X''_o\sin\varphi)Il \approx 2\Delta u_a\%Il$
	（2）终端负荷用负荷矩 Pl /（kW·km）表示	$\Delta u\% = \dfrac{2}{10U_{nph}^2}(R'_o + X''_o\tan\varphi)Pl \approx 6\Delta u_p\%Pl$
	（3）终端负荷且 $\cos\varphi=1$ 或直流线路用负荷矩 Pl /（kW·km）表示	$\Delta u\% = \dfrac{2R'_o}{10U_{nph}^2}Pl = \dfrac{2}{10U_{nph}^2\gamma S}Pl = \dfrac{Pl}{CS}$
符号说明		$\Delta U\%$——线路电压降百分数，%； $\Delta u_a\%$——三相线路每 1A·km 的电压降百分数，%/（A·km）； $\Delta u_p\%$——三相线路每 1kW·km 的电压降百分数，%/（kW·km）； U_n——标称线电压，kV； U_{nph}——标称相电压，kV； X''_o——单相线路单位长度的感抗，Ω/km，其值可取 X'_o 值； $R'_o X'_o$——三相线路单位长度的电阻和感抗，Ω/km； I——负荷计算电流，A； l——线路长度，km； P——有功负荷，kW； γ——电导率，S/μm，$\gamma = \dfrac{1}{\rho}$，ρ 为电阻率，Ω·μm，见表 2–17 的表下注； S——线芯标称截面，mm²； $\cos\varphi$——功率因数； C——功率因数为 1 时的计算系数，见表 2–17。

注：实际上单相线路的感抗值与三相线路的感抗值不同，但在工程计算中可以忽略其误差，对于 220/380V 线路的电压降，导线截面为 50mm² 及以下时误差约 1%，50mm² 以上时最大误差约 5%。

表 2-17 **线路电压降的计算系数 _C_ 值**（cosφ=1）

线路标称电压 /V	线路系统	_C_ 值计算公式	导线 _C_ 值（θ=50℃）		母线 _C_ 值（θ=65℃）	
			铝	铜	铝	铜
220/380	三相四线	$10\gamma U_n^2$	45.70	75.00	43.40	71.10
220/380	两相三线	$\dfrac{10\gamma U_n^2}{2.25}$	20.30	33.30	19.30	31.60
220	单相及直流	$5\gamma U_{nph}^2$	7.66	12.56	7.27	11.92
110			1.92	3.14	1.82	2.98
36			0.21	0.34	0.20	0.32
24			0.091	0.15	0.087	0.14
12	单相及直流	$5\gamma U_{nph}^2$	0.023	0.037	0.022	0.036
6			0.005 7	0.009 3	0.005 4	0.008 9

注：1. 20℃的 ρ 值（$\Omega\cdot\mu m$）：铝导线、铝母线为 0.028 2；铜母线、铜导线为 0.017 2。

2. 计算 _C_ 值时，导线工作温度为 50℃，铝导线 γ 值（S/μm）为 31.66，铜导线为 51.91；母线工作温度为 65℃，铝母线 γ 值（S/μm）为 30.05，铜导线为 49.27。

3. U_n 为标称线电压（kV），U_{np} 为标称相电压（kV）。

4. 表中 _C_ 值是以每 m 线路电阻计算，若用 km 计算（见表 2-16），则表中 _C_ 值应乘以 10^{-3}。

2.5 按机械强度校验截面

交流回路的相导体和直流回路中带电导体的截面，应不小于表 2-18 的数值。

表 2-18　　　　　　按机械强度允许的最小截面　　　　单位：mm²

用　　途	导线最小允许截面		
	铝	铜	铜芯软线
裸导线敷设于绝缘子上（低压架空线路）	16	10	

用　途			导线最小允许截面		
			铝	铜	铜芯软线
绝缘导线敷设于绝缘子上，支点距离 L/m	户内	L≤2	10	1.5	
	户外	L≤2	10	1.5	
		2<L≤6	10	2.5	
		6<L≤15	10	4	
		15<L≤25	10	6	
固定敷设护套线，轧头直敷			2.5	1.5	
移动式用电设备用导线	生产用				1.0
	生活用				0.2
照明灯头引下线	工业建筑	户内	2.5	0.8	0.5
		户外	2.5	1.0	1.0
	民用建筑、户内		1.5	0.75	0.4
绝缘导线穿管			10	1.5	1.0
绝缘导线槽板敷设			2.5	1.0	
绝缘导线线槽敷设			10	1.5	

注：1. 用于铝导体的终端连接宜经过测试和认可此种特定用途。

2. 用于电子设备的信号和控制回路或 7 芯及以上电缆，允许 0.1mm² 为最小截面。

3. 特低压（ELV）照明的特殊要求参见 GB/T 16895.30—2008[59]。

4. 1mm² 铜芯电缆和绝缘导线可用于固定敷设的电力和照明回路。

5. 本表数据摘自 GB 50054—2011 表 3.2.2。

2.6　按短路热稳定校验计算

当 0.1s≤t≤5s，根据 IEC 规定，热稳定计算公式为

$$I^2 t = K^2 S^2 1n \left(\frac{\theta + \beta}{\theta_n + \beta} \right) \qquad (2-13)$$

$$S = \sqrt{\frac{I^2 \cdot t}{C}}$$

对于限流断路器，$t < 0.1\text{s}$，有

$$K^2 S^2 > I^2 t \text{ 热允通能量} \qquad (2\text{-}14)$$

式中　I——短路电源周期分量有效值，kA；

　　　t——短路切除时间，s；

　　　K——电缆结构特性系数，对交联聚乙烯绝缘或 PVC 绝缘，K 取 226；

　　　S——热稳定最小截面，mm²；

　　　θ——电缆短路允许温度，交联电缆，$\theta = 250℃$，PVC 电缆；$(S \geqslant 300\text{mm}^2)$，$\theta = 140℃$，$(S \geqslant 240\text{mm}^2)$，$\theta = 160℃$；

　　　θ_n——线芯长期允许工作温度，交联聚乙烯电缆，$\theta_n = 90℃$，聚氯乙烯电缆，$\theta_n = 70℃$；

　　　β——常数，取 234.5；

　　　C——热稳定系数，见表 2-19；

　　　$I^2 t$——热允通能量。

表 2-19　　　　　　　　　　热　稳　定　系　数

导　体　名　称	C
铜芯交联电缆	143
铜芯 PVC 电缆（$S \geqslant 300\text{mm}^2$）	103
（$S \geqslant 240\text{mm}^2$）	115
铜母线	170
铝母线	135

2.7　中性导体（N）、保护接地导体（PE）、保护接地中性导体（PEN）的截面选择

（1）单相两线制电路中，无论相线截面大小，中性导体截面都

应与相线截面相同。

（2）三相四线制配电系统中，N 导体的允许载流量应不小于线路中最大的不平衡负荷电流及谐波电流之和。

当相导体为铜导体且截面不大于 $16mm^2$ 或者铝导体且截面不大于 $25mm^2$ 时，中性导体应与相线截面相等。

当相导体截面为大于 $16mm^2$ 的铜导体或者大于 $25mm^2$ 的铝导体时，若中性导体电流（包括三及三的奇数倍次谐波）不超过相电流的 15%，可选择小于相导体截面，但通常应不小于相导体截面的 50%，且铜不小于 $16mm^2$ 或铝不小于 $25mm^2$。

（3）存在谐波电流时导体截面选择。三相平衡系统中，有可能存在谐波电流，影响最显著的是三次谐波电流。中性导体三次谐波电流的数值等于相导体谐波电流的 3 倍。选择导体截面时，应计入谐波电流的影响。

1）当谐波电流较小时，仍可按相导体电流选择导体截面，但计算电流应按基波电流除以表 2–20 的校正系数。

2）当三次谐波电流超过 33% 时，它所引起的中性导体电流超过基波的相电流，应按中性导体电流选择导体截面，计算电流同样要除以表 2–20 的校正系数。

表 2–20　　　　　　　　谐波电流的校正系数

相电流中三次谐波分量（%）	校正系数		相电流中三次谐波分量（%）	校正系数	
	按相线电流选截面	按中性线电流选择截面		按相线电流选截面	按中性线电流选择截面
0～15	1.0		>33～45		0.86
>15～33	0.86		>45		1.0

注：表中数据仅适用于中性线与相线等截面的 4 芯或 5 芯电缆及穿管导线，并以三芯电缆或三线穿管的载流量为基础，即把整个回路的导体视为一个综合发热体来考虑。

3）当谐波电流大于 15% 时，中性导体的截面应不小于相导体。例如，以气体放电灯为主的照明线路、变频调速设备、计算机及直流电源设备等的供电线路。

4）工程设计中有中性导体电流大于相导体的情况，通常应首先采取措施限制或消除谐波电流，特殊情况可采用中性导体大于相导体的特殊规格电缆。

5）谐波电流校正系数应用举例：

【例 2–1】 三相平衡系统，负载电流 39A，采用 PVC 绝缘 4 芯电缆，沿墙明敷，求电缆截面。

解： 不同谐波电流下的计算电流和选择结果见表 2–21。

表 2–21　　　　　　　　谐波对导线截面选择影响示例

负载电流状况	选择截面的计算电流/A		选择结果	
	按相线电流	按中性线电流	截面/mm²	额定载流量/A
无谐波	39		6	41
20%三次谐波	$\dfrac{39}{0.86}=45$		10	57
40%三次谐波		$\dfrac{39\times0.4\times3}{0.86}=54.4$	10	57
50%三次谐波		$\dfrac{39\times0.5\times3}{1.0}=58.5$	16	76

（4）PE 导体截面选择。

表 2–22　　　　　　　　　　PE、PEN 导体截面的选择

相导体截面 S/mm²	PE 导体截面/mm²	相导体截面/mm²		PEN 导体允许的最小截面/mm²			
				护套电线、穿管线	裸导线	单芯导线作干线	电缆
$S\leqslant16$	S[①]						
$16<S\leqslant35$	16	铜	$\leqslant16$	$\geqslant10$	$\geqslant10$	$\geqslant10$ 并与相线等截面	电缆全部芯线截面和$\geqslant10$，当相线$\leqslant16$时应与相线等截面
$35<S\leqslant400$	$\geqslant S/2$		>16	$\geqslant16$	$\geqslant16$	$\geqslant16$	

70

相导体截面 S/mm²	PE 导体截面/mm²	相导体截面/mm²	PEN 导体允许的最小截面/mm²			
$S\leqslant16$	$S^{①}$		护套电线、穿管线	裸导线	单芯导线作干线	电缆
$400<S\leqslant800$	$\geqslant200$	铝 ≤25	≥16	≥16	≥16 并与相线等截面	电缆全部芯线截面和≥16，当相线≤25 时应与相线等截面
$S>800$	$\geqslant S/4$	>25	≥25	≥25	≥25	

注：1. 本表根据 GB 7251.0～7—2013（IEC 61439-0～7：2011）《低压成套开关设备和控制设备》[45]编制。

　　2. 相线 150mm² 的 3+1 或 3+2 芯电缆，第 4 芯 70mm²，不足 1/2 相线截面，一般能够满足要求，若必须加大截面，可选择 95mm² 非标产品。

① 按机械强度选择，若是供电电缆线芯或外护层的组成部分时，截面不受限制。若采用导线，有机械保护（如穿管、线槽等）时，≥2.5mm²；无机械保护（如绝缘子明敷）时，≥4mm²。

（5）三相系统中 PEN 导体截面选择应同时符合 2.7.2 和 2.7.3 条规定外，还应符合表 2-22 的要求。

2.8　爆炸危险环境导体截面选择

（1）不同爆炸危险区，导体最小截面见表 2-23。

表 2-23　　　　　　　　爆炸危险区导体最小截面表　　　　　　单位：mm²

区域	电线或电缆	电力	照明	控制	移动电缆	钢管连接要求
1 区 20 区 21 区	铜芯不延燃导线穿管	铜-2.5	铜-2.5	铜-2.5		螺纹旋合≥5 扣
	电缆明敷或电缆沟	铜-2.5	铜-2.5	铜-1.0	YHC	

区域	电线或电缆	电力	照明	控制	移动电缆	钢管连接要求
2 区 22 区	铜芯不延燃导线穿管	铜-2.5	铜-1.5	铜-1.5		螺纹旋合≥5 扣
	电缆明敷或电缆沟	铜-1.5 铝-16[①]	铜-1.5	铜-1.0	YHZ	

注：本表摘自 GB 50028—2014《城镇燃气设计规范》[36]。

① 若 22 区内伴有剧烈振动，应采用铜导体、铝导体电缆与设备连接须采用铜铝过渡接头。

（2）导体载流量，应不小于保护熔断器熔体额定电流的 1.25 倍；或断路器反时限过电流脱扣器整定电流的 1.25 倍（低压笼型电动机支线除外）；低压笼型电动机支线的允许载流量应不小于电动机额定电流的 1.25 倍。

（3）明敷或电缆桥架敷设，宜采用阻燃铠装电缆；不可能受机械损伤、鼠害处可采用非铠装电缆。

第3章　按经济电流选择电缆截面

按经济电流选择电缆截面就是按"寿命期"内，投资和导体电能损耗费用之和最小的原则选择电缆截面，简称"经济选型"。

按载流量选择线芯导体截面时，只计算初始投资；按经济电流选择时，除计算初始投资外，还要考虑寿命期内导体电能损耗费用，两者之和应最小。某一截面区间内，两者之和总费用最少，就是经济选型。

经济选型的结果不是某一个截面而是有一个截面范围，因为电缆线芯导体截面是非连续的，仅仅只有十余个规格，但在这个截面范围内总能找到合适的规格。从图 3-1 的曲线可以见证：曲线 2 代表初始费用，它包括电缆及附件与敷设费用之和，当截面增大时，投资费用随之增大；曲线 3 代表损耗费用，当截面增大时，损耗减少，损耗费用随之减少；曲线 1 代表总费用，是曲线 2 和 3 的叠加。曲线 1 的最低点就是总费用最少的一个截面 $80mm^2$。显然，选择 $70\sim95mm^2$，它的总费用非常接近最经济截面 $80mm^2$，因此，经济截面是一个区间。同样，经济电流也有一定范围。

在经济截面的范围内，可选择较小截面，如图 3-1 的例子就应该选择 $70mm^2$ 为宜。

GB 50217—2007《电力工程电缆设计规范》对按经济电流选择电缆截面做出规定，因为这样可以节约电力运行费和总费用，可以节省能源，改善环境，还可以提高电力运行的可靠性。

3.1　总拥有费用法

总拥有费用法将电缆的总成本 CT 分为两部分：一为电缆的初始投资 CI（包括电缆的材料费和安装费）；二为电缆在寿命期内的运行成本 CJ，公式表述为

$$CT=CI+CJ \qquad (3-1)$$

式中　CT ——电缆的总成本，元；

　　　CI ——初始投资，元；

　　　CJ ——运行成本，元。

此方法综合考虑电缆的初始投资和运行成本，以谋求最小的电缆总成本CT 为出发点，选择经济合理的电缆截面。

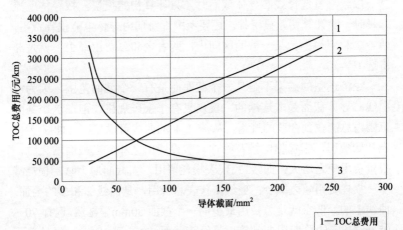

1—TOC总费用
2—初始费用
3—电能损耗费

图 3-1　电缆截面与 TOC 关系

3.1.1　电缆的初始投资 CI

电力电缆截面经济选型是在不同的电缆截面等级之间择优选取，因此将电缆的初始投资 CI 近似表示为电缆截面 S 的线性函数

$$CI = (AS+C)L \qquad (3-2)$$

式中　CI——初始投资，元；

　　　A——成本的可变部分，元/（mm² · m）；

　　　S——电缆截面，mm²；

　　　C——成本的不变部分，元/m；

74

L——电缆的长度，m。

3.1.2 电缆的运行成本 CJ

电缆在其寿命期间内的运行成本可分为两部分：一为负荷电流流过导体引起的发热损耗费用 CJ′（不考虑与电压有关的损耗）；二为线路损耗引起的额外供电成本 CJ″。

（1）发热损耗费用 CJ′ 即为网损量与电价的乘积，表示如下

$$CJ' = I_{max}^2 \cdot R \cdot L \cdot N_p \cdot N_c \cdot \tau \cdot P \qquad (3\text{–}3)$$

式中　CJ′——发热损耗费用，元；

I_{max}——流过电缆的最大负荷电流，A；

R——单位长度电缆的交流电阻，Ω /m；

N_c——电缆回路数；

N_p——每回电缆相导体数目；

τ——最大负荷损耗小时数，h；

P——电价，元/（kW·h）；

L——线路长度，m。

（2）线路损耗引起的额外供电成本 CJ″ 表示如下

$$CJ'' = I_{max}^2 \cdot R \cdot L \cdot N_p \cdot N_c \cdot D \qquad (3\text{–}4)$$

式中　CJ″——线路损耗引起的额外供电成本，元；

D——线路损耗引起的额外供电容量成本，元/（kW·年）。

综上所述，电缆运行成本 CJ 可表示为

$$CJ = CJ' + CJ'' = I_{max}^2 \cdot R \cdot L \cdot N_p \cdot N_c(\tau \cdot P + D) \qquad (3\text{–}5)$$

3.1.3 电缆的总成本 CT

考虑到电缆寿命期长达 30 年，同样的费用，在起始年和终了年的实际价值不同，为比较电缆在整个寿命期间的总成本费用，必须将 30 年电缆运行成本都一一归算到第一年（称为折现值），方可用作在不同电缆截面等级之间进行比较选择，本方法将电缆运行成本表示为折现值，即将总费用表示为等效的一次性初始投资。

电缆的初始投资 CI 本身即为折现值，不需进行转换。

电缆第一年的运行成本费用 CJ_0 可根据式（3-3）表示为

$$CJ_0 = I_{max}^2 \cdot R \cdot L \cdot N_p \cdot N_c (\tau \cdot P + D) \qquad (3-6)$$

考虑到负荷增长率和能源成本增长率，可得电缆寿命期间内各年的运行费用折现值如下

$$CJ_1 = CJ_0 / (1+i) \qquad (3-7)$$

$$CJ_2 = CJ_0 \cdot (1+a)^2 (1+b) / (1+i)^2 \qquad (3-8)$$

$$\vdots$$

$$CJ_N = CJ_0 \cdot (1+a)^{2(N-1)} (1+b)^{N-1} / (1+i)^N \qquad (3-9)$$

式中　i——银行贴现率，%；

　　　a——负荷增长率，%；

　　　b——能源成本增长率，%；

　　　N——电缆寿命，年。

取中间变量 $r = (1+a)^2 (1+b) / (1+i)$，则可得电缆寿命期间内的总运行费用折现值为

$$CJ = CJ_1 + CJ_2 + \cdots + CJ_N = CJ_1 \cdot (1 + r + \cdots + r^{N-1})$$
$$= CJ_1 \cdot (1 - r^N) / (1 - r) \qquad (3-10)$$

取中间变量 $\Phi = (1 - r^N) / (1 - r)$，则式（4-10）可进一步表示为

$$CJ = CJ_1 \cdot \Phi = I_{max}^2 \cdot R \cdot L \cdot N_p \cdot N_c (\tau \cdot P + D) \cdot \Phi / (1+i)$$

$$(3-11)$$

取中间变量 $F = N_p \cdot N_c (\tau \cdot P + D) \cdot \Phi / (1+i)$

则电缆寿命期间内的总运行费用折现值最终表示为

$$CJ = I_{max}^2 \cdot R \cdot L \cdot F \qquad (3-12)$$

基于以上公式推算，电缆的总成本表示为等效的一次性初始投资为

$$CT = CI + I_{max}^2 \cdot R \cdot L \cdot F \qquad (3-13)$$

式中　CT——电缆的总成本，元；

76

CI ——初始投资，元；

I_{max} ——流过电缆的最大负荷电流，A；

R ——单位长度电缆的交流电阻，Ω/m；

L ——线路长度，m；

F ——等效损耗费用系数，元/kW。

电缆的总成本 CT 均指已折算后的等效一次性初始总投资。

3.2 电力电缆截面经济选型的应用

基于总拥有费用法的概念，国际电工委员会（IEC）给出了两种电缆截面经济选型的实用方法：计算电缆标称截面的经济电流范围方法和计算电缆的经济电流密度方法。

3.2.1 经济电流范围

在一定的敷设条件下，每一线芯导体截面都有一个经济电流范围，IEC 60287-3-2/1995 提供了这一范围上、下限值的计算公式是

$$I_{ec}(下限)= [CI-CI1/F \times L(R_1-R)]^{0.5} \qquad (3-14)$$

$$I_{ec}(上限)= [CI_2-CI/F \times L(R-R_2)]^{0.5} \qquad (3-15)$$

式中 CI ——某一截面电缆的总投资，元，（包括了主材、附件及施工费）；

CI_1 ——比 CI 小一级截面电缆的总投资，元；

CI_2 ——比 CI 大一级截面电缆的总投资，元；

F ——综合系数；

L ——电缆长度，km；

R ——CI 对应截面电缆单位长度的交流电阻，Ω/km；

R_1 ——CI_1 对应截面电缆单位长度的交流电阻，Ω/km；

R_2 ——CI_2 对应截面电缆单位长度的交流电阻，Ω/km。

（1）根据以上计算方法，编制了各种不同类别电缆的经济电流范围表。

1）铜芯 6/10kV 交联聚乙烯电缆的经济电流范围表（表 3-1）。

2）铜芯 0.6/1.0kV 低压电缆的经济电流范围表（表 3-2）。

（2）以上各表编制时做了如下的限定：

1）电价：我国幅员辽阔，全国各地区电价差别很大。将电能电价约为 0.6～0.7 元/（kW·h）代表高电价区域；电能电价约为 0.45～0.55 元/（kW·h）代表中电价区域；电能电价约为0.35～0.45 元/（kW·h）代表低电价区域。

工业与民用企业通常采用两部电价制，即基本电价加电能电价。所谓基本电价就是根据变压器安装容量。每月收取 20～30 元/kVA，电能电价则根据计量电能收取电费。此外，各地尚有多项地方附加费。因此，实际电价往往是电能电价的 1.3～1.6 倍。

2）τ 是最大负荷损耗小时数，为符合使用习惯，表中转化为最大负荷利用小时 T_{max}。当 $\cos\varphi$=0.8 时，通常：

单班制 τ=1800h，对应 T_{max}=2000h；

两班制 τ=2800h，对应 T_{max}=4000h；

三班制 τ=4750h，对应 T_{max}=6000h。

只要根据电价、T_{max} 和计算电流三个参数，从表 3-1 和表 3-2 中可快捷求取，详见例 3-1 和例 3-2。

表 3-1　　铜芯 6/10kV 交联聚乙烯绝缘电缆的经济电流范围

导体截面/mm²	经济电流范围上限值/A [P=0.40～0.50 元/（kW·h）]			经济电流范围上限值/A [P=0.51～0.60 元/（kW·h）]			经济电流范围上限值/A [P=0.61～0.70 元/（kW·h）]		
	T/h	T/h	T/h	T/h	T/h	T/h	T/h	T/h	T/h
	2000	4000	6000	2000	4000	6000	2000	4000	6000
4	11.2	8.3	6.5	8.8	6.4	5	8.4	6.1	4.7
6	17.5	13	10.2	13.7	10.1	7.8	13.1	9.6	7.4
10	29.1	21.6	16.9	22.8	16.8	13	21.8	15.9	12.3
16	45.2	33.6	26.2	35.4	26	20.2	33.8	24.7	19.1
25	68.7	51.1	39.9	53.8	39.5	30.7	51.4	37.5	29
35	102.7	76.3	59.6	80.5	59.1	45.9	76.9	56.1	43.4

导体截面/mm²	经济电流范围上限值/A [P=0.40~0.50 元/ (kW·h)]			经济电流范围上限值/A [P=0.51~0.60 元/ (kW·h)]			经济电流范围上限值/A [P=0.61~0.70 元/ (kW·h)]		
	T/h	T/h	T/h	T/h	T/h	T/h	T/h	T/h	T/h
	2000	4000	6000	2000	4000	6000	2000	4000	6000
50	127.1	94.4	73.8	99.6	73.2	56.8	95.1	69.4	53.7
70	178.6	132.7	103.7	139.9	102.8	79.9	133.7	97.5	75.5
95	245.1	182.2	142.3	192.1	141.1	109.6	183.5	133.8	103.6
120	316.2	235	183.6	247.8	182	141.4	236.7	172.6	133.6
150	366	272	212.5	286.8	210.7	163.7	274	199.8	154.6
185	467.5	347.5	271.4	366.4	269.2	209.1	350	255.2	197.6
240	617.2	458.8	358.3	483.7	355.3	276	462	336.9	260.8
300				709.6	521.3	404.9	677.8	494.3	382.6

注：1. 经济电流范围下限值即小一级截面的上限值。

2. 表中数据对应铜价 6 万元/t。

表 3-2　　　铜芯 0.6/1.0kV 低压电缆的经济电流范围

导体截面/mm²	经济电流范围上限值/A [P=0.40~0.50 元/ (kW·h)]			经济电流范围上限值/A [P=0.51~0.60 元/ (kW·h)]			经济电流范围上限值/A [P=0.61~0.70 元/ (kW·h)]		
	T/h	T/h	T/h	T/h	T/h	T/h	T/h	T/h	T/h
	2000	4000	6000	2000	4000	6000	2000	4000	6000
4	10	7.5	5.8	9.4	6.9	5.4	9	6.6	5.1
6	15.7	11.7	9.1	14.7	10.8	8.4	14.1	10.3	7.9
10	26.1	19.4	15.2	24.5	18	14	23.4	17.1	13.2
16	40.5	30.1	23.5	38	27.9	21.7	36.3	26.5	20.5
25	61.6	45.8	35.8	57.8	42.4	33	55.2	40.2	31.2
35	92.1	68.4	53.5	86.4	63.5	49.3	82.5	60.2	46.6
50	114	84.7	66.2	106.9	78.5	61	102.1	74.4	57.6
70	160.2	119	93	150.2	110.4	85.7	143.5	104.6	81
95	219.8	163.4	127.6	206.2	151.5	117.6	196.9	143.6	111.2

导体截面/mm²	经济电流范围上限值/A [$P=0.40\sim0.50$ 元/(kW·h)]			经济电流范围上限值/A [$P=0.51\sim0.60$ 元/(kW·h)]			经济电流范围上限值/A [$P=0.61\sim0.70$ 元/(kW·h)]		
	T/h	T/h	T/h	T/h	T/h	T/h	T/h	T/h	T/h
	2000	4000	6000	2000	4000	6000	2000	4000	6000
120	283.6	210.8	164.6	266	195.4	151.8	254.1	185.3	143.4
150	328.2	244	190.5	307.8	226.2	175.7	294.1	214.4	166
185	419.3	311.7	243.4	393.3	288.9	224.4	375.6	273.9	212
240	553.6	411.5	321.4	519.2	381.4	296.2	495.9	361.7	279.9
300	812.1	603.6	471.5	761.7	559.6	434.6	727.6	530.6	410.7

注：1. 经济电流范围下限值即小一级截面的上限值。

2. 表中数据对应铜价 6 万元/t。

【例 3–1】某一 380V 低压负荷计算电流 I_B=155A，T_{max}=4000h（两班制），当地电价 P=0.56 元/（kW·h），电缆长度为 150m，负荷功率因数为 0.8，交联氯乙烯电缆单根明敷，求电缆截面。

（1）I_B=155A 查取电缆明敷，θ_a=35℃时的载流量，求得 S=50mm²（对应载流量为 184A）。

（2）按经济电流求取截面：根据 I_B=155A，T_{max}=4000h，P=0.56 元/（kW·h）查取"0.6/1.0kV 低压电缆的经济电流范围表"，求得 S_{ec}=95mm²（经济电流范围 119～163.4A）。

（3）按电压降校验：根据 I_{Bj}=155A，L=150m，$\cos\varphi$=0.8 计算得到电流矩为 23.25A·km，按经济截面 S_{ec}=95mm² 查低压电缆电压降表得：

Δu%=0.105×23.25%=2.44%，满足要求。

（4）热稳定校验等略。

【例 3–2】某厂循环水泵 3500kW，电压为 6kV，主厂房环境温度为 35℃，供电距离为 1460m，负荷功率因数为 0.8，电价 0.45 元/（kW·h），循环水泵运转时间约 5000h，电缆沿无孔托盘桥架成束单层敷设，并列电缆 9 根，求供电电缆截面。

（1）按载流量求取截面

$$I_\mathrm{B} = \frac{3500}{\sqrt{3} \times 6 \times 0.8}\mathrm{A} = 421\mathrm{A}$$

取电缆成束敷设的载流量校正系数 0.7。

查载流量表求得：S=2(3×120)mm^2

相应载流量：I_e=2(341×0.7)A= 477A

（2）按经济电流求取截面，查表 3–1，求得 YJV–6，2(3×150)，相应经济电流范围是 2×(207.1～239.7A)=414.2～474A。

（3）其余校验（省略）。

3.2.2 经济电流密度

已知电价 P 并不像经济电流范围表中所列的那么典型，可借助电缆的经济电流密度曲线求取经济截面。

（1）电缆的经济电流密度，是指使电缆总成本为最小的电缆截面所对应的工作电流密度。用经济电流密度方法进行电缆截面选型，首先求出电缆的经济电流密度，然后利用流过电缆的最大负荷电流除以经济电流密度求得最佳的经济截面。此时求得的最佳经济截面往往不等于标准的电缆截面，需按总成本费用最小的原则择优选取与此最佳经济截面临近的两个电缆标称截面中的一个。

因为最佳经济截面使电缆总成本最小，故可将电缆总成本 CT 表示成电缆截面 S 的函数，使之对 S 求导值为零，即可得最佳经济截面。

电缆总成本 CT 表示成电缆截面积 S 的函数形式为

$$\mathrm{CT} = \frac{(A \cdot S + C) \cdot L + I_\mathrm{max}^2 \cdot L \cdot F \cdot \rho_{20}[1 + \alpha_{20}(\theta_\mathrm{m} - 20)] \cdot (1 + K_\mathrm{p} + K_\mathrm{s})}{S \times 10^{-6}}$$

（3–16）

式中　CT ——电缆总成本，元；

　　　A ——成本的可变部分，元/（mm^2 · m）；

　　　S ——电缆导体截面，mm^2；

　　　L ——电缆的长度，m；

　　　C ——成本的不变部分，元/m；

α_{20}——20℃时导体的电阻温度系数，℃；

ρ_{20}——20℃时导体的直流电阻率，$\Omega \cdot m$；

θ_m——导体的平均运行温度，℃；

K_p——临近效应系数；

K_s——趋肤效应系数。

令 $K = 1 + \alpha_{20}(\theta_m - 20)$，$B = 1 + K_p + K_s$，将式（3–16）对 S 求导为零得

$$S_{ec} = 1000 \cdot I_{max}(F \cdot \rho_{20} BK / A)^{0.5} \qquad (3–17)$$

式中 S_{ec}——最佳经济截面，mm^2；

F——等效损耗费用系数，元/kW。

由式（4–17）可得电缆经济电流密度 j /（A/mm²）的表达式如下

$$j = \frac{I_{max}}{S_{ec}} = \left(\frac{A}{F \cdot \rho_{20} \cdot B \cdot K}\right)^{0.5} \times 10^{-3} \qquad (3–18)$$

（2）举例说明电缆经济电流密度曲线图的应用。

【例3–3】某一 380V 负荷，计算电流 I_{Bj}=155A，T_{max}=3000h，当地的电价 P=0.7 元/（kW·h），电缆单根明敷，环境温度 θ_a=35℃，供电距离 L=150m，负荷功率因数 $\cos\varphi$=0.8，选用 YJV–1，4+1 芯电缆求经济截面。

可从图 3–2 曲线，根据 T_{max}=3000h，P=0.7 元/（kW·h）查取经济电流密度 j=1.6A/mm²，S=155/1.6=96.9，取相近截面 95mm²。

其余计算略。

（3）上述曲线根据不同的电缆类别有不同的曲线，常用的有：

1）铜芯交联聚乙烯绝缘 6/10kV 高压电力电缆经济电流密度曲线。

2）铜芯 0.6/1.0kV 低压电力电缆经济电流密度曲线。

3）铝芯交联聚乙烯绝缘 6/10kV 高压电力电缆经济电流密度曲线。

4）铝芯 0.6/1.0kV 低压电力电缆经济电流密度曲线。

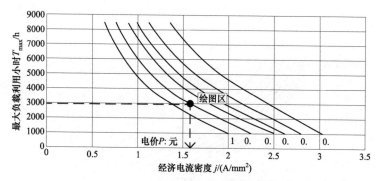

图 3-2　经济电流密度选用示意图

详见图 3-3～图 3-8 所示曲线。由于铜价格变化较大而对经济电流值有直接影响，本章分别列出两套曲线。而铝材价格稳定，只列出一套曲线，请选用时注意。

由于电缆截面经济选型的方法中未考虑与电压有关的损耗，因此该选型方法适用于中低压电缆系统，对于电压 35kV 及以上交联聚乙烯（XLPE）绝缘高压电缆系统，不建议应用此方法进行电缆截面选型。

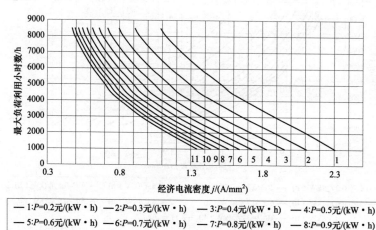

— 1:P=0.2元/(kW·h)　— 2:P=0.3元/(kW·h)　— 3:P=0.4元/(kW·h)　— 4:P=0.5元/(kW·h)
— 5:P=0.6元/(kW·h)　— 6:P=0.7元/(kW·h)　— 7:P=0.8元/(kW·h)　— 8:P=0.9元/(kW·h)
— 9:P=1.0元/(kW·h)　— 10:P=1.1元/(kW·h)　— 11:P=1.2元/(kW·h)

图 3-3　铜芯 6/10kV 电缆不同电价的经济电流密度曲线（铜价为 6 万元/t）

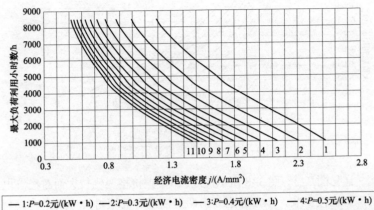

图 3-4　铜芯 6/10kV 电缆不同电价的经济
电流密度曲线（铜价为 4.5 万元/t）

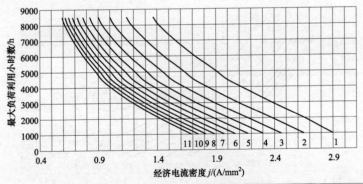

图 3-5　铜芯 0.6/1kV 电缆不同电价的经济
电流密度曲线（铜价为 6 万元/t）

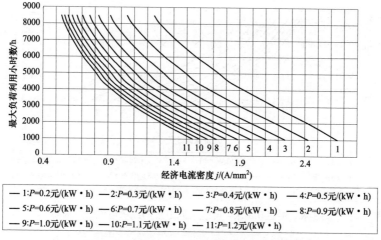

图 3-6 铜芯 0.6/1kV 电缆不同电价的经济
电流密度曲线（铜价为 4.5 万元/t）

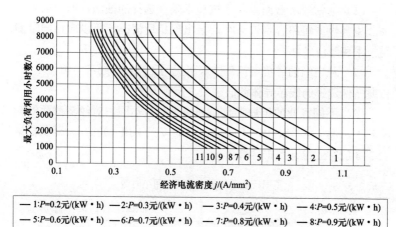

图 3-7 铝芯 6/10kV 电缆不同电价的
经济电流密度曲线

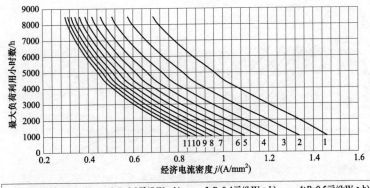

图 3-8　铝芯 0.6/1kV 电缆不同电价的经济电流密度曲线

3.3　经济选型若干问题

（1）通常经济截面会大于按技术条件选择的截面，但当很多电缆成束敷设或短路容量较大时，会出现相反情况，所以应该同时满足技术和经济条件。

（2）从电缆的经济电流范围表可见，T_{max} 越大，经济电流值越小，按此条件选择的线芯导体截面越大，反则反之。

（3）不同行业的年最大负荷利用小时数不同，对经济截面的影响较大，但工程设计中，不必过分追求 T_{max} 的准确性，只需要根据表 3-3 的行业统计数据计算。

表 3-3　　　　　　　不同行业的年最大负荷利用小时数

行业名称	T_{max}/h	行业名称	T_{max}/h
铝电解	8200	建材工业	6500
有色金属电解	7500	纺织工业	6000～8000
有色金属采选	5800	食品工业	4500

行业名称	T_{max}/h	行业名称	T_{max}/h
有色金属冶炼	6800	电气化铁道	6000
黑色金属冶炼	6500	冷藏仓库	4000
煤炭工业	6000	城市生活用电	2500
石油工业	7000	农业灌溉	2800
化学工业	7300	一般仓库	2000
铁合金工业	7700	农村企业	3500
机械制造工业	5000	农村照明	1500

（4）回收年限问题。由于按经济电流选择电缆截面时，大部分情况截面较大，使初期投资增加，实践证明增加的投资大约 3～6 年就能回收。

（5）经济选型是按照电缆寿命 30 年计算，实际有可能发生中途转产或其他变化，但只要使用年限超过回收年限，经济上仍然合理。

（6）采用以下实例分析经济选型的经济效益。电缆线芯导体经济选型的效益分析见表 3–4。

【例 3–4】某负载电流为 80A，寿命期为 30 年。采用 VV–1，3+1 芯电缆单根明敷，环境温度 35℃，电价 0.55 元/（kW·h），T_{max} 分别为 4000h 和 6000h，试分析电缆线芯导体经济选型的效益。

（1）按发热条件，I_{Bj}=80A，θ_a=35℃，选 S=3×25mm²+1×16mm²。

（2）按电价 0.55 元/（kW·h），T_{max}=4000h 和 6000h，选择经济截面=3×70mm²+1×35mm²。

表 3–4 　　　　　电缆线芯导体经济选型的效益分析

运行时间 T_{max}/h	按发热条件选型		按经济电流选型		节约绝对数/(元 /km)	节约百分数 (%)
	最小截面/mm²	总费用/(元 /km)	经济截面/mm²	总费用/(元 /km)		
4000	25	520 216	70	358 994	161 222	31
6000	25	780 097	70	451 900	328 197	42

从表 3-4 中数据可见节能和经济效益明显。

全国 1kV 级电力电缆年产量约 30 万 km，线损可节约 35%以上，总计全年节省损耗 581 万 kW，年节电量为 $146×10^8$kW·h。按容量电价 252 元/（kW·年），平均电能价 0.4 元/（kW·h）保守估计，每年节约电费约 73 亿，并可减少二氧化碳的年排放量 1372 万 t。

3.4 经济选型工程实例

【例 3-5】项目名称：某城镇污水处理厂（一期工程）。

（1）项目背景。随着城镇化及其周边地区的不断发展，城镇人口大大增加，生活污水和工业废水也同步增长，由于未建设污水收集处理系统，污水就近排入河道。因此造成污染严重，直接威胁到江河的水质，影响到居民生活用水水质，根据政府的要求，决定投资建设本工程。

（2）工程概况。城镇污水处理厂总规模（2020 年）为 60 000m³/d，一期规模（2010 年）为 20 000m³/d，分期实施。一期工程占地 1.95hm²，远期占地 4.88hm²。城镇污水处理厂（一期工程）估算总投资为 9136.24 万元，其中，污水管网部分投资为 4153.82 万元。

本工程实施后，预测每年可减少排入河网的污染量：BOD5 约 1022t，CODcr 约 2117.0t，污染量是削减，可使周遍地区的水环境质量有较大改观，确保达到要求的水域标准。

（3）变电站概况。本工程设一座变电站，位于负荷中心鼓风机房东侧独立式，容量 2×500kVA，采用 SCB10 型干式变压器，一期工程先实施一台变压器，变电站低压侧设固定分隔式开关柜，柜下部出线。

（4）电缆敷设概况。本工程变电站出线电缆采用放射式供电，电缆经电缆沟，直埋敷设及穿管或托盘保护敷至用电设备。电缆沟支架及电缆托盘敷设应保证间距不小于电缆外径 D，电缆应排列整齐，防止过多交叉，更不允许多层叠置。

电缆在户内敷设的采用聚氯乙烯铜芯护套电缆，户外采用钢带铠装电缆。

（5）电缆截面选择。选择方法运用按发热条件（载流量）及经济电流选择，并按允许电压降校验，选取以上三项条件中截面最大者为最终选择结果。

（6）电缆经济选型时，根据以下条件计算：

1）本工程主要负荷分为单班制、两班制及三班制。单班制计算时间为 2000h/年，两班制计算时间为 4000h/年，三班制计算时间为 6000h/年。

2）电缆电阻值取自 9.5 节，电缆材料费及工程费取自施工定额（相应铜价为 6 万元/t）。

3）当地综合电价 0.8 元/（kW·h）。

4）效益分析。

5）采用按经济电流选择干线电缆截面。其电缆工程总投资均增加 20.02 万元，但电能损耗每年节约 55 487kW·h，折合电费 4.4 万元，约 4.51 年即可回收多余的投资，详细计算见表 3-5 及表 3-6。

6）根据国家改革和发展委员会公布的碳排放换算方法，每年可减少 CO_2 排放 52.16t，减少 SO_2 排放 1.66t。

7）若电缆经济寿命按 30 年计，那么寿命期内总共可节约 166.5×10^4 kW·h，折合电费 133.17 万元；若计入附加发电成本 252 元/（kW·年），则节约发电投资约 8.8 万元。二者合计共节约 142 万元，可减少 1565t CO_2 及 50t SO_2 的排放，因此具有较好的经济效益和社会效益。

表 3-5　　　　　　　干线电缆一览表

回路编号	起点	终点	长度/m	计算电流/A	按载流量选截面 S_1/mm² VV₂₂-1电缆规格	按经济电流选截面 S_e/mm² VV₂₂-1电缆规格	耗铜量/kg $S_1 \sim S_4$ 中最大	耗铜量/kg S_e
AA3-WP1	变配电间低压配电柜 AA3	进水泵房1号潜水泵控制柜 1AC1	170	60	3×25+1×16	3×50+1×25	138	265

回路编号	起点	终点	长度/m	计算电流/A	按载流量选截面 S_1/mm² VV$_{22}$-1电缆规格	按经济电流选截面 S_e/mm² VV$_{22}$-1电缆规格	耗铜量/kg S_1～S_4中最大	S_e
AA3-WP3	变配电间低压配电柜AA3	进水泵房、细格栅及沉砂池动力配电箱2AP1	170	62	3×25+1×16	3×50+1×25	138	265
AA3-WP4	变配电间低压配电柜AA3	水质分析室照明配电箱13AL1	180	20	4×4	4×16	32	103
AA3-WP5	变配电间低压配电柜AA3	紫外线2号潜水泵控制箱4AC3	190	15	4×4	4×16	33	108
AA4-WP1	变配电间低压配电柜AA4	综合楼化验设备配电箱9AP1	230	60	3×25+1×16	3×50+1×25	187	359
AA4-WP3	变配电间低压配电柜AA4	循环式生物反应池2号动力配电柜3a-2AP1	100	64	3×25+1×16	3×50+1×25	81	156
AA4-WP4	变配电间低压配电柜AA4	进水泵房2号潜水泵控制柜1AC2	170	60	3×25+1×16	3×50+1×25	138	265
AA5-WP1	变配电间低压配电柜AA5	鼓风机房1号鼓风机变频控制柜5AC1	100	88	3×50+1×25	3×70+1×35	156	219
AA5-WP2	变配电间低压配电柜AA5	变电站照明配电箱（常用）8AL1	20	30	VV-1 5×10	VV-1 3×25+2×16	11	19

回路编号	起点	终点	长度 /m	计算电流 /A	按载流量选截面 S_1/mm² VV$_{22}$-1 电缆规格	按经济电流选截面 S_e/mm² VV$_{22}$-1 电缆规格	耗铜量/kg $S_1 \sim S_4$ 中最大	S_e
AA5-WP3	变配电间低压配电柜 AA5	鼓风机房动力配电柜 5AP1	100	32	4×10	3×25+1×16	44	81
AA5-WP4	变配电间低压配电柜 AA5	贮泥池2号潜水搅拌器控制箱 6AC2	200	6.4	4×2.5	4×6	23	44
AA5-WP5	变配电间低压配电柜 AA6	污泥浓缩脱水机房动力配电柜 7AP1	190	40	4×10	3×35+1×16	84	204
AA6-WP1	变配电间低压配电柜 AA6	进水泵房3号潜水泵控制柜 1AC3	170	60	3×25+1×16	3×50+1×25	138	265
AA6-WP2	变配电间低压配电柜 AA6	鼓风机房2号鼓风机变频控制柜 5AC2	100	88	3×50+1×25	3×70+1×35	156	219
AA6-WP3	变配电间低压配电柜 AA6	鼓风机房3号鼓风机变频控制柜 5AC3	100	88	3×50+1×25	3×70+1×35	156	219
AA6-WP4	变配电间低压配电柜 AA6	贮泥池1号潜水搅拌器控制箱 6AC1	200	6.4	4×2.5	4×6	23	44
AA6-WP5	变配电间低压配电柜 AA6	污泥脱水机房污泥脱水设备控制柜 7AC1	190	65	3×25+1×16	3×70+1×35	154	416

回路编号	起点	终点	长度/m	计算电流/A	按载流量选截面 S_1/mm² VV$_{22}$–1 电缆规格	按经济电流选截面 S_e/mm² VV$_{22}$–1 电缆规格	耗铜量/kg $S_1 \sim S_4$ 中最大	S_e
AA6–WP6	变配电间低压配电柜 AA6	变电站照明配电箱（备用）8AL1	20	30	VV–1 5×10	VV–1 3×25+2×16	6	19
AA7–WP2	变配电间低压配电柜 AA7	循环式生物反应池1号动力配电柜 3a–1AP1	150	64	3×25+1×16	3×70+1×35	122	329
AA7–WP3	变配电间低压配电柜 AA7	紫外线设备控制箱 4AC1	190	12	4×4	4×16	33	108
AA7–WP4	变配电间低压配电柜 AA7	紫外线1号潜水泵控制箱 4AC2	190	15	4×4	4×16	33	108
AA8–WP1	变配电间低压配电柜 AA8	综合楼照明配电箱 9AL1	230	54	3×25+1×16	3×35+1×16	187	247
AA8–WP2	变配电间低压配电柜 AA8	厂区照明配电箱 8AL2	20	31	4×10	VV–1 3×25+2×16	8	16
AA8–WP3	变配电间低压配电柜 AA8	门卫照明配电箱 12AL1	280	10	4×4	4×6	49	71
AA8–WP4	变配电间低压配电柜 AA8	食堂照明配电箱 10AL1	200	21	4×6	4×10	50	88
合计							2180	4237

表3-6　干线电缆经济选型分析表

电缆编号	T_{max}/h	截面代号	电缆电阻值/×10⁻³Ω	能耗/(kW·h)	能耗差/(kW·h)	电费差/元	电缆总价/元	工程费总价/元	电缆投资差价/元	回收年限
AA3-WP1	6000	S1	138.38	7099			11 031	3014		
		Se	69.19	3549	3549	2840	20 689	5506	12 150	4.28
AA3-WP3	6000	S1	138.38	7580			11 031	3014		
		Se	69.19	3790	3790	3032	20 689	5506	12 150	4.01
AA3-WP4	6000	S1	897.84	5118			2583	1562		
		Se	228.96	1305	3813	3050	8919	2696	7470	2.45
AA3-WP5	6000	S1	947.72	3039			2727	1649		
		Se	241.68	775	2264	1811	9415	2846	7885	4.35
AA4-WP1	4000	S1	187.22	5662			14 925	4080		
		Se	93.61	2831	2831	2265	27 991	7450	16 436	7.26
AA4-WP3	6000	S1	81.40	4176			6489	1774		
		Se	40.70	2088	2088	1670	12 170	3239	7146	4.28

电缆编号	T_{max}/h	截面代号	电缆电阻值/×10⁻³Ω	能耗			电缆投资/元			回收年限
				能耗/(kW·h)	能耗差/(kW·h)	电费差/元	电缆总价/元	工程费总价/元	电缆投资差价/元	
AA4-WP4	6000	S1	138.38	7099	3549	2840	11 031	3014	12 150	4.28
		Se	69.19	3549			20 689	5506		
AA5-WP1	6000	S1	40.70	4491	1280	1024	12 170	3239	5209	5.09
		Se	29.10	3211			16 588	4030		
AA5-WP2	4000	S1	40.70	308	185	148	770	297	833	5.64
		Se	16.28	123			1477	423		
AA3-WP1	6000	S1	138.38	7099	3549	2840	11 031	3014	12 150	4.28
		Se	69.19	3549			20 689	5506		
AA3-WP3	6000	S1	138.38	7580	3790	3032	11 031	3014	12 150	4.01
		Se	69.19	3790			20 689	5506		
AA3-WP4	6000	S1	897.84	5118	3813	3050	2583	1562	7470	2.45
		Se	228.96	1305			8919	2696		
AA3-WP5	6000	S1	947.72	3039	2264	1811	2727	1649	7885	4.35
		Se	241.68	775			9415	2846		

电缆编号	T_{max}/h	截面代号	电缆电阻值/×10⁻³Ω	能耗			电缆投资/元			回收年限
				能耗/(kW·h)	能耗差/(kW·h)	电费差/元	电缆总价/元	工程费价/元	电缆投资差价/元	
AA4-WP1	4000	S1	187.22	5662	2831	2265	14 925	4080	16 436	7.26
		Se	93.61	2831			27 991	7450		
AA4-WP3	6000	S1	81.40	4176	2088	1670	6489	1774	7146	4.28
		Se	40.70	2088			12 170	3239		
AA4-WP4	6000	S1	138.38	7099	3549	2840	11 031	3014	12 150	4.28
		Se	69.19	3549			20 689	5506		
AA5-WP1	6000	S1	40.70	4491	1280	1024	12 170	3239	5209	5.09
		Se	29.10	3211			16 588	4030		
AA5-WP2	4000	S1	40.70	308	185	148	770	297	833	5.64
		Se	16.28	123			1477	423		
AA5-WP3	6000	S1	203.50	2969	1782	1425	3251	1193	3818	2.68
		Se	81.40	1188			6489	1773		
AA5-WP4	6000	S1	1596.20	932	544	435	1934	1568	2510	5.77
		Se	665.00	388			4062	1950		

电缆编号	T_{max}/h	截面代号	电缆电阻值/×10⁻³Ω	能耗			电缆投资/元			回收年限
				能耗/(kW·h)	能耗差/(kW·h)	电费差/元	电缆总价/元	工程费总价/元	电缆投资差价/元	
AA5–WP5	6000	S1	386.65	8816	6299	5039	6177	2267	11 683	2.32
		Se	110.39	2517			16 085	4041		
AA6–WP1	6000	S1	138.38	7099	3549	2840	11 031	3014	12 150	4.28
		Se	69.19	3549			20 689	5506		
AA6–WP2	6000	S1	40.70	4491	1280	1024	12 170	3239	5209	5.09
		Se	29.10	3211			16 588	4030		
AA6–WP3	6000	S1	40.70	4491	1280	1024	12 170	3239	5209	5.09
		Se	29.10	3211			16 588	4030		
AA6–WP4	6000	S1	1596.20	932	544	435	1934	1568	2510	5.77
		Se	665.00	388			4062	1950		
AA6–WP5	6000	S1	154.66	9311	5983	4786	12 329	3369	23 476	4.91
		Se	55.29	3329			31 517	7657		
AA6–WP6	6000	S1	40.70	522	313	251	770	297	833	3.32
		Se	16.28	209			1477	423		

电缆编号	T_{max}/h	截面代号	电缆电阻值/×10⁻³Ω	能耗		电费差/元	电缆投资			回收年限
				能耗/(kW·h)	能耗差/(kW·h)		电缆总价/元	工程费总价/元	电缆投资差价/元	
AA7-WP2	6000	S1	89.54	5226	3358	2686	7138	1950	13 592	5.06
		Se	32.01	1868			18 247	4433		
AA7-WP3	6000	S1	947.72	1945	1449	1159	2727	1649	7885	6.80
		Se	241.68	496			9415	2846		
AA7-WP4	6000	S1	947.72	3039	2264	1811	2727	1649	7885	4.35
		Se	241.68	775			9415	2846		
AA8-WP1	4000	S1	187.22	4586	2293	1834	14 925	4078	16 438	8.96
		Se	93.61	2293			27 991	7450		
AA8-WP2	4000	S1	40.70	329	197	158	650	239	764	4.84
		Se	16.28	131			1298	355		
AA8-WP3	4000	S1	1396.64	1173	391	313	4018	2430	1968	6.29
		Se	931.00	782			5687	2730		
AA8-WP4	2000	S1	665.00	1584	614	492	4062	1950	2876	5.85
		Se	407.00	969			6502	2386		
合计					55 487	44 390			200 284	4.51

第4章 布电线选择

4.1 架空配电布线

4.1.1 一般要求

工厂内部新建 35kV 及以下架空配电布线敷设的一般要求：

（1）架空线路应沿道路平行敷设，宜避开各种起重机频繁通行地段和露天堆场。不应跨越储存易燃、易爆危险品的仓库区域及生产车间。与甲类厂房、库房，易燃材料堆垛，甲、乙类液体储罐，可燃、助燃气体储罐的最近水平距离应不小于电杆（塔）高度的 1.5 倍；与丙类液体储罐的最近水平距离应不小于 1.2 倍；当储罐为地下埋地式时，最近水平距离应不小于电杆（塔）高度的 0.75 倍。

（2）应尽可能减少与其他设施的交叉和跨越建筑物。

（3）在离海岸 5km 以内的沿海地区或工业区，视盐雾和腐蚀性程度，选用不同耐腐性能的耐腐型钢芯铝绞线或铜线。

（4）10kV 及以下架空线路的档距不宜大于 50m。

4.1.2 架空配电布线导线选择

（1）架空线路采用的导线、接闪线，除应符合有关产品标准，还应符合下列规定：

1）导线宜采用多股绞线并优先采用铝或铝合金线。

2）在对导线有腐蚀作用的地段，宜采用耐腐型导线。

3）空气严重污秽地段、线路走廊狭窄，与建筑物之间的距离不能满足安全要求的区域，可采用绝缘导线或架空电缆。

（2）架空线路载流量应按周围空气温度进行校正，周围空气温度应采用当地 10 年的最热月的日最高温度平均值。

（3）架空线路电压降：6～10kV 不宜超过 5%，220/380V 不超过 4%。

（4）架空线路导线最小截面应不小于表 4–1 所列数值。

表 4–1　　　　　　　　架空线路导线最小截面　　　　　单位：mm^2

导线种类	35kV 线路	6～10kV 线路		1kV 及以下线路
		厂区或宿舍区		
铝绞线及铝合金线	35	35		16
钢芯铝绞线	35	25		16
铜绞线		16		10（线直径 3.2mm）
接闪钢绞线	25			

（5）架空配电布线线路导体排列方式和线间距见表 4–2。

表 4–2　　　　　　　　常用导线排列方式及线间距

电压/kV	单回路	多回路		线间距/m		
		排列	最多回路	档距/m		
				40	50	60
35	三角形、水平	垂直	2	—	1.0	1.25
6～10	三角形、水平	水平、垂直	2	0.6	0.65	0.7
≤1	水平	水平	4	0.3/0.5①	0.4	0.45

① 分母是靠近电杆两侧的线距。

（6）多回路同杆架设电线的最小间距见表 4–3。

表 4–3　　　　　　　多回路同杆架设电线的最小间距

线路名称	35kV	6～10kV	≤1kV	引下线进户线	拉线或电杆	通信线
35kV	3.0/3.0	2.0/2.0				
6～10kV		0.8/0.6		0.3	0.2	2.5
6～10kV引下线			0.2	0.15	0.05	
≤1kV			0.6/0.3			1.5

注：分子是直线杆，分母是转角或分支杆。

（7）架空配电布线线路不应跨越屋顶为易燃材料的建筑物，亦不宜跨越其他建筑物。不可避免时与铁路、道路、管道及各种架空线路的净距见表4-4。

表4-4　　　　　架空线路与道路等设施最小距离　　　　　单位：m

距离	电压/kV	道路	建筑物	行道树	铁路轨	铁路滑触线	电力或弱电架空线	易燃品管道	一般管道	地下设施
垂直距离	35	7.0	4.0	3.0	7.5	3.0	3.0	4.0	3.0	
	6～10	6.5	3.0	1.5	7.5	3.0	2.0	3.0	2.0	
	≤1	6.0	2.5	1.0	7.5		1.0	1.5	1.5	
水平距离	35		3.0	3.0	线路与铁路平行杆塔至铁路中心线（最高杆塔高+3m）		4.0	最高杆塔高	4.0	3.0
	6～10		1.5	2.0			2.0		2.0	1.0
	≤1		1.0	1.0			1.0		1.5	1.0

（8）进户线导线截面应根据载流量选择，但不应小于表4-5数值。低压进户线应采用绝缘导线，与建筑物各部分的距离，应不小于下列数值：

1）上方窗户的垂直距离：300mm。

2）上方阳台或下方窗户的垂直距离：800mm。

3）窗户或阳台的水平距离：750mm。

4）墙壁、构架的水平距离：50mm。

表4-5　　　　　　　　　进户线技术要求

电压/kV	接入方式	档距/m	线间距/m	最小截面/mm² 铜	最小截面/mm² 铝	最小距地面/m
6～10	自电杆引下	≤40		16	25	4.5
≤1	自电杆引下	≤25	0.15	6	16	6/3.5
	沿墙	≤6	0.15	6	16	

4.1.3　架空线路用裸导体载流量

架空线路用裸导体载流量见表4-6～表4-8。

100

表 4–6　　　　LJ、HLJ、LGJ 型裸铝绞线的载流量（θ_n=70℃）

导体截面/mm²	LJ 型 户内				LJ 型 户外				HLJ 型 户外				LGJ 型 户外			
不同环境温度的载流量/A	25℃	30℃	35℃	40℃	25℃	30℃	35℃	40℃	25℃	30℃	35℃	40℃	25℃	30℃	35℃	40℃
10	55	52	49	45	74	70	65	61	74	70	65	61				
16	80	75	70	65	105	99	93	86	97	91	85	79	104	98	92	85
25	109	103	96	89	135	127	119	110	126	119	111	103	135	127	119	110
35	135	127	119	110	170	160	150	139	154	145	136	126	169	159	149	138
50	170	160	150	139	214	202	189	175	193	182	170	158	220	207	194	179
70	214	202	189	175	264	249	233	216	235	222	208	192	275	259	242	224
95	259	244	228	211	324	305	285	264	282	266	249	230	334	315	295	273
120	310	292	273	253	373	352	329	305	325	306	286	265	379	357	334	309
150	369	348	326	301	439	414	387	359	374	353	330	306	443	418	391	362
185	424	400	374	346	499	470	440	407	424	400	374	346	513	484	453	419
240					609	574	537	497	495	467	437	404	609	574	537	497
300					679	640	599	554	569	536	501	464	698	658	616	570

表 4–7　　　　　　　　裸铜绞线的载流量（θ_n=70℃）

导体截面/mm²	TJ 型 户内				TJ 型 户外				TRJ 型 户内
不同环境温度的载流量/A	25℃	30℃	35℃	40℃	25℃	30℃	35℃	40℃	30℃
4	25	24	22	21	50	47	44	41	
6	35	33	31	29	70	66	62	57	
10	59	56	52	48	94	89	83	77	72
16	100	94	88	81	129	122	114	106	95
25	140	132	123	114	179	169	158	146	143
35	175	165	154	143	220	207	194	179	177
50	220	207	194	179	269	254	238	220	218
70	279	263	246	228	339	320	299	277	296
95	339	320	299	277	414	390	365	338	349

导体截面 /mm²	TJ 型								TRJ 型 户内
	户内				户外				
	不同环境温度的载流量/A								
	25℃	30℃	35℃	40℃	25℃	30℃	35℃	40℃	30℃
120	403	380	355	329	484	456	427	395	415
150	478	451	422	391	569	536	501	464	465
185	547	516	483	447	643	606	567	525	570
240	647	610	571	528	768	724	677	627	666
300					886	835	781	723	800
400									981
500									1142

注：TRJ 线的载流量为计算数据，供使用参考，当本型导线应用在电弧炼钢炉上时，因
　　受热辐射较大，一般按电流密度 1.5A/mm² 选择截面。

表 4–8 　　　　　　圆导体载流量（θ_a=30℃，θ_n=70℃）

直径/mm	截面/mm²	圆铝载流量/A		圆铜载流量/A	
		交流	直流	交流	直流
6	28	120	120	155	155
7	39	150	150	195	195
8	50	180	180	235	235
10	79	245	245	320	320
12	113	320	320	415	415
14	154	390	390	505	505
15	177	435	435	565	565
16	301	475	475	610	615
18	255	560	560	720	725
19	284	605	610	780	785
20	314	650	655	835	840
21	346	695	700	900	905
22	380	740	745	955	965
25	491	885	900	1140	1165

直径/mm	截面/mm²	圆铝载流量/A		圆铜载流量/A	
		交流	直流	交流	直流
26	504				
27	573	980	1000	1270	1290
28	616	1025	1050	1325	1360
30	707	1120	1155	1450	1490
35	961	1370	1450	1770	1865
38	1134	1510	1620	1960	2100
40	1257	1610	1750	2080	2260
42	1385	1700	1870	2200	2430
45	1590	1850	2060	2380	2670

4.1.4 架空线路的电压降

架空线路的电压降见表 4-9～表 4-12。

表 4-9　　　35kV 三相平衡负荷架空线路的电压降

型号	截面/mm²	电阻 θ=55℃ /（Ω/km）	感抗 D_j=3m /（Ω/km）	环境温度35℃时的允许负荷/MVA	电压降 /［%/（MW·km）］ cosφ		
					0.8	0.85	0.9
TJ	35	0.602	0.440	11.8	0.076	0.071	0.067
	50	0.423	0.429	14.4	0.061	0.056	0.051
	70	0.300	0.415	18.2	0.050	0.045	0.041
	95	0.221	0.405	22.1	0.043	0.039	0.034
	120	0.176	0.398	25.8	0.039	0.035	0.030
	150	0.138	0.390	30.4	0.035	0.031	0.027
	185	0.114	0.383	34.4	0.033	0.029	0.024
	240	0.088	0.375	41.4	0.030	0.026	0.022
LGJ	35	0.938	0.434	9.0	0.103	0.099	0.094
	50	0.678	0.424	11.7	0.081	0.077	0.072
	70	0.481	0.413	13.8	0.065	0.060	0.056
	95	0.349	0.399	17.9	0.053	0.049	0.044

型号	截面/mm²	电阻 θ=55℃ / (Ω/km)	感抗 D_j=3m / (Ω/km)	环境温度 35℃时的 允许负荷 /MVA	电压降 / [%/ (MW·km)]		
					cosφ		
					0.8	0.85	0.9
LGJ	120	0.285	0.392	20.3	0.047	0.043	0.039
	150	0.221	0.384	23.7	0.042	0.037	0.033
	185	0.181	0.378	27.5	0.038	0.034	0.030
	240	0.138	0.369	32.5	0.034	0.030	0.026

表 4–10　　　　　10kV 三相平衡负荷架空线路的电压降

型号	截面/mm²	电阻 θ=55℃ / (Ω/km)	感抗 D_j=1.25m / (Ω/km)	环境温度 35℃时的 允许负荷 /MVA	电压降 / [%/ (MW·km)]		
					cosφ		
					0.8	0.85	0.9
TJ	16	1.321	0.410	1.97	1.629	1.575	1.520
	25	0.838	0.395	2.74	1.134	1.083	1.029
	35	0.602	0.385	3.36	0.891	0.841	0.788
	50	0.423	0.374	4.12	0.704	0.655	0.604
	70	0.300	0.360	5.20	0.570	0.523	0.474
	95	0.221	0.350	6.32	0.484	0.438	0.391
	120	0.176	0.343	7.38	0.433	0.389	0.342
	150	0.138	0.335	8.68	0.389	0.346	0.300
	185	0.114	0.328	9.82	0.360	0.317	0.273
	240	0.088	0.320	11.74	0.328	0.286	0.243
LJ	16	2.054	0.408	1.59	2.360	2.307	2.252
	25	1.285	0.395	2.06	1.581	1.530	1.476
	35	0.950	0.385	2.60	1.239	1.189	1.136
	50	0.660	0.373	3.27	0.940	0.891	0.841
	70	0.458	0.363	4.04	0.730	0.683	0.634
	95	0.343	0.350	4.95	0.606	0.560	0.513
	120	0.271	0.343	5.72	0.528	0.484	0.437
	150	0.222	0.335	6.70	0.473	0.430	0.384
	185	0.179	0.329	7.62	0.426	0.383	0.338
	240	0.137	0.321	9.28	0.378	0.336	0.292

表 4-11　　　　　　　6kV 三相平衡负荷架空线路的电压降

型号	截面/mm²	电阻 θ=55℃ / (Ω/km)	感抗 D_j=1.25m / (Ω/km)	环境温度 35℃时的 允许负荷 /MVA	电压降 / [%/ (MW·km)]		
					cosφ		
					0.8	0.85	0.9
TJ	16	1.321	0.410	1.19	4.524	4.375	4.221
	25	0.838	0.395	1.64	3.151	3.008	2.859
	35	0.602	0.385	2.02	2.474	2.335	2.190
	50	0.423	0.374	2.47	1.954	1.819	1.678
	70	0.300	0.360	3.12	1.583	1.453	1.318
	95	0.221	0.350	3.79	1.343	1.216	1.085
	120	0.176	0.343	4.43	1.203	1.079	0.950
	150	0.138	0.335	5.21	1.081	0.960	0.834
	185	0.114	0.328	5.89	1.000	0.881	0.758
	240	0.088	0.320	7.05	0.911	0.795	0.675
LJ	16	2.054	0.408	0.96	6.556	6.408	6.254
	25	1.285	0.395	1.24	4.392	4.249	4.101
	35	0.950	0.385	1.56	3.441	3.302	3.157
	50	0.660	0.373	1.96	2.610	2.475	2.335
	70	0.458	0.363	2.42	2.028	1.897	1.761
	95	0.343	0.350	2.97	1.682	1.555	1.424
	120	0.271	0.343	3.43	1.467	1.343	1.214
	150	0.222	0.335	4.02	1.315	1.193	1.067
	185	0.179	0.329	4.57	1.183	1.064	0.940
	240	0.137	0.321	5.57	1.049	0.933	0.812

表4-12　　380V 三相平衡负荷架空线路的电压降

型号	截面 /mm²	电阻 θ=60℃ /(Ω/km)	感抗 D_j=0.8m /(Ω/km)	环境温度35℃时的允许负荷 /kVA	电压降/[%/(kW·km)] cosφ						电压降 [%/(A·km)] cosφ					
					0.5	0.6	0.7	0.8	0.9	1	0.5	0.6	0.7	0.8	0.9	1
TJ	16	1.344	0.381	75	1.388	1.283	1.2	1.129	1.059	0.931	0.457	0.506	0.553	0.594	0.627	0.613
	25	0.853	0.367	104	1.031	0.93	0.85	0.781	0.714	0.591	0.339	0.367	0.392	0.411	0.423	0.389
	35	0.612	0.357	128	0.852	0.753	0.676	0.609	0.544	0.424	0.28	0.298	0.311	0.321	0.322	0.279
	50	0.43	0.346	157	0.713	0.617	0.542	0.477	0.414	0.298	0.235	0.244	0.25	0.251	0.245	0.196
	70	0.305	0.332	197	0.609	0.518	0.446	0.384	0.323	0.211	0.201	0.204	0.205	0.202	0.191	0.139
	95	0.225	0.322	240	0.542	0.453	0.383	0.323	0.264	0.156	0.178	0.179	0.177	0.17	0.156	0.103
	120	0.179	0.315	280	0.502	0.415	0.347	0.288	0.23	0.124	0.165	0.164	0.16	0.151	0.136	0.082
	150	0.14	0.307	330	0.465	0.38	0.314	0.256	0.2	0.097	0.153	0.15	0.145	0.135	0.118	0.064
	185	0.116	0.3	373	0.44	0.357	0.292	0.236	0.181	0.08	0.145	0.141	0.135	0.124	0.107	0.053
	240	0.089	0.292	446	0.412	0.331	0.268	0.213	0.16	0.062	0.136	0.131	0.123	0.112	0.095	0.041
LJ	16	2.09	0.381	61	1.904	1.799	1.717	1.645	1.575	1.447	0.627	0.71	0.791	0.866	0.933	0.953
	25	1.307	0.367	78	1.345	1.244	1.164	1.096	1.028	0.905	0.443	0.491	0.536	0.577	0.609	0.596
	35	0.967	0.357	99	1.098	0.999	0.922	0.855	0.789	0.67	0.361	0.395	0.425	0.45	0.468	0.441
	50	0.671	0.345	124	0.879	0.783	0.708	0.644	0.58	0.465	0.289	0.309	0.326	0.339	0.344	0.306
	70	0.466	0.335	153	0.725	0.632	0.559	0.497	0.435	0.323	0.238	0.25	0.258	0.262	0.258	0.212
	95	0.349	0.322	188	0.628	0.539	0.469	0.409	0.35	0.242	0.207	0.213	0.216	0.215	0.207	0.159
	120	0.275	0.315	217	0.568	0.481	0.413	0.354	0.296	0.19	0.187	0.19	0.19	0.186	0.175	0.125
	150	0.225	0.307	255	0.524	0.439	0.373	0.315	0.259	0.156	0.172	0.173	0.172	0.166	0.153	0.103
	185	0.183	0.301	290	0.488	0.405	0.339	0.283	0.228	0.127	0.161	0.16	0.156	0.149	0.135	0.083
	240	0.14	0.293	371	0.448	0.367	0.304	0.249	0.195	0.097	0.148	0.145	0.14	0.131	0.116	0.064

4.2 低压户内、外布线

4.2.1 一般要求

（1）布线线路敷设方式应按下列条件选择：

1）敷设场所的环境特征。

2）建筑物和构筑物的特征。

3）人与布线之间可接近的程度。

4）短路可能出现的机械应力。

5）在安装期间或运行中，可能遭受的其他应力和导线的自重。

6）绝缘导线的耐压等级不应低于交流 450/750V。

7）所有金属导管、构架的接地应符合有关规定。

（2）选择布线线路敷设方式时，应避免下列影响：

1）外部热源产生的有害影响。

2）使用过程中因水或固体物侵入而带来的损害。

3）外部的机械损害。

4）有大量粉尘的场所，应避免由于粉尘聚集对散热的影响。

5）日照的损害。

6）腐蚀物质或污秽损害。

7）植物生长、霉菌滋生及动物的损害。

（3）线路敷设方式按环境条件选择见表 4–13。

表 4–13　　　　　　按环境性质选择线路敷设方式

导线类型	敷设方式	环 境 性 质													
		干燥		潮湿	高温	多尘	化学腐蚀	粉尘爆炸			气体爆炸		户外	高层建筑	一般民用	进户线
		生活	生产					20	21	22	1	2				
塑料护套线 BV、BLW	明敷	√	√	×	×	×	×	×	×	×	×	×	×	+	√	×

107

导线类型	敷设方式	环境性质														
		干燥		潮湿	高温	多尘	化学腐蚀	粉尘爆炸			气体爆炸		户外	高层建筑	一般民用	进户线
		生活	生产					20	21	22	1	2				
绝缘线 BV、BLV、BVN	鼓形绝缘子	+	√	√	+	√	+	×	×	×	×	×	+			+
	蝶、针式绝缘子	×	√	√	√		+	×	×	×	×	×	√			√
	薄壁金属导管明敷	√	√		√	√	√	×	×	×	×	×	√	√	√	×
	薄壁金属导管暗敷	√	√		√	√	×	×	×	×	×	×	√	√	√	×
	厚壁金属导管明敷	√	√		√	√	√	√	√	√	√	√	√			
	厚壁金属导管埋地	√	√	√	√	√	√	√	√	√	√	√	√			
	可挠金属管		√	+	√	√		×	×	×	×	×	+	√	√	
	塑料管明敷	√	√	√		√	√	×	×	×	×	×	×			
	塑料管埋地	√	√	√		√	√	×	×	×	×	×	+			+
	槽盒敷设	√	√	+	√			×	×	×	×	×	×	√	√	×
裸导体 TJ、LJ	瓷瓶明敷	×	√	+	+	+	+	×	×	×	×	×	√	×	×	×

注：1. 表中"√"推荐使用，"+"可以采用，无记号建议不用，"×"不允许使用。

2. 应远离可燃物，且不应敷设在木质吊顶、板壁上及可燃液体管道栈桥上。

3. 爆炸危险环境采用钢管布线时应采用热镀锌钢管（低压流体输送用焊接钢管）并做好防腐处理。

4. 屋外架空用裸导体，沿墙用绝缘线。

4.2.2 裸导体布线

1. 裸导体布线规则

（1）裸导体布线应用于工业企业厂房。

（2）除配电室外，无遮护的裸导体与各设施应不小于表 4–14 距离。

表4–14　　　　　　裸导体与设施最小间距　　　　单位：m

设施	裸导体	加装 IP2X 网的裸导体	备　注
地面	3.5	2.5	
一般管道	1.8	—	系非燃液体或气体管道
走道板	—	2.5	
桥式起重机登车平台接检修段	—	2.5	
设备	1.8		
IP2X 护网	0.10		
板状护网	0.05		

（3）除滑触线本身的辅助导线外，裸导体不宜与起重机滑触线敷设在同一支架上。

（4）裸导体的线间及至建筑物表面的最小净距（不包括固定点），应不小于表 4–15 所列数值。

表4–15　　　　裸导体的线间及至建筑物表面的最小净距

固定点间距 L/m	最小净距/m	固定点间距 L/m	最小净距/m
$L \leqslant 1.5$	75	$3.0 < L \leqslant 6.0$	150
$1.5 < L \leqslant 3.0$	100	$6.0 < L$	200

（5）硬导体固定点的间距，应符合通过最大短路电流时的动稳定要求。

2. 裸导体布线载流量（表4-6及表4-7）

3. 户内、外线路的电压降及直流线路电流矩（表4-29～表4-30）

4.2.3 绝缘导线明敷布线

（1）一般环境的户内场所，除建筑物顶棚及地沟内，凡是不可能遭受机械损伤的场所可采用绝缘导线明敷布线。

（2）工业企业的辅助厂房或生活间可采用护套绝缘导线直敷或绝缘导线绝缘子敷设。绝缘导线明敷最小对地及线间距见表4-16。

表 4-16　　　　　　　　绝缘导线明敷最小对地及线间距

线型	敷设方式		固定间距 L/m	对地距离 /mm	线间距/mm	
	户内	户外			户内	户外
塑料护套线	水平直敷		$L≤200L$	2500		
		水平直敷		2700		
	垂直敷设			1800		
		垂直敷设		2700		
绝缘导线	绝缘子布线		$1.5≥L$		50	100
			$1.5<L≤3.0$		75	150
			$3.0<L≤6.0$		100	150
			$6.0<L≤10$		150	200

（3）不应将导线直接敷设在墙壁、顶棚的粉刷层内。

（4）采用针式绝缘子在户内、户外布线时，其固定点最大距离应不大于下列数值：

$1～4mm^2$ 导线≤1.5m；

$6～10mm^2$ 导线≤2m；

$16～25mm^2$ 导线≤3m。

（5）绝缘导线明敷在有高温辐射或对导线绝缘层有腐蚀的户内场所时，导线之间以及导线至建筑物表面的最小净距按裸导体考虑，应不小于表4-15所列数值。

（6）户外布线的绝缘导线至建筑物的最小间距，应不小于表 4–17 所列数值。

表 4–17　　　　户外布线绝缘导线至建筑物的最小间距　　　单位：mm

布　线　方　式		最小间距/mm
水平敷设时的垂直间距	在阳台、平台上和跨越建筑物顶	2500
	在窗户上方	200
	在窗户下方	800
垂直敷设时至阳台、窗户的水平间距		600
导线至墙壁和构架的间距（挑檐下除外）		35

4.2.4　钢索布线

（1）户内敷设的钢索宜采用镀锌钢绞线，且不应有扭曲和断股等缺陷。户外以及敷设在潮湿或有酸、碱、盐腐蚀的场所，应采用塑料护套钢索。钢索上绝缘导线至地面的距离，应不小于表 4–16 所列数值。

（2）户内钢索布线若采用绝缘导线明敷，应采用瓷夹、塑料夹或绝缘子固定在钢索上；采用护套绝缘导线、电缆、导管或槽盒布线，可直接固定在钢索上。

（3）钢索的截面，应根据跨距、荷重和机械强度等因素选择，最小截面不宜小于 $10mm^2$。钢索的安全系数应不小于 2.5。

（4）在钢索上吊装导管或灯具时，支持点最大间距见表 4–18。吊装接线盒和管道的扁钢卡子宽度，应不小于 20mm；数量应不少于 2 个。

（5）在钢索上吊装瓷瓶绝缘导线时，支持点之间的最大间距以及线间的距离，见表 4–18，且扁钢吊架终端应加直径不小于 3mm 的拉线。

（6）钢索长度 50m 及以下，应在钢索一端装设花篮螺栓紧固；超过 50m，应在两端装设。钢索除两端拉紧外，跨距较大时应增加间距不大于 12m 的中间吊架，吊架与钢索连接处的吊钩深度应不小于 20mm，并应有防止钢索跳出的锁定零件。

表 4–18 钢索配线的固定点与线间距离 单位：mm

布线类型	固定点间距	固定点与灯头盒间距	线间距离	
			户内	户外
金属导管	1500	200	户内	户外
塑料导管	1000	150		
橡套电缆或塑料护套线	500	100		
瓷瓶吊装	≤1500		50	100

（7）钢索与终端拉环套接处应采用心形环，固定钢索的线卡应不少于 2 个，固定件应镀锌或涂防腐漆。钢索端头应用镀锌铁丝紧密绑扎。

（8）钢索两端应可靠接地。

4.2.5 穿管布线

1. 电气管线敷设方式的标注（见表 4–19）

表 4–19 电气管线敷设方式的标注符号

序号	敷设方式	标注符号
1	穿低压流体输送用焊接钢管敷设	SC
2	穿电线管敷设	MT
3	穿热浸镀锌钢导管敷设	BS
4	穿硬塑料导管敷设	PC
5	穿阻燃半硬塑料导管敷设	FPC
6	穿塑料波纹电线管敷设	KPC
7	穿可挠金属电线保护套管敷设	CP
8	穿套管接紧定式钢导管敷设	JDG

2. 管材选择

电线保护管分为厚壁钢管、薄壁钢管、塑料管及可弯曲金属导管四类。管材及管径选择参见第 9 章。

3. 导线穿管规则

（1）在建筑物闷顶内有可燃物时，应采用金属导管布线。

（2）同一回路的所有相导体和中性导体，应穿同一根导管。

（3）不同回路、不同电压、不同电流种类的导线，不得穿入同一管内，但下列情况下除外：

1）一台电机的所有回路（包括操作回路）。

2）同一设备或同一流水作业线设备的电力回路和无防干扰要求的控制回路。

3）无防干扰要求的各种用电设备的信号回路、测量回路和控制回路。

4）同一照明花灯的几个回路。

5）同类照明及插座的几个回路，不应超过 8 根。正常照明与应急照明线路不得共管敷设。

6）标称电压为 50V 以下的回路。

（4）不同回路、不同电压、不同电流种类的导线穿于同一根导管内的绝缘导线，所有的绝缘导线都应采用与最高标称电压回路绝缘相同的绝缘。

（5）同一路径且无电磁兼容要求的线路，可敷设在同一导管内。导管内导线的总截面积不宜超过导管内截面积的 40%。

（6）控制、信号等非电力回路导线，可敷设在同一导管内。导管内导线的总截面积不宜超过导管截面积的 50%。

（7）互为备用的线路不得共管敷设。

（8）管线埋地敷设时，不应穿过设备基础。

（9）管线穿过建筑物伸缩缝、沉降缝时，应采取防止伸缩或沉降的补偿措施。

（10）采用金属导管布线，除了非重要负荷，线路长度小于 15m 且金属导管的壁厚大于或等于 2mm，并采取了可靠的防水、耐腐蚀措施后，可在户外直接埋地敷设外，不宜在户外直接埋地敷设。

（11）金属导管与水管同侧敷设时，宜敷设在水管的上方；与各种管道的平行或交叉净距应不小于表 4–20 的规定。

表 4–20　　　　　管线明敷时固定点间最大间距　　　　单位：mm

导管类别	导管直径/mm				
	15～200	25～32	32～40	50～65	65 以上
壁厚大于 2mm 金属导管	1500	2000	2500	2500	3500
壁厚小于或等于 2mm 金属导管	1000	1500	2000	—	—
中型阻燃性塑料导管	1000	1500	1500	2000	2000

注：1. JDG 管、SC 管指内径。

　　2. 中型阻燃性塑料导管管径指外径。

（12）塑料导管不宜与热水管、蒸汽管同侧敷设。

（13）金属导管与热水管、蒸汽管同侧敷设时，应敷设在热水管、蒸汽管的下方；当有困难时，应不小于表 4–21 净距数值。

（14）直线段管线明敷时（沿水平或垂直方向敷设），直线段管卡间固定点的最大间距应不大于表 4–21 所列数值。

表 4–21　　　　户内电气线路与其他管道之间的最小净距　　　　单位：m

敷设方式	管道及设备名称	穿线管	电缆	绝缘导线	裸导（母）线	滑触线	母线槽	配电设备
平行	煤气管	0.5	0.5	1.0	1.8	1.5	1.5	1.5
	乙炔管	1.0	1.0	1.0	2.0	1.5	1.5	1.5
	氧气管	0.5	0.5	0.5	1.8	1.5	1.5	1.5
	蒸汽管（有保温层）	0.5/0.25	0.5/0.25	0.5/0.25	1.5	1.5	0.5/0.25	0.5
	热水管（有保温层）	0.3/0.2	0.1	0.3/0.2	1.5	1.5	0.3/0.2	0.1
	通风管	0.1	0.1	0.2	1.5	1.5	0.1	0.1
	上下水管	0.1	0.1	0.2	1.5	1.5	0.1	0.1
	压缩空气管	0.1	0.1	0.2	1.5	1.5	0.1	0.1
	工艺设备	0.1			1.5	1.5		

敷设方式	管道及设备名称	穿线管	电缆	绝缘导线	裸导（母）线	滑触线	母线槽	配电设备
交叉	煤气管	0.1	0.3	0.3	0.5	0.5	0.5	
	乙炔管	0.1	0.5	0.5	0.5	0.5	0.5	
	氧气管	0.1	0.3	0.3	0.5	0.5	0.5	
	蒸汽管（有保温层）	0.3	0.3	0.3	0.5	0.5	0.3	
	热水管（有保温层）	0.1	0.1	0.1	0.5	0.5	0.1	
	通风管	0.1	0.1	0.1	0.5	0.5	0.1	
	上下水管	0.1	0.1	0.1	0.5	0.5	0.1	
	压缩空气管	0.1	0.1	0.1	0.5	0.5	0.1	
	工艺设备	0.1			1.5	1.5		

注：1. 表中分子数字为线路在管道上面时及分母数字为线路在管道下面时的最小净距。

2. 线路与蒸汽管不能保持表中距离时，可在蒸汽管与线路间加隔热层，平行净距可减至 0.2m。交叉只需考虑施工维修方便。

3. 线路与热水管道不能保持表中距离时，可在热水管外包隔热层。

4. 裸母线与其他管道交叉不能保持表中距离时，应在交叉处的裸母线外加装保护网或保护罩。

4. 可弯曲金属导管布线

（1）可弯曲金属导管（可挠金属管）类型选择参见第 9 章，一般原则是：

1）敷设在户内一般环境的建筑物顶棚内或暗敷于墙体、混凝土楼板及地面，可采用基本型。

2）明敷于潮湿场所或直埋于素土内时，可采用防水型。

（2）可弯曲金属导管布线施工，也应遵守 4.2.5 第 3 条规则。特殊要求是：

1）暗敷于现浇钢筋混凝土内，其混凝土覆盖面层应不小于 15mm。

2）对于有可能受到机械损伤的部位，应有防护措施。

115

4.2.6 电气竖井布线

（1）多层和高层建筑物内垂直配电干线的数量较多时，宜采用电气竖井管线或电缆布线。管材根据环境条件选择，一般环境宜采用金属管材。

（2）竖井的土建条件：

1）应尽量避免垂直变位。

2）位置和数量应靠近用电负荷中心，以减少干线的供电半径并降低电能损耗；同时结合建筑物的沉降缝设置和防火分区等因素确定，应避免毗邻烟囱、热力管道及其他散热量大或潮湿环境。不应和电梯、管道间共用同一竖井。

3）井壁应采用耐火极限不低于 1h 的非燃烧体。应在每个楼层设开向公共走廊的维护检修门，门的耐火极限应不低于丙级。穿越楼板的孔、洞及穿线导管口，应采用防火封堵。

4）电气竖井的尺寸，除应满足布线间隔以及配电箱、柜布置的要求外，宜在箱体前留有不小于 0.8m 的操作、维护距离。当条件受到限制时，可利用公共走廊满足操作、维护距离的要求。

（3）管线敷设要点：

1）同一电气竖井内的高压、低压和应急电源的线路，相互之间的间距应不小于 300mm 或采取隔离措施。高压线路应设有明显标志。

2）当回路数量及种类较多时，电力线路和非电力线路，应分别设置电气竖井。若合用电气竖井时，电力线路和非电力线路应分别布置在竖井的两侧。

3）管路垂直敷设时，为防止管内导线自重过大，按下列要求装设导线固定盒，并在盒内用线夹将导线固定：① 导线截面在 $50mm^2$ 及以下，长度大于 30m 时；② 导线截面在 $50mm^2$ 以上，长度大于 20m 时。

4）电气竖井内不应有与其无关的管道通过。

5）电气竖井内应设应急照明、检修电源插座以及接地干线。照明灯具宜设置防机械损伤的防护罩。

4.2.7　槽盒布线

（1）槽盒布线适用于干燥场所，但不适合高温和易受机械损伤的场所明敷。

（2）材质选择有金属和阻燃型塑料槽盒两类。

1）在建筑物闷顶内及有可燃物场所，应采用金属槽盒。

2）户外场所应采用热浸锌钢制或复合高耐腐彩钢制槽盒。

3）对于有酸、碱、盐腐蚀介质的环境，应采用氧指数 27 以上的阻燃型塑料槽盒或复合高耐腐彩钢制槽盒。

4）在地面内暗装槽盒布线时，宜采用金属槽盒。

（3）槽盒布线施工要点：

1）对于同一回路的所有相导体和中性导体，应敷设在同一槽盒内。导线应按回路分段绑扎，绑扎点间距应不大于 2000mm。

2）对于同一路径且无防干扰要求的线路，可敷设在同一槽盒内。电力、照明等载流导线的总截面积不宜超过槽盒截面积的 40%，载流导线不超过 30 根，且应留有约 10% 裕量。控制、信号等非电力回路导线的总截面积不宜超过槽盒截面积的 50%

3）导线在槽盒内不应有接头，必须接头时，需配有专用接线盒且布置在易于施工和检查的部位。

4）槽盒垂直或倾斜安装时，导线应固定。

5）槽盒支、吊架的固定间距，直线段一般为 2000~3000mm，或距接头处或始、末端、转角处以及进出接线盒处 500mm。

6）槽盒的连接处，不得设置在穿楼板或墙壁孔等处。

7）由槽盒引出的线路，可采用金属导管、塑料导管、可弯曲金属导管、金属软导管等布线方式，应在管口设护圈。

8）地面内暗装槽盒应敷设于现浇混凝土地面、楼板或垫层内。出线口和分线盒不应突出地面，且应做好防水密封措施。

9）槽盒穿过建筑物伸缩缝、沉降缝时，应采取相应的措施。

10）金属槽盒外壳及支架应可靠接地，且全长应不少于 2 处与接地干线可靠连接。

11）塑料槽盒不宜与热水管、蒸汽管同侧安装。

4.2.8　线路与管道间距

户内电气线路和其他管道之间的最小净距见表4–21。

4.2.9　配电线路载流量

户内、外配线的导线载流量见表4–22～表4–28。

表4–22　　　　BV–450/750V型聚氯乙烯绝缘电线穿管载流量及管径（θ_n=70℃）

敷设方式 B_1

导体截面 /mm²	每管二线靠墙										每管三线靠墙									
	不同环境温度的载流量/A				管径1/mm			管径2/mm			不同环境温度的载流量/A				管径1/mm			管径2/mm		
	25℃	30℃	35℃	40℃	SC	MT	PC	SC	MT	PC	25℃	30℃	35℃	40℃	SC	MT	PC	SC	MT	PC
1.5	19	17.5	16	15	15	16	16	15	16	16	16	15.5	14	13	15	16	16	15	16	16
2.5	25	24	22	21	15	16	16	15	16	16	22	21	20	18	15	16	16	15	16	16
4	34	32	30	28	15	19	19	15	16	16	30	28	26	24	15	19	20	15	19	20
6	43	41	38	36	20	25	25	15	16	20	38	36	34	31	20	25	20	15	19	20
10	60	57	53	49	20	25	25	20	25	25	53	50	47	43	25	32	25	25	32	32
16	81	76	71	66	25	32	32	20	32	32	72	68	64	59	25	32	32	25	32	32
25	107	101	94	87	32	38	40	32	38	40	94	89	83	77	32	38	40	32	38	40
35	133	125	117	108	32	38	40	32	38	40	117	110	103	95	32	51	40	40	51	50
50	160	151	141	131	40	51	50	40	51	50	142	134	125	116	40	51	50	50	51	50
70	204	192	180	166	50	51	63	50	51	63	181	171	160	148	50	51	63	70		63
95	246	232	217	201	50		63	50	51	63	220	207	194	179	65		63	70		
120	285	269	252	233	65		70			63	253	239	224	207	65		80			
150	318	300	281	260	65		70			63	278	262	245	227	65		80			

导体截面/mm²	不同环境温度的载流量/A				管径1/mm			管径2/mm			不同环境温度的载流量/A				管径1/mm			管径2/mm		
	25℃	30℃	35℃	40℃	SC	MT	PC	SC	MT	PC	25℃	30℃	35℃	40℃	SC	MT	PC	SC	MT	PC
185	362	341	319	295	65					80	314	296	277	256	80					100
240	424	400	374	346	65					80	367	346	324	300	80					100
300	486	458	428	397	80					100	418	394	369	341	100					125

敷设方式 B₁

每管四线靠墙　　　　　　　　　每管五线靠墙或埋墙

导体截面/mm²	不同环境温度的载流量/A				管径1/mm			管径2/mm			管径1/mm			管径2/mm		
	25℃	30℃	35℃	40℃	SC	MT	PC	SC	MT	PC	SC	MT	PC	SC	MT	PC
1.5	15	14	13	12	15	16	16	15	16	16	15	19	20	15	20	20
2.5	20	19	18	16	15	19	20	15	20	20	15	19	20	15	20	20
4	27	25	23	22	20	25	20	15	20	20	20	25	25	20	25	25
6	34	32	30	28	20	25	25	20	25	25	20	25	25	20	25	25
10	48	45	42	39	25	32	32	25	32	32	25	38	32	25	38	40
16	65	61	57	53	32	38	32	32	38	40	32	38	32	32	38	40
25	85	80	75	69	32	51	40	40	51	50	40	51	40	50	51	50
35	105	99	93	86	50	51	50	50	51	50	50	51	50	50	51	63
50	128	121	113	105	50	51	63	50	51	63	50		63	70		63
70	163	154	144	133	65		63			70	65					80
95	197	186	174	161	65		63			80	80					100
120	228	215	201	186	65					100	80					100
150	261	246	230	213	80					100	80					100
185	296	279	261	242	100					100	100					125
240					100					125	100					150
300					100					150	125					150

表 4–23　　**BLV–450/750V 型聚氯乙烯绝缘电线穿管载流量及管径（θ_n=70℃）**

敷设方式 B_1	每管二线靠墙									每管三线靠墙								

导体截面 /mm²	不同环境温度的载流量/A				管径 1/mm			管径 2/mm			不同环境温度的载流量/A				管径 1/mm			管径 2/mm		
	25℃	30℃	35℃	40℃	SC	MT	PC	SC	MT	PC	25℃	30℃	35℃	40℃	SC	MT	PC	SC	MT	PC
10	47	44	41	38	20	25	25	20	25	25	41	39	36	34	25	32	25	25	32	32
16	64	60	56	52	25	32	32	20	32	32	56	53	50	46	25	32	32	25	32	32
25	84	79	74	68	32	38	32	25	32	32	74	70	65	61	32	38	40	32	38	40
35	103	97	91	84	32	38	40	32	38	40	91	86	80	74	32	51	40	40	51	50
50	125	118	110	102	40	51	50	40	50	50	110	104	97	90	40	51	50	50	51	50
70	159	150	140	130	50	51	50	50	51	63	141	133	124	115	50	51	63	70		63
95	192	181	169	157	50		63	50	51	63	171	161	151	139	65		63	70		
120	223	210	196	182	65		63			63	197	186	174	161	65			80		
150	248	234	219	203	65		70			63	216	204	191	177	65			80		
185	282	266	249	230	65		80				244	230	215	199	80			100		
240	331	312	292	270	80		80				285	269	252	233	80			100		
300	380	358	335	310	80		100				325	306	286	265	80			125		

敷设方式 B_1	每管四线靠墙										每管五线靠墙或埋墙					

导体截面 /mm²	不同环境温度的载流量/A				管径 1/mm			管径 2/mm			管径 1/mm			管径 2/mm		
	25℃	30℃	35℃	40℃	SC	MT	PC	SC	MT	PC	SC	MT	PC	SC	MT	PC
10	37	35	33	30	25	32	32	32	38	32	32	38	32	32	38	40
16	51	48	45	42	32	32	32	32	38	40	32	38	32	32	38	40

120

导体截面 /mm²	不同环境温度的载流量/A				管径 1/mm			管径 2/mm			管径 1/mm			管径 2/mm		
	25℃	30℃	35℃	40℃	SC	MT	PC	SC	MT	PC	SC	MT	PC	SC	MT	PC
25	67	63	59	55	32	51	40	40	51	50	40	51	40	50	51	50
35	82	77	72	67	50	51	50	50	51	50	50	51	50	50	51	63
50	100	94	88	81	50	51	63	50	51	63	50		63	70		63
70	125	118	110	102	65		63	70			65			80		
95	154	145	136	126	65		63	80			80			100		
120	177	167	156	145	65			100			80			100		
150					80			100			100			100		
185					100			100			100			125		
240																
300																

表 4-24　　　　聚氯乙烯绝缘电线明敷载流量（$\theta_n=70℃$）

敷设方式 G	

导体截面 /mm²		不同环境温度的载流量/A				导体截面 /mm²	不同环境温度的载流量/A			
		25℃	30℃	35℃	40℃		25℃	30℃	35℃	40℃
铜	1.5	25	24	22	21	95	362	341	319	295
	2.5	34	32	30	28	120	420	396	370	343
	4	45	42	39	36	150	484	456	427	395
	6	58	55	51	48	185	553	521	487	451
	10	80	75	70	65	240	652	615	575	533
	16	111	105	98	91	300	752	709	663	614
	25	155	146	137	126	400	904	852	797	738
	35	192	181	169	157	500	1042	982	919	850
	50	232	219	205	190	630	1207	1138	1065	986
	70	298	281	263	243					

导体截面 /mm²	不同环境温度的载流量/A				导体截面 /mm²	不同环境温度的载流量/A			
	25℃	30℃	35℃	40℃		25℃	30℃	35℃	40℃
铝 10	—	—	—	—	150	378	356	333	308
16	—	—	—	—	185	432	407	381	352
25	119	112	105	97	240	511	482	451	417
35	147	139	130	120	300	591	557	521	482
50	179	169	158	146	400	712	671	628	581
70	230	217	203	188	500	822	775	725	671
95	281	265	248	229	630	955	900	842	779
120	327	308	288	267					

注：当导线垂直排列时，表中载流量×0.9。

表 4–25　　　交联聚乙烯及乙丙橡胶绝缘电线穿管

载流量及管径（θ_n=90℃）

| 敷设方式 B_1 | 每管二线靠墙 | | | | | | | | 每管三线靠墙 | | | | | | | |

导体截面 /mm²	不同环境温度的载流量/A				管径 1 /mm		管径 2 /mm		不同环境温度的载流量/A				管径 1 /mm		管径 2 /mm	
	25℃	30℃	35℃	40℃	SC	MT	SC	MT	25℃	30℃	35℃	40℃	SC	MT	SC	MT
铜 1.5	24	23	22	21	15	16	15	16	21	20	19	18	15	16	15	16
2.5	32	31	30	28	15	16	15	16	29	28	27	26	15	16	15	16
4	44	42	40	38	15	19	15	16	39	37	35	34	15	19	15	19
6	56	54	52	49	20	25	15	16	50	48	46	44	20	25	15	19
10	78	75	72	68	20	25	20	25	69	66	63	60	25	32	25	32
16	104	100	96	91	25	32	20	25	92	88	84	80	25	32	25	32
25	138	133	127	121	32	38	25	32	122	117	112	107	32	38	32	38
35	171	164	157	150	32	38	32	38	150	144	138	131	32	51	40	51
50	206	198	190	181	40	51	40	51	182	175	168	160	40	51	50	51

导体截面/mm²		不同环境温度的载流量/A				管径1/mm		管径2/mm		不同环境温度的载流量/A				管径1/mm		管径2/mm	
		25℃	30℃	35℃	40℃	SC	MT	SC	MT	25℃	30℃	35℃	40℃	SC	MT	SC	MT
铜	70	263	253	242	231	50	51	50	51	231	222	213	203	50	51	70	
	95	318	306	293	279	50		50	51	280	269	258	246	65		70	
	120	368	354	339	323	65		70		325	312	299	285	65		80	
	150	409	393	376	359	65		70		356	342	327	312	65		80	
	185	467	449	430	410	65		80		400	384	368	351	80		100	
	240	550	528	506	482	65		80		468	450	431	411	80		100	
	300	628	603	577	550	80		100		535	514	492	469	100		125	
铝	10	61	59	56	54	20	25	20	25	54	52	50	47	25	32	25	32
	16	82	79	76	72	25	32	20	25	74	71	68	65	25	32	25	32
	25	109	105	101	96	32	38	25	32	97	93	89	85	32	38	32	38
	35	135	130	124	119	32	38	32	38	121	116	111	106	32	51	40	51
	50	163	157	150	143	40	51	40	51	146	140	134	128	40	51	50	51
	70	208	200	191	183	50	51	50	51	186	179	171	163	50	51	70	
	95	252	242	232	221	50		50	51	226	217	208	198	65		70	
	120	292	281	269	257	65		70		261	251	240	229	65		80	
	150	320	307	294	280	65		70		278	267	256	244	65		80	
	185	365	351	336	320	65		80		312	300	287	274	80		100	
	240	429	412	394	376	80		80		365	351	336	320	80		100	
	300	490	471	451	430	80		80		418	402	385	367	80		125	

敷设方式 B₁	每管四线靠墙	每管五线靠墙或埋墙

导体截面/mm²		不同环境温度的载流量/A				管径1/mm		管径2/mm		管径1/mm		管径2/mm	
		25℃	30℃	35℃	40℃	SC	MT	SC	MT	SC	MT	SC	MT
铜	1.5	19	18	17	16	15	16	15	16	15	19	15	19
	2.5	26	25	24	23	15	19	15	19	15	19	15	19

导体截面/mm²		不同环境温度的载流量/A				管径1/mm		管径2/mm		管径1/mm		管径2/mm	
		25℃	30℃	35℃	40℃	SC	MT	SC	MT	SC	MT	SC	MT
铜	4	34	33	32	30	20	25	15	19	20	25	20	25
	6	45	43	41	39	20	25	20	25	20	25	20	25
	10	61	59	56	54	25	32	25	32	32	38	32	38
	16	82	79	76	72	32	38	32	38	32	38	32	38
	25	109	105	101	96	32	51	40	51	40	51	50	51
	35	135	130	124	119	50	51	50	51	50	51	50	51
	50	164	158	151	144	50	51	50	51	50		70	
	70	208	200	191	183	65		70		65		80	
	95	252	242	232	221	65		80		80		100	
	120	292	281	269	257	65		100		80		100	
	150					80		100		100		100	
	185					100		100		100		125	
	240					100		125		100		150	
	300					100		150		125		150	
铝	10	49	47	45	43	25	32	25	32	32	38	32	38
	16	67	64	61	58	32	38	32	38	32	38	32	38
	25	87	84	80	77	32	51	40	51	40	51	50	51
	35	108	104	100	95	50	51	50	51	50	51	50	51
	50	131	126	121	115	50	51	50	51	50		70	
	70	168	161	154	147	65		70		65		80	
	95	203	195	187	178	65		80		80		100	
	120	235	226	216	206	65		100		80		100	
	150					80		100		100		100	
	185					100		100		100		125	
	240												
	300												

表 4–26　　　　　**交联聚乙烯及乙丙橡胶绝缘电线**
明敷载流量（θ_n=90℃）

敷设方式 G									

导体截面 /mm²	不同环境温度的载流量/A				导体截面 /mm²	不同环境温度的载流量/A			
	25℃	30℃	35℃	40℃		25℃	30℃	35℃	40℃
铜 1.5	31	30	29	27	95	448	430	412	393
2.5	42	40	38	37	120	520	500	479	456
4	55	53	51	48	150	601	577	552	527
6	72	69	66	63	185	688	661	633	603
10	98	94	90	86	240	813	781	748	713
16	136	131	125	120	300	939	902	864	823
25	189	182	174	166	400	1129	1085	1039	990
35	235	226	216	206	500	1304	1253	1200	1144
50	286	275	263	251	630	1513	1454	1392	1327
70	367	353	338	322					
铝 10	—	—	—	—	150	475	448	419	388
16	—	—	—	—	185	546	515	482	446
25	146	138	129	120	240	648	611	572	529
35	182	172	161	149	300	751	708	662	613
50	223	210	196	182	400	908	856	801	741
70	287	271	253	235	500	1051	991	927	858
95	352	332	311	288	630	1224	1154	1079	999
120	410	387	362	335					

注：1. 当导线垂直排列时表中载流量乘以 0.9。

　　2. 由于导体 90℃表面温度也较高，故表中数据适用于人不能触及处，若在人可触
　　　及处应放大一级截面，以降低电线表面温度。

表 4–27　　　　　　铜芯塑料绝缘软线、塑料护套线明敷

载流量（θ_n=70℃）

敷设方式 C								
导体截面/mm²		不同环境温度的载流量/A				不同环境温度的载流量/A			
		25℃	30℃	35℃	40℃	25℃	30℃	35℃	40℃
	0.12	4.2	4	3.7	3.5	3.2	3	2.8	2.6
	0.2	5.8	5.5	5.1	4.8	4.2	4	3.7	3.5
	0.3	7.4	7	6.5	6.1	5.3	5	4.7	4.3
	0.4	9	8.5	8	7.4	6.4	6	5.6	5.2
RVV	0.5	10	9.5	9	8	7.4	7	6.5	6.1
RVB	0.75	13	12.5	12	11	9.5	9	8.4	7.8
RVS	1	16	15	14	13	12	11	10	9.5
RFB	1.5	20	19	18	16	18	17	16	15
RFS	2	23	22	21	19	20	19	18	16
BVV	2.5	29	27	25	23	25	24	22	21
BVNVB	4	38	36	34	31	34	32	30	28
	6	50	47	44	41	43	41	38	36
	10	69	65	61	56	60	57	53	49

表 4–28　　　　　　BV–105 型耐热聚氯乙烯绝缘铜芯

电线的载流量（θ_n=105℃）

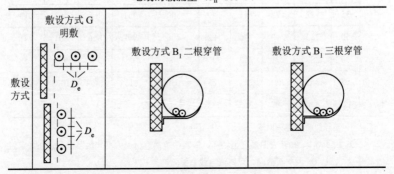

导体截面/mm²	不同环境温度的载流量/A								管径1/mm		管径2/mm		不同环境温度的载流量/A				管径1/mm		管径2/mm	
	50℃	55℃	60℃	65℃	50℃	55℃	60℃	65℃	SC	MT	SC	MT	50℃	55℃	60℃	65℃	SC	MT	SC	MT
1.5	25	24	23	21	19	18	17	16	15	16	15	16	17	16	15	14	15	16	15	16
2.5	34	32	31	29	27	26	24	23	15	16	15	16	25	24	23	21	15	16	15	16
4	47	45	43	40	39	37	35	33	15	19	15	16	34	32	31	29	15	19	15	19
6	60	57	54	51	51	49	46	43	20	25	15	16	44	42	40	38	20	25	15	19
10	89	85	81	76	76	72	69	65	20	25	20	25	67	64	61	57	25	32	25	32
16	123	117	111	105	95	91	86	81	25	32	20	25	85	81	77	72	25	32	25	32
25	165	157	149	141	127	121	115	108	32	38	25	32	113	108	102	96	32	38	32	40
35	205	195	185	175	160	153	145	136	32	38	32	38	138	132	125	118	32	51	40	51
50	264	252	239	225	202	193	183	172	40	51	40	51	179	171	162	153	40	51	50	51
70	310	296	280	264	240	229	217	205	50	51	50	51	213	203	193	182	50	51	70	
95	380	362	344	324	292	278	264	249	50		50	51	262	250	237	223	65		70	
120	448	427	405	382	347	331	314	296	65		70		311	297	281	265	65		80	
150	519	495	469	443	399	380	361	340	65		70		362	345	327	309	65		80	

敷设方式	敷设方式 B₁ 四根穿管	每管五线靠墙或埋墙

敷设方式 B₁ 四根穿管　　每管五线靠墙或埋墙

导体截面/mm²	不同环境温度的载流量/A				管径1/mm		管径2/mm		管径1/mm		管径2/mm	
	50℃	55℃	60℃	65℃	SC	MT	SC	MT	SC	MT	SC	MT
1.5	16	15	14	14	15	16	15	16	15	19	15	19
2.5	23	22	21	20	15	19	15	20	15	19	15	19
4	31	30	28	26	20	25	15	20	20	25	20	25
6	40	38	36	34	20	25	20	25	20	25	20	25
10	59	56	53	50	25	32	25	32	32	38	32	38
16	75	72	68	64	32	38	32	38	32	38	32	38
25	101	96	91	86	32	51	40	51	40	51	50	51
35	126	120	114	107	50	51	50	51	50	51	50	51
50	159	152	144	136	50	51	50	51	50		70	
70	193	184	175	165	65		70		65		80	

导体截面/mm²	不同环境温度的载流量/A				管径 1/mm		管径 2/mm		管径 1/mm		管径 2/mm	
	50℃	55℃	60℃	65℃	SC	MT	SC	MT	SC	MT	SC	MT
95	233	222	211	199	65		80		80		100	
120	275	262	249	235	65		100		80		100	
150	320	305	289	273	80		100		100		100	

注：1. 本电线的聚氯乙烯绝缘中加了耐热增塑剂，导体允许工作温度可达 105℃，适用于高温场所，但要求电线接头用焊接或绞接后表面锡焊处理。电线实际允许工作温度还取决于电线与电线及电线与电器接头的允许温度，当接头允许温度为 95℃时，表中数据应乘以 0.92；85℃时应乘以 0.84。

2. 本表中载流量数据系编者经计算得出，仅供参考。

3. 管径 1 根据 GB 50303—2015《建筑电气安装工程施工质量验收规范》，按导线总截面小于或等于保护管内孔面积的 40%计。

4.2.10 管径选择说明

表 4–22 及表 4–24 管径选择说明如下：

（1）管径 1 根据 GB 50303—2015《建筑电气工程施工质量验收规范》[43]，按导线总截面小于或等于保护管内孔面积的 40%计。

（2）管径 2 根据华北地区推荐标准：

≤6mm² 导线，按导线总面积小于或等于保护管内孔面积的 33%计。

10～50mm² 导线，按导线总面积小于或等于保护管内孔面积的 27.5%计。

≥70mm² 导线，按导线总面积小于或等于保护管内孔面积的 22%计。

无论管径 1 或管径 2 都规定直管长度小于或等于 30m，一个弯管长度小于或等于 20m，两个弯管长度小于或等于 15m，三个弯管长度小于或等于 8m。超长时应设拉线盒或放大一级管径。

（3）保护管径打括号的不推荐使用。

（4）每管五线中，四线为载流导体，故载流量数据同每管四线；

若每管四线组成一个三相四线系统，则应按照每管三线的载流量。

（5）SC 为焊接钢管或 JDG 管，MT 为黑铁电线管，PC 为硬塑料管。

4.2.11 电压降及电流矩

户内、外布线的电压降及直流线路电流矩见表 4–29 和表 4–30。

表 4–29 三相 380V 铜芯导线的电压降

截面/mm²	电阻θ=60℃/（Ω/km）	明敷（相间距离 150mm）导线的电压降/［%/（A·km）］						
		感抗/（Ω/km）	cosφ					
			0.5	0.6	0.7	0.8	0.9	1
1.5	13.933	0.368	3.321	3.944	4.565	5.181	5.789	6.351
2.5	8.36	0.353	2.045	2.415	2.782	3.145	3.499	3.81
4	5.172	0.338	1.312	1.538	1.76	1.978	2.189	2.357
6	3.467	0.325	0.918	1.067	1.212	1.353	1.487	1.58
10	2.04	0.306	0.586	0.669	0.75	0.828	0.898	0.93
16	1.248	0.29	0.399	0.447	0.493	0.534	0.57	0.569
25	0.805	0.277	0.293	0.321	0.347	0.369	0.385	0.367
35	0.579	0.266	0.237	0.255	0.271	0.284	0.29	0.264
50	0.398	0.251	0.19	0.2	0.209	0.214	0.213	0.181
70	0.291	0.242	0.162	0.168	0.172	0.172	0.167	0.133
95	0.217	0.231	0.141	0.144	0.144	0.142	0.135	0.099
120	0.171	0.223	0.127	0.128	0.127	0.123	0.114	0.078
150	0.137	0.216	0.116	0.116	0.114	0.109	0.099	0.062
185	0.112	0.209	0.108	0.107	0.104	0.098	0.087	0.051
240	0.086	0.2	0.099	0.096	0.093	0.086	0.075	0.039
截面/mm²	电阻θ=60℃/（Ω/km）	穿管导线的电压降/［%/（A·km）］						
		感抗/（Ω/km）	cosφ					
			0.5	0.6	0.7	0.8	0.9	1
1.5	13.933	0.138	3.23	3.86	4.49	5.12	5.74	6.35
2.5	8.36	0.127	1.96	2.33	2.71	3.08	3.46	3.81
4	5.172	0.119	1.23	1.46	1.69	1.92	2.15	2.36

截面 /mm²	电阻θ= 60℃ / (Ω/km)	穿管导线的电压降/ [%/ (A·km)]						
		感抗 / (Ω/km)	cosφ					
			0.5	0.6	0.7	0.8	0.9	1
6	3.467	0.112	0.83	0.99	1.14	1.3	1.44	1.58
10	2.04	0.108	0.51	0.6	0.69	0.77	0.86	0.93
16	1.248	0.102	0.33	0.38	0.43	0.48	0.53	0.57
25	0.805	0.099	0.22	0.26	0.29	0.32	0.35	0.37
35	0.579	0.095	0.17	0.19	0.22	0.24	0.26	0.26
50	0.398	0.091	0.13	0.14	0.16	0.17	0.18	0.18
70	0.291	0.089	0.1	0.11	0.12	0.13	0.14	0.13
95	0.217	0.088	0.08	0.09	0.1	0.1	0.11	0.1
120	0.171	0.083	0.07	0.08	0.08	0.09	0.09	0.08
150	0.137	0.082	0.06	0.07	0.07	0.07	0.07	0.06
185	0.112	0.082	0.06	0.06	0.06	0.06	0.06	0.05
240	0.086	0.08	0.05	0.05	0.05	0.05	0.05	0.04

表 4–30　　　　不同电压降下铜导线直流线路电流矩　　　单位：A·m

截面 /mm²	ΔU/V		γ= 51.9m/ (Ω·mm²)				θ=50℃			
	1	2	3	4	5	6	7	8	9	10
1.5	39	78	117	156	195	234	272	311	350	389
2.5	65	130	195	260	324	389	454	519	584	649
4	104	208	311	415	519	623	727	830	934	1038
6	156	311	467	623	779	934	1090	1246	1401	1557
10	260	519	779	1038	1298	1557	1817	2076	2336	2595
16	415	830	1246	1661	2076	2491	2906	3322	3737	4152
25	649	1298	1946	2595	3244	3893	4541	5190	5839	6488
35	908	1817	2725	3633	4541	5450	6358	7266	8174	9083
50	1298	2595	3893	5190	6488	7785	9083	10 380	11 678	12 975
70	1817	3633	5450	7266	9083	10 899	12 716	14 532	16 349	18 165
95	2465	4931	7396	9861	12 326	14 792	17 257	19 722	22 187	24 653
120	3114	6228	9342	12 456	15 570	18 684	21 798	24 912	28 026	31 140
150	3893	7785	11 678	15 570	19 463	23 355	27 248	31 140	35 033	38 925

第5章 电缆选择

5.1 电缆布线

5.1.1 一般要求

（1）电缆敷设路径应避开规划建设或施工用地，便于施工和维护，且路径最短。

1）应注意免受外力，防止外部热源和腐蚀环境的损害。

2）在电缆沟隧道、竖井及夹层等封闭式电缆通道中，不得布置热力管道，严禁易燃、易爆气体或液体管道穿越。

（2）电缆的敷设方式，常用的有下列9种，详见表1～3及表2–7。

1）户内敷设。

2）导管内。

3）地下直埋。

4）电缆排管内。

5）电缆沟。

6）电缆隧道。

7）桥梁或构架上。

8）架空。

9）水下。

（3）电缆截面的选择应根据负荷电流和环境条件，参见第2章。护套及铠装的选择主要根据敷设方式确定，参见表2–7。例如：

1）有机械振动场合，如桥梁、锻工车间等，应选用铠装电缆；腐蚀环境宜选用聚氯乙烯或聚乙烯护套或内铠装型。

2）露天敷设的橡套或塑料护套电缆应避免长时间日照，必要时加装遮阳罩，也可采用耐日照护套的电缆。

3）在户内电缆沟、隧道及电气竖井敷设的电缆宜选用阻燃护套。

（4）电缆长度计算，电缆应沿路径呈蛇形弯曲敷设。除统计实际路径长度外，还要在适当位置预留电缆头制作及末端引入配电箱、柜的长度。

（5）电缆弯曲半径见表 5–1。

表 5–1 电缆最小允许弯曲半径

电缆种类	最小允许弯曲半径
无铅包钢铠护套的橡皮绝缘电力电缆	10D
有铅包钢铠护套的橡皮绝缘电力电缆	20D
聚氯乙烯绝缘电力电缆	10D
交联聚氯乙烯绝缘电力电缆	15D
多芯控制电缆	10D

注：1. D 为电缆外径。

2. 铅包电缆已经很少生产，作为资料保留。

5.1.2 户内敷设

（1）户内敷设泛指支架明敷、电缆桥架敷设、穿导管敷设、地沟敷设等。本节主要针对支架明敷。在电缆桥架上敷设参见第 10 章，其他内容查阅本章相关各节。适用户内敷设的电缆品种有普通电缆、柔性及刚性矿物绝缘电缆、分支电缆等。

（2）无铠装电缆在非电气专用房明敷要点：

1）水平敷设距地高度应不低于 2.5m，垂直敷设距地高度不宜低于 1.8m，当不能满足要求时，须穿管或加防护罩。

2）相同电压等级电缆平行敷设净距应不小于较大电缆的外径，且不小于 35mm，高压电缆须明显标志。

3）与热力管道平行或交叉敷设最小间距参见表 4–20。无法满足时，须加隔热板。与非热力管道净距为 150mm，小于该值时，电缆应穿管加防护板，且两端应长于非热力管道各 500mm。

4）电缆固定支架上敷设的电缆应排列整齐，减少交叉。单芯电缆因短路故障时电动力很大，须每个支点固定，并应防止涡流效应。

电缆支架层间及电缆固定间距见表 5-2。

表 5-2   电缆支架层间及电缆固定间距   单位：mm

电缆电压等级、 类型、敷设特征		电缆支架、吊架 最小层间距	不同敷设方式电缆 固定最大点间距	
			水平敷设	垂直敷设
控制电缆明敷		120	400	1000
电力 电缆 明敷	1kV 及以下	150	800	1000
	6～20kV	200	1000	1000
	35kV 单芯	250	每个支架	每个支架
	35kV 三芯	300	1500	3000
	35kV 以上单芯	300	每个支架	每个支架

（3）矿物绝缘电缆适用于户内高温环境或火灾时需要维持供电的线路。结构上分为柔性和刚性两种，柔性矿物绝缘电缆敷设要求与普通电缆的相同，刚性的敷设比较特殊，本节所叙述内容为刚性矿物绝缘电缆。

1）弯曲半径应按表 5-3 要求。

2）在环境温度变化大或有振动场所以及穿越建筑伸缩缝、沉降缝时，应将电缆敷设成 S 或 Ω 形，且弯曲半径不小于外径的 6 倍。

3）电缆首末端、转弯及中间连接器两侧应固定在支架上，直线段固定点间距见表 5-4。

4）对铜有腐蚀的环境，应采用带 PVC 护层的品种。

5）可能遭受机械损坏的部位应加以防护。

（4）预分支电缆详见第 1 章。

表 5-3   刚性矿物绝缘电缆最小允许弯曲半径   单位：mm

电缆外径	最小允许弯曲半径
$D<7$	$7D$
$7\geqslant D<12$	$3D$
$12\geqslant D<15$	$4D$
$D\geqslant15$	$6D$

注：D 为电缆外径。

表 5–4	刚性矿物绝缘电缆固定点的最大间距		单位：mm
电缆外径	固定点间的最大间距		
	水平敷设	垂直敷设	
$D<9$	600	800	
$9≥D<15$	900	1200	
$D≥15$	1500	2000	

注：1. D 为电缆外径。

　　2. 当矿物绝缘电缆倾斜敷设时，按水平敷设间距固定。

5.1.3　电缆穿导管敷设

（1）适用范围：户内、外明敷或暗敷。

（2）导管选型参见第 9 章。

（3）弯头数限制，小截面电缆不超过 3 个，总弯角不超过 180°；大截面电缆不超过 2 个，总弯角不超过 120°，弯头间距不宜小于 3m。

（4）导管长度凡超下列长度，应加设中间接线盒：直线段为 30m；一个弯头为 20m；两个弯头为 15m；三个弯头为 8m。

（5）导管内径应不小于电缆外径的 1.5 倍，弯曲半径不小于电缆的技术条件。1kV 及以下三芯或四芯电缆常用穿管管径如下：

电缆截面：$≤50mm^2$　　　　　　　管径 SC50

电缆截面：$70～120mm^2$　　　　　管径 SC70

电缆截面：$150～185mm^2$　　　　管径 SC80

电缆截面：$≤240mm^2$　　　　　　管径 SC100

10kV 三芯电缆穿管，管径放大一级。电缆穿管管径也可查阅第 14 章 14.4。

（6）若电缆有中间接头，需设接头箱，并在管口设防火封堵，以防止因接头故障的火灾蔓延。

5.1.4　直埋地敷设

（1）数量：沿同一路径电缆不宜超过 6 根。

（2）埋深：非冻土，在人行道下应不小于 700mm，在行车道或农田下不宜小于 1000mm，电缆上下应铺设软土或砂石，厚度不小于 100mm，宽度应超出电缆 50mm，沙垫层顶部应铺设混凝土或砖护板。冻土地区宜埋入冻土层下。有困难时，应采用特殊垫土防冻措施等。

（3）严禁与正上（下）方其他管道平行敷设。

（4）中间接头盒下方应铺垫混凝土板，其长度宜超出接头 600～700mm。接头与相邻电缆间距不小于 250mm，相邻电缆的接头应错开 500mm。

（5）电缆路径上方地面应设标志桩，特别在转弯或接头处，沿电缆水平间隔距离不超过 100mm。

（6）下列区段电缆应局部穿管保护，管径不小于电缆外径 1.5 倍，弯曲半径符合穿管电缆的技术条件。

1）穿越建筑物或构筑物基础、墙体、散水坡或楼板等，并应伸出 100mm 及以上。

2）通过铁路、道路，并应伸出路基 1000mm。

3）引出地面 2000mm 至地下 200mm 段，也可使用防护罩。

4）直埋地引入电缆沟、隧道或人孔井。

（7）直埋地电缆与各设施地下净距应不小于表 5-5 规定。

表 5-5　　电缆与电缆、管道、道路、构筑物之间的最小净距　　单位：m

项　目	敷设条件		项　目	敷设条件	
	平行	交叉		平行	交叉
通信电缆间	0.5（0.1）	0.5（0.25）	控制电缆间	—	0.5（0.25）
1kV 及以下架空线电杆	0.6		建筑物、构筑物基础	0.6	
乔木	1.0		热力管沟	2.0	（0.5）
灌木丛	0.5		水管、压缩空气管	0.5（0.25）	0.5（0.25）
>10kV 电缆间	0.25	0.5（0.25）	可燃气体、易燃液体管	1.0	0.5（0.25）
≤110kV 电缆间	0.1	0.5（0.25）	道路	与路边 1.0	与路面 1.0
电力与控制电缆间	0.1	0.5（0.25）	排水明沟	与沟边 1.0	与沟底 0.5

注：1. 路灯电缆与道路灌木丛平行距离不限。

　　2. 括号内数字是指局部电缆穿管或加隔热层保护后允许的最小净距。

5.1.5 在埋地排管内敷设

（1）适用范围：电缆数量较多而地下空间局限或地面不宜开挖处。

（2）排管类型：主要有两类：一类是混凝土砌块拼接组成，常用的有 9 孔（3 行 3 列）和 16 孔（4 行 4 列）两种，砌块长约 60cm；另一类是用管子按行、列排列整齐后用混凝土砌筑而成。管材多采用 PVC 管，当地面荷载超过 10t/m² 时可用钢管，管长多为 6m，承插式连接，用作电力电缆敷设的孔径常用 ϕ100mm 或 ϕ150mm。9 孔排管最多敷设 8 根电力电缆，16 孔最多 12 根电缆，中间孔位因散热困难，常用作控制或通信电缆。

（3）施工要点：

1）排管坡度不宜小于 0.2%，以利向人孔井排水，人孔井内应设集水井。

2）排管深度：人行道及绿化带下不小于 0.5m，车行道下不小于 0.7m。

3）排管沟底应填土夯实，并铺设 60mm 厚的混凝土底板。

4）排管直线段长不宜超过 100m，在超长或在转角、分支或与直埋地、电缆沟、隧道连接处应设人孔井，井的净高应不小于 1.8m，上部供人员进出的安全孔（人孔井）直径不小于 ϕ700mm。

（4）排管敷设的电缆应采用塑料外护套或裸铠装。

5.1.6 电缆沟内敷设

（1）电缆沟可分为无支架沟、单侧或双侧支架沟三种。电缆不超过 5 根时，可采用无支架沟，电缆敷设于沟底。

（2）电缆沟不应设在可能流入熔化金属液体的场合。

（3）户内电缆沟的盖板应与地坪相平，在容易积水或积灰处，宜用水泥砂浆或沥青将盖板缝抹平。

（4）户外电缆沟的沟口宜高出地面 50mm，以减少地面水进入。若影响地面排水或交通，可采用具有覆盖层的电缆沟，盖板顶部一般低于地面 300mm，铺设绿化或易开挖面层。电缆沟在进入建筑物处应设有防火墙。

（5）电缆沟一般采用钢筋混凝土盖板，重量不宜超过 50kg。户内需经常开启的，宜采用花纹钢盖板，重量不宜超过 30kg。

（6）电缆沟通道宽度和支架层间垂直净距、支架或固定点最大间距见表 5-6。支架表面宜热浸锌。盐雾或化学腐蚀环境宜涂耐腐漆或玻璃钢等树脂。

（7）电缆沟应防水，纵向排水坡度应不小于 0.5%并设集水井。积水可直接至下水道或用泵排出。电缆沟较长时，应分段排水，每隔 50m 左右设置一个集水井。

（8）当电缆沟两侧均有支架时，不同电压的电缆分别敷设于两侧支架上；同一侧也按电压由高到低，依次自上而下排列。

（9）电缆沟内应设接地干线，沟内金属支架应可靠接地。

表 5-6 电缆沟通道宽度和支架层间垂直净距 单位：m

电缆沟深度/H	通道宽度		支架层间最小净距		支架或固定点最大间距	
	两侧设支架	一侧设支架	电力电缆	控制电缆	电力电缆	控制电缆
H≤0.60	0.30	0.30	0.15	0.12	1.0	0.80
H>0.60	0.50	0.45	0.15	0.12	1.0	0.80

注：1. 电缆沟内的电缆支架长度，不宜大于 350mm。

2. 电缆沟内最下层支架距沟底净距，不宜小于 50mm。

5.1.7 电缆隧道内敷设

（1）当中、低压电缆数量为 40 根左右时，应在电缆隧道内敷设。电缆隧道内净高应不低于 1.9m，局部或与管道交叉处净高不宜低于 1.4m。因电缆数量多，发热量大。隧道内应通风，首先应自然通风，不能满足要求时应机械通风。

电缆隧道应防水，同时底部排水沟，纵向排水坡度应不小于 0.5%，并设集水井。积水可直接排入下水道，但通常需要用泵排出。电缆隧道较长时应分段排水，每隔 50m 左右设置一个集水井。

电缆隧道在进入建筑物处应设防火墙。长距离隧道每隔 100m 应设置带门的防火墙或隧道通风区段处，变电站外 200m。门应采用非燃烧材料或难燃材料制作，并应装锁。电缆过墙的保护导管两端应防火封堵。

电缆隧道长度超过 7m 时，其两端应设出口。两个出口的距离超过 75m 时，应增加出口。人孔井可作为出口，人孔井的直径应不小于 0.7m。

（2）电缆隧道内通道宽度、支架层间垂直净距、支架或固定点间的最大间距见表 5-7。支架长度不宜大于 500mm。最下层支架距地坪净距不小于 100mm。

（3）电缆在支架上按电压高低，由上而下依次排列。

（4）电缆隧道内应设照明灯和检修电源箱，电压应不超过 24V。

（5）电缆隧道内应设接地干线，隧道内所有设备的金属外壳和支架均应可靠接地。

（6）无关的管线不得共用和通过电缆隧道。与其他地下管线交叉时，应尽可能避免隧道局部下降。

表 5-7　　　　　　　　电缆隧道通道宽度和支架净距　　　　　　单位：m

项目	两侧设支架	一侧设支架	层间垂直最小净距	支架或固定点间的最大间距
通道宽度	1.00	0.90		
电力电缆			0.20	1.0
控制电缆			0.12	0.8

注：控制电缆数量较多时，层间净距宜增加。

5.1.8　电缆在桥梁或构架上敷设

桥梁上敷设电缆，应根据桥梁的结构选择敷设方式。

（1）跨度小于 32m 的小桥，有两种敷设方式：

1）穿金属导管，敷设在路基内。

2）穿金属导管或电缆槽盒，沿人行道栏杆立柱外侧敷设。

（2）混凝土或钢结构大桥应采用电缆槽盒，在人行道下沿混凝土或钢梁外侧安装。混凝土梁上宜为 2～3m，钢梁上宜为 3～5m 或按结构制宜。

（3）为防止震动损伤电缆而缩短使用寿命，应采取下列措施：

1）选择铜导体铠装电缆。

2）槽盒内电缆宜采用蛇形敷设。

3）桥墩两端、桥墩和伸缩缝处，电缆应充分松弛。

4）电缆下方应设置橡皮或沙袋等缓冲衬垫。

（4）在厂区架空构架上敷设的电缆，距无车辆通过的道路净空应不小于 2.5m；距车辆通过的道路净空应不小于 4.5m。

5.1.9 架空敷设

（1）架空电缆线路适用于厂区和城市电网的扩建改建，埋设电缆有困难或施工等临时用电。电缆架空敷设即用水泥电杆钢索吊挂电缆的布线。电缆距地面的最小距离应不小于 6.0m，无机动车行驶地段应不小于 4.0m。

（2）档距宜为 35～45m，并应采用水泥杆。

（3）每根电缆宜有单独钢索吊挂。若同杆上有两层电缆时，上下层的垂直距离应不小于 0.6m。钢索应采用不小于 7 股 3.0mm 的镀锌钢绞线。电缆用吊钩固定，吊钩的间距应不大于 0.75m。

5.1.10 在水下敷设

（1）敷设的路径应符合下列要求：

1）河（海）床稳定、无石山或障碍物体，流速较缓、岸线稳定（非冲刷段）、非抛锚的水域。

2）应远离码头、渡口、水工构筑物，远离疏浚挖泥区和规划港口地带。

3）能实施可靠防护，敷设方便。

（2）电缆应敷设于水底。在通航水道应敷设于沟槽中，并表面加以稳固覆盖，浅水区埋深不宜小于 0.5m，深水区不宜小于 2m。

（3）电缆严禁交叉、叠置，相邻的电缆间距应符合下列要求：

1）主航道内，不小于平均水深 1.2 倍，引至岸边的间距可适当缩小。

2）非通航水道，流速小于 1m/s 的小河，同回路单芯电缆间距不小于 0.5m；不同回路不小于 5m；流速超过 1m/s 的水域，间距宜加大。

3）水下电缆与工业管道的间距不宜小于 50m；有困难时不小于15m。

4）电缆上岸段应采用直埋、电缆沟或保护导管敷设，必要时可设置工作井，井底标高宜低于最低水位 1m；上岸段预留适当长度。如果直埋段长度不足 50m 或有陆上接头，要加锚定装置。

5）上岸段应设置醒目的带夜间照明的警示牌。

6）电缆不宜在水中有接头，必要时可使用软接头。

5.1.11 电缆散热量计算

电缆的散热量来自载流导体热损失。单根电缆功率损耗计算公式为

$$P = \frac{nI^2 \rho_t}{S} \tag{5-1}$$

N 根电缆的热损失功率总和

$$P_{total} = K\rho_t \sum_1^N \frac{nI^2}{S} \tag{5-2}$$

式中　P——单根 n 芯导体电缆的热损失功率，W/m；

P_{total}——N 根 n 芯导体电缆的热损失功率总和，W/m；

ρ_t——取电缆运行时平均温度为 60℃，相应的导体电阻率，铜导体为 $0.020 \times 10^{-6} \Omega \cdot m$，铝导体为 $0.033 \times 10^{-6} \Omega \cdot m$；

I——单根电缆的计算负荷电流，A；

K——电流参差系数，一般取 0.85～0.95，电缆根数少的取较大值；

S——电缆的导体截面，mm^2。

5.2 电缆载流量

5.2.1 XLPE 电缆载流量

交联聚乙烯绝缘电力电缆的载流量 见表 5-8～表 5-11。

表 5-8　6～35kV 交联聚氯乙烯绝缘电力电缆在空气中敷设的载流量（$\theta_n=90℃$）

电压/kV：6/6、8.7/10、12/20、26/35kV

敷设方式 E 或 F（有孔托盘）　≥0.3D_e　　敷设方式 C（无孔托盘）　≥0.3D_e　　敷设方式 B2（电缆槽盒）

不同环境温度的载流量/A

导体截面/mm²		敷设方式 E 或 F（有孔托盘）						敷设方式 C（无孔托盘）						敷设方式 B2（电缆槽盒）					
		三芯				单芯		三芯				单芯		三芯				单芯	
		25℃	30℃	35℃	40℃	30℃	35℃	25℃	30℃	35℃	40℃	30℃	35℃	25℃	30℃	35℃	40℃	30℃	35℃
铜	35	181	174	167	159	186	178	169	162	155	148	173	166	147	141	135	129	151	145
	50	208	200	191	183	216	207	194	186	178	170	201	192	167	160	153	146	174	167

141

不同环境温度的载流量/A

导体截面/mm²	单芯 35℃	单芯 30℃	单芯 40℃	三芯 35℃	三芯 30℃	三芯 25℃	单芯 35℃	单芯 30℃	单芯 40℃	三芯 35℃	三芯 30℃	三芯 25℃	单芯 35℃	单芯 30℃	单芯 40℃	三芯 35℃	三芯 30℃	三芯 25℃
铜 70	256	267	224	235	245	255	238	249	208	218	228	237	203	212	176	185	193	201
95	319	333	277	290	303	315	298	311	257	270	282	294	238	249	215	226	236	246
120	367	383	318	333	348	362	342	357	296	310	324	337	283	296	246	259	270	281
150	414	432	359	376	393	409	386	403	334	350	366	381	312	326	270	283	296	308
185	522	545	412	432	451	469	486	508	383	402	420	437	389	406	308	323	337	351
240	573	598	483	506	529	551	534	558	450	472	493	513	427	446	358	375	392	408
300	656	685	553	580	606	631	612	639	516	541	565	588	484	505	407	427	446	464
400	769	803	649	681	711	740	717	749	605	635	663	690	567	592	478	502	524	545
500	877	916					818	854					646	675				
铝 35	138	144	123	129	135	141	128	134	115	121	126	131	118	123	106	111	116	121
50	160	167	141	148	155	161	149	156	131	138	144	150	135	141	120	125	131	136
70	198	207	173	182	190	198	185	193	162	169	177	184	167	174	145	152	159	165
95	248	259	215	225	235	245	232	242	200	210	219	228	206	215	178	187	195	203
120	287	300	246	259	270	281	273	285	229	240	251	261	232	242	202	212	221	230
150	327	342	278	292	305	317	305	319	259	272	284	296	254	265	220	231	241	251

不同环境温度的载流量/A

导体截面/mm²		三芯				单芯		三芯				单芯		三芯				单芯	
		25℃	30℃	35℃	40℃	30℃	35℃	25℃	30℃	35℃	40℃	30℃	35℃	25℃	30℃	35℃	40℃	30℃	35℃
铝	185	366	352	337	321	398	381	339	326	312	298	371	355	285	274	262	250	312	299
	240	427	410	393	374	463	443	398	382	366	349	432	414	331	318	304	290	359	344
	300	489	470	450	429	531	508	456	438	419	400	495	474	377	362	347	330	411	394
	400	573	551	528	503	623	596	535	514	492	469	581	556	442	425	407	388	482	461
	500					716	686					668	640					554	530

注：1. 表中系6~10kV三芯电缆载流量，摘自GB 50217—2007。单芯电缆载流量为编者按平行水平排列的计算数据，仅供参考。

2. 20kV电缆载流量比表中数据大1%~3%，35kV电缆载流量大3%~5%，本表简化取相同数据。

表5-9　6~35kV交联聚乙烯绝缘电力电缆直埋地敷设载流量（$\rho=2.5$K·m/W，$\theta_n=90℃$）

电压/kV	6/6、8.7/10、12/20、26/35kV
敷设方式	直埋地 D₂　　　　　　穿管埋地 D

导体截面/mm²		不同环境温度的载流量/A											
		三芯			单芯			三芯			单芯		
		20℃	25℃	30℃	20℃	25℃	30℃	20℃	25℃	30℃	20℃	25℃	30℃
铜	35	133	128	123	142	137	132	118	114	110	130	125	120
	50	152	146	140	164	158	152	134	129	124	145	140	135
	70	190	183	176	207	199	191	169	163	157	184	177	170
	95	230	222	213	254	245	235	201	194	186	222	214	206
	120	258	249	239	288	278	267	225	217	208	250	241	232
	150	277	267	257	311	300	288	243	234	225	272	262	252
	185	312	301	289	355	342	329	271	261	251	307	296	284
	240	368	355	341	418	403	387	319	307	295	361	348	334
	300	414	399	383	469	452	434	361	348	334	409	394	379
	400	472	455	437	534	515	495	412	397	381	466	449	431
	500				586	565	543				512	493	474
铝	35	103	99	95	110	106	102	94	91	87	102	98	94
	50	117	113	109	128	123	118	105	101	97	115	111	107

导体截面/mm²	不同环境温度的载流量/A											
	三芯			单芯			三芯			单芯		
	20℃	25℃	30℃	20℃	25℃	30℃	20℃	25℃	30℃	20℃	25℃	30℃
铝 70	148	143	137	162	156	150	134	129	124	146	141	135
95	178	172	165	196	189	182	160	154	148	175	169	162
120	200	193	185	223	215	207	176	170	163	197	190	183
150	215	207	199	242	233	224	192	185	178	217	209	201
185	242	233	224	274	264	254	213	205	197	241	232	223
240	285	275	264	324	312	300	249	240	231	283	273	262
300	321	309	297	363	350	336	281	271	260	319	307	295
400	366	353	339	413	398	382	322	310	298	362	349	335
500	467			467	450	432				407	392	377

注：1. 表中系 6～10kV 三芯电缆载流量，摘自 GB 50217—2007。单芯电缆载流量为编者按平行水平排列的计算数据，供参考。

2. 20kV 电缆载流量比表中数据大 1%～3%，35kV 电缆载流量大 3%～5%，本表简化取相同数据。

表5-10 0.6/1kV交联聚乙烯绝缘电力电缆桥架敷设载流量（$\theta_n=90℃$）

敷设方式		敷设方式E或F（有孔托盘）								敷设方式C（无孔托盘≥0.3D_e）				敷设方式B_2（电缆槽盒）							
导体截面/mm²		不同环境温度的载流量/A																			
相导体	中性导体	三芯				单芯				三芯或单芯品字排列				三芯				单芯品字排列			
		25℃	30℃	35℃	40℃	25℃	30℃	35℃	40℃	25℃	30℃	35℃	40℃	25℃	30℃	35℃	40℃	25℃	30℃	35℃	40℃
2.5	2.5	33	32	31	29					31	30	29	27	27	26	25	24	29	28	27	26
4	4	44	42	40	38					42	40	38	37	36	35	34	32	39	37	35	34
6	6	56	54	52	49					54	52	50	47	46	44	42	40	50	48	46	44
10	10	78	75	72	68					74	71	68	65	62	60	57	55	69	66	63	60
16	16	104	100	96	91	141	135	129	123	100	96	92	88	83	80	77	73	92	88	84	80
25	16	132	127	122	116	176	169	162	154	124	119	114	109	109	105	101	96	122	117	112	107
35	16	164	158	151	144	215	207	198	189	153	147	141	134	133	128	123	117	150	144	138	131
50	25	200	192	184	175	279	268	257	245	186	179	171	163	160	154	147	141	182	175	168	160
70	35	256	246	236	225					238	229	219	209	202	194	186	177	231	222	213	203

铜

146

导体截面/mm²		不同环境温度的载流量/A																			
相导体	中性导体	三芯				单芯				三芯或单芯品字排列				三芯				单芯品字排列			
		25℃	30℃	35℃	40℃	25℃	30℃	35℃	40℃	25℃	30℃	35℃	40℃	25℃	30℃	35℃	40℃	25℃	30℃	35℃	40℃
铜 95	50	310	298	285	272	341	328	314	299	289	278	266	254	243	233	223	213	280	269	258	246
铜 120	70	360	346	331	316	399	383	367	350	335	322	308	294	279	268	257	245	325	312	299	285
铜 150	70	415	399	382	364	462	444	425	405	386	371	355	339	312	300	287	274	356	342	327	312
铜 185	95	475	456	437	416	531	510	488	466	441	424	406	387	354	340	326	310	400	384	368	351
铜 240	120	560	538	515	491	632	607	581	554	520	500	479	456	414	398	381	363	468	450	431	411
铜 300	150	646	621	595	567	732	703	673	642	600	576	551	526	474	455	436	415	535	514	492	469
铝或铝合金 16	16	80	77	74	70					68	65	62	59	67	64	61	58	74	71	68	65
铝或铝合金 25	25	101	97	93	89	107	103	99	94	80	77	74	70	87	84	80	77	97	93	89	85
铝或铝合金 35	25	125	120	115	110	129	124	119	113	99	95	91	87	107	103	99	94	121	116	111	106
铝或铝合金 50	25	152	146	140	133	165	159	152	145	121	116	111	106	129	124	119	113	146	140	134	128
铝或铝合金 70	35	195	187	179	171	214	206	197	188	154	148	142	135	162	156	149	142	186	179	171	163
铝或铝合金 95	50	236	227	217	207	263	253	242	231	186	179	171	163	196	188	180	172	226	217	208	198
铝或铝合金 120	70	274	263	252	240	308	296	283	270	216	208	199	190	225	216	207	197	261	251	240	229
铝或铝合金 150	70	316	304	291	278	357	343	328	313	251	241	231	220	250	240	230	219	278	267	256	244
铝或铝合金 185	95	361	347	332	317	411	395	378	361	286	275	263	251	283	272	260	248	312	300	287	274
铝或铝合金 240	120	426	409	392	373	490	471	451	430	338	325	311	297	331	318	304	290	365	351	336	320
铝或铝合金 300	150	490	471	451	430	569	547	524	499	389	374	358	341	379	364	349	332	418	402	385	367

表 5-11 0.6/1kV 交联氯乙烯绝缘电缆及乙丙橡胶电缆埋地敷设载流量 (ρ=2.5K·m/W, θ_n=90℃)

	导体截面/mm²		敷设方式					
			D₂: 三、四芯或单芯三角形排列直埋地			D: 三、四芯或单芯三角形排列穿管埋地		
			不同环境温度的载流量/A					
	相导体	中性导体	20℃	25℃	30℃	20℃	25℃	30℃
铜	1.5		23	22	21	21	20	19
	2.5	2.5	30	29	28	28	27	26
	4	4	39	38	36	36	35	33
	6	6	49	47	45	44	42	41
	10	10	65	63	60	58	56	54
	16	16	84	81	78	75	72	69
	25	16	107	103	99	96	93	89
	35	16	129	124	119	115	111	106
	50	25	153	147	142	135	130	125
	70	35	188	181	174	167	161	155
	95	50	226	218	209	197	190	182

导体截面/mm²		不同环境温度的载流量/A					
相导体	中性导体	20℃	25℃	30℃	20℃	25℃	30℃
铜 120	70	257	248	238	223	215	206
150	70	287	277	266	251	242	232
185	95	324	312	300	281	271	260
240	120	375	361	347	324	312	260
300	150	419	404	388	365	352	338
铝或铝合金 16	16	64	62	59	59	57	55
25	16	82	79	76	75	72	69
35	16	98	94	91	90	87	83
50	25	117	113	108	106	102	98
70	35	144	139	133	130	125	120
95	50	172	166	159	154	148	143
120	70	197	190	182	174	168	161
150	70	220	212	204	197	190	182
185	95	250	241	231	220	212	204
240	120	290	279	268	253	244	234
300	150	326	314	302	286	276	265

注：本表数据已计入水分迁移影响。

5.2.2 PVC 电缆载流量

聚氯乙烯绝缘及护套电力电缆的载流量见表 5-12～表 5-13。

表 5-12　0.6/1kV 聚氯乙烯绝缘及护套电力电缆桥架敷设载流量（$\theta_n=70℃$）

敷设方式		敷设方式 E 或 F（有孔托盘）$\geqslant 0.3D_e$								敷设方式 C（无孔托盘）$\geqslant 0.3D_e$				敷设方式 B₂（电缆线槽）							
导体截面/mm²		不同环境温度的载流量/A																			
		三芯				单芯				三芯或单芯品字排列				三芯				单芯			
相导体	中性导体	25℃	30℃	35℃	40℃	25℃	30℃	35℃	40℃	25℃	30℃	35℃	40℃	25℃	30℃	35℃	40℃	25℃	30℃	35℃	40℃
铜																					
2.5	2.5	27	25	23	22					25	24	22	21	21	20	19	17	22	21	20	18
4	4	36	34	32	29					34	32	30	28	29	27	25	23	30	28	26	24
6	6	46	43	40	37					43	41	38	36	36	34	32	29	38	36	34	31
10	10	64	60	56	52					60	57	53	49	49	46	43	40	53	50	47	43
16	16	85	80	75	69					81	76	71	66	66	62	58	54	72	68	64	59
25	25	107	101	94	87	117	110	103	95	102	96	90	83	85	80	75	69	94	89	83	77

导体截面/mm²			不同环境温度的载流量/A															
材料	相导体	中性导体	三芯或单芯品字形排列								单芯							
			三芯				单芯				三芯				单芯			
			25℃	30℃	35℃	40℃	25℃	30℃	35℃	40℃	25℃	30℃	35℃	40℃	25℃	30℃	35℃	40℃
铜	35	25	134	126	118	109	145	137	128	119	105	99	93	86	117	110	103	95
	50	25	162	153	143	133	177	167	156	145	125	118	110	102	142	134	125	116
	70	35	208	196	183	170	229	216	202	187	158	149	139	129	181	171	160	148
	95	50	252	238	223	206	280	264	247	229	190	179	167	155	220	207	194	179
	120	70	293	276	258	239	327	308	288	267	218	206	193	178	253	239	224	207
	150	70	338	319	298	276	378	356	333	308	242	228	213	197	278	262	245	227
	185	95	386	364	340	315	434	409	383	354	270	255	239	221	314	296	277	256
	240	120	456	430	402	372	514	485	454	420	315	297	278	257	367	346	324	300
	300	150	527	497	465	430	595	561	525	486	360	339	317	294	418	394	369	341
铝或铝合金	16	16	65	61	57	53					63	59	55	51	56	53	50	0
	25	25	83	78	73	68	89	84	79	73	77	73	68	63	74	70	65	0
	35	25	102	96	90	83	111	105	98	91	95	90	84	78	91	86	80	0
	50	25	124	117	109	101	136	128	120	111	117	110	103	95	110	104	97	0
	70	35	159	150	140	130	176	166	155	144	148	140	131	121	141	133	124	0
	95	50	194	183	171	158	215	203	190	176	180	170	159	147	171	161	151	0

导体截面/mm²		不同环境温度的载流量/A																			
		三芯				单芯				三芯或单芯品字形排列				三芯				单芯			
相导体	中性导体	25℃	30℃	35℃	40℃	25℃	30℃	35℃	40℃	25℃	30℃	35℃	40℃	25℃	30℃	35℃	40℃	25℃	30℃	35℃	40℃
120	70	225	212	198	184	251	237	222	205	209	197	184	171	170	160	150	139	197	186	174	0
150	70	260	245	229	212	291	274	256	237	241	227	212	197	187	176	165	152	216	204	191	0
185	95	297	280	262	242	334	315	295	273	275	259	242	224	211	199	186	172	244	230	215	0
240	120	350	330	309	286	398	375	351	325	324	305	285	264	246	232	217	201	285	269	252	0
300	150	404	381	356	330	460	434	406	376	372	351	328	304	281	265	248	229	325	306	286	0

注：相导体为铝或铝合金。

表 5-13 0.6/1kV 聚氯乙烯绝缘及护套电缆埋地载流量（$\theta_n=70℃$）

敷设方式	D2: 三、四芯或单芯三角形排列直埋地	D: 三、四芯或单芯三角形排列穿管埋地

152

导体截面/mm²		不同环境温度的载流量/A					
相导体	中性导体	20℃	25℃	30℃	20℃	25℃	30℃
1.5		19	18	17	18	17	16
2.5	2.5	24	23	21	24	23	21
4	4	33	31	30	30	28	27
6	6	41	39	37	38	36	34
10	10	54	51	48	50	47	45
16	16	70	66	63	64	61	57
25	16	92	87	82	82	78	73
35	16	110	104	98	98	93	88
50	25	130	123	116	116	110	104
70	35	162	154	145	143	136	128
95	50	193	183	173	169	160	151
120	70	220	209	197	192	182	172
150	70	246	233	220	217	206	194
185	95	278	264	249	243	231	217
240	120	320	304	286	280	266	250
300	150	359	341	321	316	300	283

铜

导体截面/mm²		不同环境温度的载流量/A					
相导体	中性导体	20℃	25℃	30℃	20℃	25℃	30℃
铝或铝合金 16	16	53	50	47	50	47	45
25	16	69	65	62	64	61	57
35	16	83	79	74	77	73	69
50	25	99	94	89	91	86	81
70	35	122	116	109	112	106	100
95	50	148	140	132	132	125	118
120	70	169	160	151	150	142	134
150	70	189	179	169	169	160	151
185	95	214	203	191	190	180	170
240	120	250	237	224	218	207	195
300	150	282	268	252	247	234	221

5.2.3 橡皮绝缘电缆载流量

橡皮绝缘电力电缆的载流量见表5–14～表5–15。

表5–14 铜芯通用橡套软电缆的载流量（θ_n=65℃）

导体截面/mm²		YZ、YZW、YHZ 型								YQ、YQW、YHQ 型	
		两芯				三芯、四芯				两芯	三芯
		不同环境温度的载流量/A									
相导体	中性导体	25℃	30℃	35℃	40℃	25℃	30℃	35℃	40℃	30℃	30℃
0.5	0.5	11	10	9	8	7	7	6	6	9	7
0.75	0.75	13	12	11	10	10	9	8	8	12	10
1	1	15	14	13	12	12	11	10	9		
1.5	1.5	19	18	17	15	16	15	14	13		
2	2	24	22	20	19	20	19	18	16		
2.5	2.5	28	26	24	22	22	21	19	18		
4	4	37	35	32	30	32	30	28	25		
6	6	48	45	42	38	42	39	36	33		

导体截面/mm²		YC、YCW、YHC 型							
		二芯				三芯、四芯			
		不同环境温度的载流量/A							
相导体	中性导体	25℃	30℃	35℃	40℃	25℃	30℃	35℃	40℃
2.5	2.5	29	27	25	23	24	22	20	19
4	4	35	33	31	28	31	29	27	25
6	6	47	44	41	37	40	37	34	31
10	10	68	64	59	54	58	54	50	46
16	16	90	84	78	71	77	72	67	61
25	16	125	117	108	99	106	99	92	84
35	16	154	144	133	122	130	122	113	103

导体截面 /mm²		YC、YCW、YHC 型								
		二芯				三芯、四芯				
		不同环境温度的载流量/A								
相导体	中性导体	25℃	30℃	35℃	40℃	25℃	30℃	35℃	40℃	
50	16	192	180	167	152	162	152	141	128	
70	25	239	224	207	189	206	193	179	163	
95	35	294	275	255	232	252	236	218	199	
120	35	342	320	296	270	292	273	253	231	

注：三芯电缆中一根线芯不载流时，其载流量按两芯电缆数据。

表 5–15　　　　橡皮绝缘电力电缆的载流量（θ_n=65℃）　　　单位：A

线芯×截面/mm²		敷设方式 E 空气中 θ_n=65℃				敷设方式 D 直埋地 ρ=2.5K·m/W θ_n=25℃			
		铝芯		铜芯		铝芯		铜芯	
主线芯×截面	中性线截面	XLV	XLF XLHF XLQ XLQ₂₀	XV	XF XHF XQ XQ₂₀	XLV₂₂	XLQ₂	XV₂₂	XQ₂
3×1.5	1.5			17	18			18	18
3×2.5	2.5	18	20	22	23			23	24
3×4	4	23	25	30	32	24	25	30	31
3×6	6	30	33	37	41	30	31	38	39
3×10	10	42	45	53	56	40	42	51	54

线芯×截面/mm²		敷设方式 E 空气中 θ_n=65℃				敷设方式 D 直埋地 ρ=2.5K·m/W θ_n=25℃			
		铝芯		铜芯		铝芯		铜芯	
主线芯× 截面	中性线截面	XLV	XLF XLHF XLQ XLQ₂₀	XV	XF XHF XQ XQ₂₀	XLV_{22}	XLQ_2	XV_{22}	XQ_2
3×16	16	55	60	71	76	52	54	67	71
3×25	25（16）[①]	74	79	94	100	66	70	85	89
3×35	25（16）[①]	91	97	116	122	79	84	102	106
3×50	25（16）[①]	116	124	148	159	98	104	126	132
3×70	25	140	151	179	192	118	124	150	158
3×95	35	172	184	219	235	141	148	179	188
3×120	35	198	212	251	270	155	164	197	207
3×150	50	229	246	291	315	177	186	224	235
3×185	50	266	283	336	363	199	206	251	265

注：1. 表中数据为三芯电缆的载流量值，四芯电缆载流量可借用三芯电缆的载流量值。

2. XLQ、XLQ20 型电缆最小规格为 3×4+1×2.5。

① 括号内为铜芯电缆中性线规格。

5.2.4 架空绝缘电缆载流量

架空绝缘电缆的载流量见表 5–16。

表 5–16　　架空绝缘电缆的载流量（θ_a=30℃）　　单位：A

截面/mm²		0.6/1kV						10kV	
		聚氯乙烯绝缘电缆			交联聚乙烯绝缘电缆			交联聚乙烯绝缘电缆	
		一芯	两芯	四芯	一芯	两芯	四芯	一芯	三芯
铜	10								
	16	110	100	90					
	25	146	135	120			120	174	113
	35	181	175	145	182		151	211	137
	50	219	210	170	226		183	255	166
	70	281	255	215	275		234	320	208
	95	341	305	275	353		295	393	255
	120	396	355	305	430		337	454	295
	150	456			500			520	338
	185	521			577			600	390
	240	615			661			712	463
	300	709			780				
	400	852			902				
铝	10								
	16	83	78	68					
	25	112	97	93	138		72	134	87
	35	139	125	110	172		93	164	107
	50	169	155	130	210		115	198	129
	70	217	194	170	271		140	240	162
	95	265	235	200	332		180	304	198
	120	308	280	240	387		215	352	229
	150	356			448		265	403	262
	185	407			515			465	302
	240	482			611			553	359
	300	557			708				
	400	671			856				

注：1. 架空绝缘电缆分为有钢绞线芯及无钢绞线芯两种，载流量可视为相同。

　　2. 敷设方式为表 2–7 中 G 类。

158

5.2.5 矿物绝缘电缆载流量

矿物绝缘电缆的载流量见表5-17～表5-19。

表5-17　有PVC外护层的刚性矿物绝缘电缆明敷载流量（护套温度为70℃）

敷设方式		敷设方式 E				敷设方式 G				敷设方式 F				敷设方式 F		
		不同环境温度的载流量/A				不同环境温度的载流量/A				不同环境温度的载流量/A				不同环境温度的载流量/A		
导体截面/mm²		25℃	30℃	35℃	40℃	25℃	30℃	35℃	40℃	25℃	30℃	35℃	40℃	25℃	30℃	35℃
BTTQ型 500V	1.5	22	21	20	18	31	29	27	25	24	23	22	20	27	25	23
	2.5	30	28	26	24	41	39	36	34	33	31	29	27	35	33	31
	4	39	37	35	32	54	51	48	44	43	41	38	36	47	44	41
BTTZ型 750V	1.5	23	22	21	19	34	32	30	28	28	26	24	23	28	26	24
	2.5	32	30	28	26	46	43	40	37	36	34	32	29	38	36	34
	4	42	40	37	35	59	56	52	48	48	45	42	39	50	47	44
	6	54	51	48	44	75	71	66	61	60	57	53	49	64	60	56
	10	73	69	65	60	101	95	89	82	82	77	72	67	87	82	77
	16	98	92	86	80	133	125	117	108	108	102	95	88	116	109	102

导体载面/mm²	不同环境温度的载流量/A				不同环境温度的载流量/A				不同环境温度的载流量/A				不同环境温度的载流量/A		
	25℃	30℃	35℃	40℃	25℃	30℃	35℃	40℃	25℃	30℃	35℃	40℃	25℃	30℃	35℃
BTTZ型 750V 25	127	120	112	104	172	162	152	140	140	132	123	114	151	142	133
35	156	147	138	127	209	197	184	171	171	161	151	139	185	174	163
50	193	182	170	158	257	242	226	210	210	198	185	171	228	215	201
70	237	223	209	193	312	294	275	255	256	241	225	209	280	264	247
95	283	267	250	231	372	351	328	304	307	289	270	250	336	317	297
120	327	308	288	267	426	402	376	348	351	331	310	287	386	364	340
150	373	352	329	305	482	454	425	393	400	377	353	326	441	416	389
185	423	399	373	346	538	507	474	439	452	426	398	369	501	472	442
240	494	466	436	404	599	565	529	489	526	496	464	430	585	552	516

注：
1. 当单芯电缆垂直排列时，载流量×0.88。
2. 没有外护层护套、温度70℃的刚性矿物绝缘电缆，载流量应×0.9。
3. 单芯电缆的护套在两端应相互连接。
4. 一旦燃烧时有无烟、无毒要求的场所，应改用聚乙烯或聚烯烃护套。
5. 当电缆紧靠墙敷设时，表中载流量×0.92。

应用举例：70mm²无外护层的刚性矿物绝缘电缆，靠墙敷设，三相系统用单芯电缆垂直排列时，30℃时载流量为241×0.9×0.88×0.92A=176A。

表5-18 无PVC外护层刚性矿物绝缘电缆明敷载流量（护套温度为105℃）

敷设方式	导体截面/mm²	敷设方式E 不同环境温度的载流量/A				敷设方式G 不同环境温度的载流量/A				敷设方式F 不同环境温度的载流量/A				敷设方式F（或）不同环境温度的载流量/A		
		25℃	30℃	35℃	40℃	25℃	30℃	35℃	40℃	25℃	30℃	35℃	40℃	25℃	30℃	35℃
BTTQ型500V	1.5	27	26	25	24	38	37	36	34	30	29	28	27	32	31	30
	2.5	36	35	34	33	51	49	47	46	40	39	38	36	42	41	40
	4	48	46	44	43	66	64	62	60	53	51	49	47	56	54	52
BTTZ型750V	1.5	29	28	27	26	41	40	39	37	33	32	31	30	34	33	32
	2.5	39	38	37	35	56	54	52	50	44	43	42	40	46	45	43
	4	52	50	48	47	72	70	68	65	58	56	54	52	62	60	58
	6	66	64	62	60	92	89	86	83	73	71	69	66	78	76	73
	10	90	87	84	81	124	120	116	112	99	96	93	89	107	104	100
	16	119	115	111	107	162	157	152	146	131	127	123	118	141	137	132
	25	155	150	145	140	211	204	197	190	169	164	158	153	185	179	173
	35	190	184	178	171	256	248	240	231	207	200	193	186	227	220	213

导体截面/mm²	不同环境温度的载流量/A				不同环境温度的载流量/A				不同环境温度的载流量/A				不同环境温度的载流量/A		
	25℃	30℃	35℃	40℃	25℃	30℃	35℃	40℃	25℃	30℃	35℃	40℃	25℃	30℃	35℃
BTTZ型 750V 50	235	228	220	212	314	304	294	283	255	247	239	230	281	272	263
70	288	279	270	260	382	370	357	344	310	300	290	279	344	333	322
95	346	335	324	312	455	441	426	411	371	359	347	334	413	400	386
120	398	385	372	358	522	505	488	470	424	411	397	383	475	460	444
150	455	441	426	411	584	565	546	526	484	469	453	437	543	526	508
185	516	500	483	465	650	629	608	586	547	530	512	493	616	596	576
240	603	584	564	544	727	704	680	655	637	617	596	574	720	697	673

注：1. 本电缆护套温度高，用于不允许人接触和易燃物相接触的场合。

2. 回路中单芯电缆的护套应两端相互连接。

3. 成束电缆敷设时，载流量不需要校正。

4. 当单芯电缆垂直排列时，表中载流量×0.9；电缆紧靠敷设时，载流量×0.92。

应用举例：70mm²无外护层的矿物绝缘电缆三相系统用单芯电缆靠墙垂直排列时，30℃时载流量为300×0.9×0.92A=248.4A。

162

表 5-19　BTR 柔性矿物绝缘电缆桥架敷设载流量（$\theta_n=90℃$）

导体截面/mm²		敷设方式E				敷设方式F				敷设方式B₂							
相导体	中性线	25℃	30℃	35℃	40℃	25℃	30℃	35℃	40℃	25℃	30℃	35℃	40℃	25℃	30℃	35℃	40℃
2.5	2.5	37	36	35	34	44	43	42	40	23	22	21	20				
4	4	50	48	46	45	58	56	54	52	30	29	28	26				
6	6	63	61	59	57	72	70	68	65	41	39	38	35				
10	10	85	82	79	76	97	94	91	88	52	50	48	46				
16	16	108	105	101	98	129	125	121	116	67	64	62	58				
25	16	150	145	140	135	165	160	155	149	86	83	80	76				
35	16	181	175	169	163	207	200	193	186	125	120	115	109	144	138	133	126
50	25	227	220	213	205	248	240	232	223	147	141	136	128	176	169	163	154
70	35	279	270	261	251	315	305	295	284	182	175	168	159	211	203	195	185
95	50	351	340	328	317	387	375	362	349	220	212	204	193	261	251	241	228
120	70	403	390	377	363	444	430	415	400	274	263	253	239	317	305	293	278
150	70	460	445	430	414	511	495	478	461	314	302	290	275	340	327	314	298
185	95	532	515	498	479	589	570	551	531	345	332	319	302	409	393	378	358

163

导体截面/mm²		25℃	30℃	35℃	40℃	25℃	30℃	35℃	40℃	25℃	30℃	35℃	40℃
相导体	240	635	615	594	573	399	384	369	349	442	425	409	387
	300	738	715	691	666	470	452	435	411	523	503	484	458
	400	960	930	898	866	539	518	498	417	608	585	563	532
中性线	120												
	150												

注: 1. 表中数据根据上海胜尚电线电缆股份有限公司资料换算原始资料系上海电缆研究所提供的 $\theta_n=125℃$ 数据。

2. 表中数据适用于隔离型耐火电缆及陶瓷化硅橡胶绝缘防火电缆。

5.3 电缆线路的电压降

电缆线路的电压降见表5-20～表5-26。

表5-20 35kV交联聚乙烯绝缘电缆的电压降

截面/mm²		电阻 $\theta=75℃$/(Ω/km)	感抗/(Ω/km)	埋地25℃的允许负荷/MVA	明敷30℃的允许负荷/MVA	电压降/[%/(MW·km)]			电压降/[%/(kA·km)]		
						cosφ			cosφ		
						0.8	0.85	0.9	0.8	0.85	0.9
铜	3×50	0.428	0.137	7.76	10.85	0.043	0.042	0.040	2.101	2.157	2.202
	3×70	0.305	0.128	9.64	13.88	0.033	0.031	0.030	1.588	1.617	1.634

截面/mm²		电阻 θ=75℃/(Ω/km)	感抗/(Ω/km)	埋地25℃的允许负荷/MVA	明敷30℃的允许负荷/MVA	电压降/[%/(MW·km)]			电压降/[%/(kA·km)]		
						cosφ			cosφ		
						0.8	0.85	0.9	0.8	0.85	0.9
铜	3×95	0.225	0.121	11.46	16.79	0.026	0.024	0.023	1.250	1.262	1.263
	3×120	0.178	0.116	12.97	19.52	0.022	0.020	0.019	1.049	1.051	1.043
	3×150	0.143	0.112	14.67	22.49	0.019	0.017	0.016	0.899	0.893	0.878
	3×185	0.116	0.109	16.49	25.7	0.016	0.015	0.014	0.783	0.772	0.752
	3×240	0.09	0.104	19.04	30.31	0.014	0.013	0.011	0.665	0.650	0.625
	3×300	0.079	0.103	21.4	34.98	0.013	0.012	0.011	0.619	0.601	0.574
	3×400	0.064	0.103	24.07	39.46	0.012	0.010	0.009	0.559	0.538	0.507
铝或铝合金	3×50	0.702	0.137	6.06	8.24	0.066	0.064	0.063	3.186	3.310	3.422
	3×70	0.5	0.128	7.46	10.55	0.049	0.047	0.046	2.359	2.437	2.503
	3×95	0.37	0.121	8.85	12.79	0.038	0.036	0.035	1.824	1.872	1.909
	3×120	0.292	0.116	10.06	14.85	0.031	0.030	0.028	1.500	1.531	1.551
	3×150	0.234	0.112	11.4	17.16	0.026	0.025	0.024	1.259	1.276	1.284
	3×185	0.189	0.109	12.79	19.58	0.022	0.021	0.020	1.072	1.079	1.077
	3×240	0.146	0.104	14.73	23.03	0.018	0.017	0.016	0.887	0.885	0.875
	3×300	0.129	0.103	16.67	26.55	0.017	0.016	0.015	0.817	0.811	0.797
	3×400	0.105	0.103	19.03	29.94	0.015	0.014	0.013	0.722	0.710	0.690

表 5-21　　10kV 交联聚乙烯绝缘电力电缆的电压降

截面/mm²		电阻 θ=80℃/(Ω/km)	感抗/(Ω/km)	埋地25℃时的允许负荷/MVA	明敷35℃时的允许负荷/MVA	电压降/[%/(MW·km)] cosφ			电压降/[%/(kA·km)] cosφ		
						0.8	0.85	0.9	0.8	0.85	0.9
铜	16	1.359	0.133			1.459	1.441	1.423	0.020	0.021	0.022
	25	0.870	0.120	2.338	2.165	0.960	0.944	0.928	0.013	0.014	0.014
	35	0.622	0.113	2.771	2.737	0.707	0.692	0.677	0.010	0.010	0.011
	50	0.435	0.107	3.291	3.326	0.515	0.501	0.487	0.007	0.007	0.008
	70	0.310	0.101	3.984	4.070	0.386	0.373	0.359	0.005	0.005	0.006
	95	0.229	0.096	4.763	4.902	0.301	0.288	0.275	0.004	0.004	0.004
	120	0.181	0.095	5.369	5.733	0.252	0.240	0.227	0.003	0.004	0.004
	150	0.145	0.093	6.062	6.564	0.215	0.203	0.190	0.003	0.003	0.003
	185	0.118	0.090	6.842	7.482	0.186	0.174	0.162	0.003	0.003	0.003
	240	0.091	0.087	7.881	8.816	0.156	0.145	0.133	0.002	0.002	0.002
铝或铝合金	16	2.230	0.133			3.071	2.312	2.294	0.032	0.034	0.036
	25	1.426	0.120	1.819	1.749	1.516	1.500	1.484	0.021	0.022	0.023
	35	1.019	0.113	2.165	2.078	1.104	1.089	1.074	0.015	0.016	0.017
	50	0.713	0.107	2.511	2.581	0.793	0.779	0.765	0.011	0.011	0.012
	70	0.510	0.101	3.118	3.152	0.586	0.573	0.559	0.008	0.008	0.009

截面/mm²		电阻/(Ω/km) θ=80℃	感抗/(Ω/km)	埋地25℃时的允许负荷/MVA	明敷35℃时的允许负荷/MVA	电压降/[%/(MW·km)]			电压降/[%/(kA·km)]		
						cosφ			cosφ		
						0.8	0.85	0.9	0.8	0.85	0.9
铝或铝合金	95	0.376	0.096	3.724	3.828	0.448	0.435	0.422	0.006	0.006	0.007
	120	0.297	0.095	4.244	4.486	0.368	0.356	0.343	0.005	0.005	0.005
	150	0.238	0.093	4.763	5.075	0.308	0.296	0.283	0.004	0.004	0.004
	185	0.192	0.090	5.369	5.906	0.260	0.248	0.236	0.004	0.004	0.004
	240	0.148	0.087	6.235	6.894	0.213	0.202	0.190	0.003	0.003	0.003

表5-22　6kV交联聚乙烯绝缘电力电缆的电压降

截面/mm²		电阻/(Ω/km) θ=80℃	感抗/(Ω/km)	埋地25℃时的允许负荷/MVA	明敷35℃时的允许负荷/MVA	电压降/[%/(MW·km)]			电压降/[%/(kA·km)]		
						cosφ			cosφ		
						0.8	0.85	0.9	0.8	0.85	0.9
铜	16	1.359	0.124		1.299	4.033	3.988	3.942	0.034	0.035	0.037
	25	0.870	0.111	1.403	1.642	2.648	2.608	2.566	0.022	0.023	0.024
	35	0.622	0.105	1.663	1.995	1.947	1.909	1.869	0.016	0.017	0.017
	50	0.435	0.099	1.975	2.442	1.415	1.379	1.342	0.012	0.012	0.013
	70	0.310	0.093	2.390		1.055	1.021	0.986	0.009	0.009	0.009

截面/mm²		电阻 θ=80℃/(Ω/km)	感抗/(Ω/km)	埋地 25℃时的允许负荷/MVA	明敷 35℃时的允许负荷/MVA	电压降/[%/(MW·km)]			电压降/[%/(kA·km)]		
						cosφ			cosφ		
						0.8	0.85	0.9	0.8	0.85	0.9
铜	95	0.229	0.089	2.858	2.941	0.822	0.789	0.756	0.007	0.007	0.007
	120	0.181	0.087	3.222	3.440	0.684	0.653	0.620	0.006	0.006	0.006
	150	0.145	0.085	3.637	3.939	0.580	0.549	0.517	0.005	0.005	0.005
	185	0.118	0.082	4.105	4.489	0.499	0.469	0.438	0.004	0.004	0.004
	240	0.091	0.080	4.728	5.290	0.419	0.390	0.360	0.003	0.003	0.003
铝或铝合金	16	2.230	0.124			6.940	6.408	6.361	0.054	0.057	0.059
	25	1.426	0.111	1.091	1.050	4.192	4.152	4.110	0.035	0.037	0.038
	35	1.019	0.105	1.299	1.247	3.049	3.011	2.972	0.025	0.027	0.028
	50	0.713	0.099	1.506	1.548	2.187	2.151	2.114	0.018	0.019	0.020
	70	0.510	0.093	1.871	1.891	1.610	1.577	1.542	0.013	0.014	0.014
	95	0.376	0.089	2.234	2.297	1.230	1.198	1.164	0.010	0.011	0.011
	120	0.297	0.087	2.546	2.692	1.006	0.975	0.942	0.008	0.009	0.009
	150	0.238	0.085	2.858	3.045	0.838	0.807	0.775	0.007	0.007	0.007
	185	0.192	0.082	3.222	3.544	0.704	0.674	0.644	0.006	0.006	0.006
	240	0.148	0.080	3.741	4.136	0.578	0.549	0.519	0.005	0.005	0.005

表 5–23 　　　　　0.6/1kV 交联聚乙烯绝缘电力电缆
用于三相 380V 系统的电压降

截面/mm²		电阻 $\theta=80℃/$（Ω/km）	感抗/ （Ω/km）	电压降/［%/（kA·km）］					
				cosφ					
				0.5	0.6	0.7	0.8	0.9	1.0
铜	4	5.332	0.097	1.253	1.494	1.733	1.971	2.207	2.430
	6	3.554	0.092	0.846	1.005	1.164	1.321	1.476	1.620
	10	2.175	0.085	0.529	0.626	0.722	0.816	0.909	0.991
	16	1.359	0.082	0.342	0.402	0.460	0.518	0.574	0.619
	25	0.870	0.082	0.231	0.268	0.304	0.340	0.373	0.397
	35	0.622	0.080	0.173	0.199	0.224	0.249	0.271	0.284
	50	0.435	0.080	0.131	0.148	0.165	0.180	0.194	0.198
	70	0.310	0.078	0.101	0.113	0.124	0.134	0.143	0.141
	95	0.229	0.077	0.083	0.091	0.098	0.105	0.109	0.104
	120	0.181	0.077	0.072	0.078	0.083	0.087	0.090	0.082
	150	0.145	0.077	0.063	0.068	0.071	0.074	0.075	0.066
	185	0.118	0.077	0.057	0.060	0.063	0.064	0.064	0.054
	240	0.091	0.077	0.051	0.053	0.054	0.054	0.053	0.041
铝或铝合金	4	8.742	0.097	2.031	2.426	2.821	3.214	3.605	3.985
	6	5.828	0.092	1.364	1.627	1.889	2.150	2.409	2.656
	10	3.541	0.085	0.841	0.999	1.157	1.314	1.469	1.614
	16	2.230	0.082	0.541	0.640	0.738	0.836	0.931	1.016
	25	1.426	0.082	0.357	0.420	0.482	0.542	0.601	0.650
	35	1.019	0.080	0.264	0.308	0.351	0.393	0.434	0.464
	50	0.713	0.080	0.194	0.224	0.254	0.282	0.308	0.325
	70	0.510	0.078	0.147	0.168	0.188	0.207	0.225	0.232
	95	0.376	0.077	0.116	0.131	0.145	0.158	0.170	0.171
	120	0.297	0.077	0.098	0.109	0.120	0.129	0.137	0.135
	150	0.238	0.077	0.085	0.093	0.101	0.108	0.113	0.108
	185	0.192	0.077	0.074	0.081	0.086	0.091	0.094	0.088
	240	0.148	0.077	0.064	0.069	0.072	0.075	0.076	0.067

表 5–24　　　0.6/1kV 交联聚乙烯绝缘聚氯乙烯护套单芯电缆或
分支电缆用于三相 380V 系统的电压降

截面/mm²		电阻 $\theta=80℃/$ （Ω/km）	感抗/ （Ω/km）	电压降/ [%/（kA·km）]					
				cosφ					
				0.5	0.6	0.7	0.8	0.9	1.0
铜芯	16	1.359	0.164	0.374	0.431	0.487	0.540	0.590	0.619
	25	0.870	0.159	0.261	0.296	0.329	0.361	0.388	0.397
	35	0.622	0.156	0.203	0.227	0.249	0.269	0.286	0.284
	50	0.435	0.154	0.160	0.175	0.189	0.201	0.209	0.198
	70	0.310	0.147	0.129	0.138	0.147	0.153	0.156	0.141
	95	0.229	0.144	0.109	0.115	0.120	0.123	0.123	0.104
	120	0.181	0.142	0.097	0.101	0.104	0.105	0.102	0.082
	150	0.145	0.141	0.089	0.091	0.092	0.091	0.087	0.066
	185	0.118	0.140	0.082	0.083	0.083	0.081	0.076	0.054
	240	0.091	0.138	0.075	0.075	0.074	0.071	0.065	0.041
	300	0.080	0.138	0.073	0.072	0.070	0.067	0.060	0.036
	400	0.065	0.135	0.068	0.067	0.065	0.061	0.053	0.030
	500	0.056	0.137	0.067	0.065	0.062	0.058	0.050	0.026
	630	0.049	0.136	0.065	0.063	0.060	0.055	0.047	0.022

注：1. 电缆为平行排列，中心距 2D（D 为电缆外径）。

　　2. 分支电缆的截面组合：当主电缆小于或等于 185mm² 时，分支电缆截面可小于或
　　　等于主缆截面；当主电缆大于 185mm² 时，分支电缆最大截面为 185mm²。

表 5–25　　　　　0.6/1kV 聚氯乙烯绝缘电力电缆
用于三相 380V 系统的电压降

截面/mm²		电阻 $\theta=60℃/$（Ω/km）	感抗/ （Ω/km）	电压降/ [%/（kA·km）]					
				cosφ					
				0.5	0.6	0.7	0.8	0.9	1.0
铜	2.5	7.981	0.100	1.858	2.219	2.579	2.937	3.294	3.638
	4	4.988	0.093	1.173	1.398	1.622	1.844	2.065	2.273
	6	3.325	0.093	0.794	0.943	1.091	1.238	1.382	1.516

截面/mm²		电阻 θ=60℃/（Ω/km）	感抗/（Ω/km）	电压降/［%/（kA·km）］					
				cosφ					
				0.5	0.6	0.7	0.8	0.9	1.0
铜	10	2.035	0.087	0.498	0.588	0.678	0.766	0.852	0.928
	16	1.272	0.082	0.322	0.378	0.433	0.486	0.538	0.580
	25	0.814	0.075	0.215	0.250	0.284	0.317	0.349	0.371
	35	0.581	0.072	0.161	0.185	0.209	0.232	0.253	0.265
	50	0.407	0.072	0.121	0.138	0.153	0.168	0.181	0.186
	70	0.291	0.069	0.094	0.105	0.115	0.125	0.133	0.133
	95	0.214	0.069	0.076	0.084	0.091	0.097	0.101	0.098
	120	0.169	0.069	0.066	0.071	0.076	0.080	0.083	0.077
	150	0.136	0.069	0.058	0.062	0.066	0.068	0.069	0.062
	185	0.110	0.069	0.052	0.055	0.058	0.059	0.059	0.050
	240	0.085	0.069	0.047	0.048	0.050	0.050	0.049	0.039
铝或铝合金	2.5	13.085	0.100	3.021	3.615	4.207	4.799	5.387	5.964
	4	8.178	0.093	1.900	2.270	2.639	3.007	3.373	3.727
	6	5.452	0.093	1.279	1.525	1.770	2.013	2.255	2.485
	10	3.313	0.087	0.789	0.938	1.085	1.232	1.376	1.510
	16	2.085	0.082	0.508	0.600	0.692	0.783	0.872	0.950
	25	1.334	0.075	0.334	0.392	0.450	0.507	0.562	0.608
	35	0.954	0.072	0.246	0.287	0.328	0.368	0.406	0.435
	50	0.668	0.072	0.181	0.209	0.237	0.263	0.288	0.304
	70	0.476	0.069	0.136	0.155	0.174	0.192	0.209	0.217
	95	0.351	0.069	0.107	0.121	0.134	0.147	0.158	0.160
	120	0.278	0.069	0.091	0.101	0.111	0.120	0.128	0.127
	150	0.223	0.069	0.078	0.086	0.094	0.100	0.105	0.102
	185	0.180	0.069	0.068	0.074	0.080	0.085	0.088	0.082
	240	0.139	0.069	0.059	0.063	0.067	0.070	0.071	0.063

表 5–26 **刚性矿物绝缘电缆电压降表**

截面/ mm²	电阻 θ=60℃/ (Ω/km)	三芯或单芯三角形排列 / [V/ (A·km)]				单芯平行排列 / [V/ (A·km)]			
		感抗/ (Ω/km)	cosφ			感抗/ (Ω/km)	cosφ		
			0.6	0.8	1.0		0.6	0.8	1.0
1	21.7	0.115	22.710	30.187	37.584				
1.5	14.5	0.108	15.218	20.203	25.114				
2.5	8.89	0.100	9.377	12.422	15.397				
4	5.53	0.093	5.876	7.759	9.578				
6	3.70	0.093	3.974	5.223	6.408				
10	2.20	0.087	2.407	3.139	3.810	0.177	2.531	3.232	3.810
16	1.38	0.082	1.548	1.997	2.390	0.164	1.661	2.083	2.390
25	0.872	0.075	1.010	1.286	1.510	0.159	1.126	1.373	1.510
35	0.629	0.072	0.753	0.946	1.089	0.156	0.870	1.034	1.089
50	0.464	0.072	0.582	0.718	0.804	0.154	0.696	0.803	0.804
70	0.322	0.069	0.430	0.518	0.558	0.147	0.538	0.599	0.558
95	0.232	0.069	0.337	0.393	0.402	0.144	0.441	0.471	0.402
120	0.184	0.069	0.287	0.327	0.319	0.142	0.388	0.403	0.319
150	0.145	0.070	0.248	0.274	0.251	0.141	0.346	0.347	0.251
185	0.121	0.070	0.223	0.240	0.210	0.140	0.320	0.313	0.210
240	0.093	0.070	0.194	0.202	0.161	0.138	0.288	0.272	0.161

注：1. 三芯电缆最大规格为 25mm²。

2. 单相回路电压降为表中数据×2。

第6章 特殊工况电线电缆的选择

6.1 中频系统电线电缆的选择

6.1.1 导体中频载流量

导体中频载流量见表 6–1～表 6–6。

（1）电线通过中频电流的载流量，可按 50Hz 时的载流量乘以校正系数 K_f，其值见表 6–1。

（2）普通电缆用于单相中频线路时，其载流量见表 6–2，但应注意以下几点：

1）当电源频率大于 2500Hz 时，宜选用无铠装的橡皮绝缘电缆。

2）为避免中频电流引起绝缘介质损耗增加而导致的绝缘加速老化，宜选用交联聚乙烯绝缘电缆，不宜选用聚氯乙烯绝缘及护套电缆。

3）优先选用四芯，其次是两芯电缆，不推荐三芯和单芯电缆。

（3）中频线路采用同轴电力电缆较为理想。这种电缆的内外导体是同轴设置的，分别作为往返线，其载流量见表 6–3。

（4）采用矩形母线作中频载流导体时，应符合下列条件，其载流量见表 6–4～表 6–5。

1）母线应竖放。

2）母线间净距建议为：500V 及以下为 15mm，1000V 为 20mm，1500V 为 25mm。

3）两片母线组成回路时，母线厚度应符合 $b \geqslant 2.4\delta$（δ 为透入深度，见第 2 章）

（5）采用管形母线作中频载流导体时，其载流量见表 6–6，但注意：

1）管子壁厚应符合 $\tau \geqslant 1.2\delta$。

2）管线宜用水冷，以提高电流密度，降低有色金属耗量。

3）冷却水进水温度以 10～25℃为宜，出水温度不宜大于 50℃，水压不宜大于 0.2～0.3MPa，水质硬度在 10℃以下，机械杂质不超过 80mg/L。

表 6–1　　　　　　　导体中频载流量的校正系数 K_f

截面 /mm²	铝				铜			
	300Hz	400Hz	500Hz	1000Hz	300Hz	400Hz	500Hz	1000Hz
10	1.0	1.0	1.0	1.0	1.0	1.0	1.0	0.984
16	1.0	1.0	1.0	1.0	1.0	1.0	1.0	0.983
25	1.0	1.0	1.0	0.965	1.0	1.0	0.990	0.945
35	1.0	1.0	0.965	0.911	1.0	0.988	0.981	0.901
50	1.0	0.995	0.954	0.890	0.978	0.952	0.931	0.833
70	0.971	0.962	0.939	0.855	0.962	0.926	0.895	0.786
95	0.958	0.924	0.889	0.795	0.927	0.884	0.850	0.734
120	0.934	0.898	0.860	0.751	0.884	0.831	0.790	0.679

注：$K_f = \sqrt{\dfrac{A_f}{A}}$，$A_f$ 为当频率为 f 时电线有效截面，mm²；A 为 50Hz 时电线有效截面，mm²。

表 6–2　　　　　　　0.6/1kV 交联聚乙烯绝缘电力电缆的
中频载流量（$\theta_n=85℃$，$\theta_a=30℃$）　　　　单位：A

芯数×截面 /mm²	频率/Hz							
	500		1000		2500		8000	
	铝	铜	铝	铜	铝	铜	铝	铜
2×25	110	115	80	95	66	76	47	57
2×35	115	130	95	110	75	86	55	65
2×50	130	150	105	120	84	96	62	72
2×70	155	180	130	150	100	115	75	90
2×95	180	205	150	170	120	135	85	100
2×120	200	225	170	190	135	150	105	115
2×150	225	260	185	215	150	170	110	130
4×50	235	290	205	235	160	185	115	135

芯数×截面 /mm²	频率/Hz							
	500		1000		2500		8000	
	铝	铜	铝	铜	铝	铜	铝	铜
4×70	280	320	230	265	185	210	135	155
4×95	335	385	305	325	220	250	160	190
4×120	370	430	310	355	250	280	180	210
4×150	415	470	340	385	260	310	195	230
4×185	450	510	375	430	300	340	210	250

注：4 芯电缆中频载流量数据以两两并联作往返线，用于单相系统。

表 6–3   **ZOLQ02 型中频同轴电力电缆的技术数据**

（θ_n=80℃，θ_a=35℃）

电压 /V	频率 /Hz	载流量 /A	中孔螺旋管内径 /mm	电缆外径 /mm
750	8000	300	30	58.7
750	8000	340	38	68.7
1500	2500	250	16.5	45.8

注：摘自上海电缆厂《电线电缆产品目录》。

表 6–4   **两根矩形母线在空气中竖放的中频载流量**（θ_n=70℃，θ_a=25℃）   单位：A

频率/Hz			500		1000		2500		8000	
电流透入深度 δ/mm			4.2	3.3	3.0	2.3	1.9	1.5	1.1	0.8
母线最小厚度 b/mm			6.6	4.0	4.7	2.8	3.0	2.0	1.7	1.0
母线尺寸 宽×厚 /mm×mm	净距 /mm	50Hz 损耗/ （W/m）		中频载流量/A						
		铝	铜	铝	铜	铝	铜	铝	铜	铝	铜
50×6.3	15	94	95	545	615	455	525	355	410	255	305
	20	97	96	550	620	460	530	360	420	260	315
	25	99	99	555	630	465	535	365	430	265	320

175

母线尺寸 宽×厚 /mm×mm	净距 /mm	50Hz 损耗/（W/m）		中频载流量/A							
		铝	铜	铝	铜	铝	铜	铝	铜	铝	铜
63×6.3	15	113	106	650	715	540	605	420	475	315	355
	20	116	110	660	725	550	615	430	485	325	365
	25	120	111	670	730	560	625	440	495	335	370
80×6.3	15	148	148	860	970	715	825	560	645	420	485
	20	166	156	910	1000	765	845	590	665	445	505
	25	170	166	920	1030	780	870	605	690	460	530
100×6.3	15	163	167	1010	1140	840	970	695	745	495	540
	20	189	188	1070	1210	890	1020	725	800	525	600
	25	196	197	1100	1240	910	1050	740	835	540	640
80×8	15	150	200	865	1130	715	845	570	750	420	485
	20	168	206	915	1145	770	865	590	805	445	535
	25	172	208	925	1150	785	890	600	840	455	565
100×8	15	167	230	1020	1340	845	990	685	750	500	560
	20	182	252	1080	1400	895	1045	710	800	525	605
	25	205	276	1130	1470	920	1075	730	825	545	630
125×8	15	205	266	1240	1590	1020	1190	820	920	570	690
	20	229	292	1310	1670	1080	1250	860	955	630	725
	25	255	323	1380	1760	1160	1320	890	985	660	760
100×10	15	188	297	1080	1520	875	1120	660	765	490	575
	20	208	326	1140	1590	905	1190	715	815	530	615
	25	224	358	1180	1670	935	1250	745	840	555	635

注：1. 母线的损耗 $\Delta P = I_f^2 R_f \times 10^{-3} \, \text{W/m}$ ，I_f—中频载流量/A；R_f—电阻值/（Ω/m），

见表 6-7。

2. 母线平放时，载流量约减少 10%。

表 6–5　　　　　多根矩形母线在空气中竖放的
中频流量（θ_n=70℃，θ_a=35℃）　　　　单位：A

母线尺寸 根数（宽×厚）/mm×mm	频率/Hz							
	500		1000		2500		8000	
	铝	铜	铝	铜	铝	铜	铝	铜
2（100×6.3）	1070	1210	890	1020	725	800	525	600
3（100×6.3）	1510	1710	1250	1440	1020	1130	740	845
4（100×6.3）	2270	2570	1890	2160	1530	1700	1120	1270
5（100×6.3）	3020	3420	2510	2880	2040	2260	1480	1690
6（100×6.3）	3790	4280	3150	3600	2550	2830	1860	2120
7（100×6.3）	4540	5140	3770	4320	3060	3400	2230	2540
8（100×6.3）	5280	5960	4380	5040	3570	3950	2590	2960

注：1. 母线间距 20mm。

　　2. 按多根母线来回交错布置，以减少邻近效应影响。

表 6–6　　　　管形导体的中频载流量（θ_n=70℃，θ_a=25℃）　　　　单位：A

铝管						铜管					
内径/外径/mm	50Hz 损耗/（W/m）	频率/Hz				内径/外径/mm	50Hz 损耗/（W/m）	频率/Hz			
		500	1000	2500	8000			500	1000	2500	8000
26/30	133	575	575	541	437	20/24	115	600	600	476	405
25/30	134	640	640	571	430	22/26	124	650	650	515	440
36/40	176	765	765	722	585	25/30	141	830	780	676	495
35/40	174	850	850	770	570	29/34	153	925	877	755	550
40/45	185	935	935	846	625	35/40	182	1100	1040	895	650
45/50	206	1040	1040	915	697	40/45	195	1200	1150	972	716
50/55	225	1145	1145	1030	765	45/50	210	1330	1260	1160	784
54/60	237	1340	1280	1120	812	49/55	226	1580	1460	1170	855
64/70	268	1545	1480	1250	930	53/60	246	1760	1610	1251	930
74/80	306	1770	1700	1485	1060	62/70	281	2140	1810	1460	1080
72/80	308	2035	1830	1450	1070	72/80	317	2440	2120	1640	1220

注：1. 管子间净距 20mm。

　　2. 采用水冷铜管时，建议电流密度取 15A/mm^2。

6.1.2 中频线路的电压降计算

1. 中频载流导体阻抗计算

各种载流导体的中频单相线路电阻 R_f 和感抗 X_f 可按表 6–7 中的公式进行计算，电阻和感抗值见表 6–8～表 6–11。R_f 和 X_f 均指往返长度的电阻和感抗。

2. 中频载流导体的电压降计算

（1）中频单相线路的相电压降及其相对值 Δu_{fph} 按下式计算

$$\Delta U_{fph} = (R_f \cos\varphi + X_f \sin\varphi)Il \tag{6-1}$$

$$\Delta u_{fph} = \frac{\Delta U_{fph}}{U_{nph}} \times 100\% \tag{6-2}$$

（2）中频三相线路的线电压降及其相对值 Δu_f 按下式计算

$$\Delta U_f = \frac{\sqrt{3}}{2}(R_j \cos\varphi + X_f \sin\varphi)Il = \frac{\sqrt{3}}{2} = \Delta U_{fph} \tag{6-3}$$

$$\Delta u_f = \frac{\Delta U_f}{\sqrt{3}U_{nph}} \times 100\% = \frac{\Delta U_f}{2U_{nph}} = \frac{\Delta U_{fph}}{2} \tag{6-4}$$

式中 ΔU_{fph} —— 相电压降，V/（A·km）；

Δu_{fph} ——相电压降相对值；

ΔU_f —— 线电压降，V/（A·km）；

Δu_f ——线电压降相对值；

R_f —— 导线工作温度为 60℃时中频单相线路的电阻，Ω/km；

X_f —— 中频单相线路的感抗，Ω/km；

U_{nph} —— 额定相电压，V。

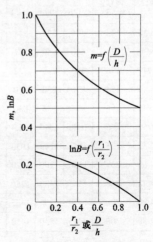

图 6-1 母线形状系数

表6-7　中频单相线路阻抗计算公式

计算参数	载流导体结构			
	单芯电缆或管线	单母线①	多母线②	管状母线③
$R_f / (\Omega/m)$	$\dfrac{2r^2\rho_0 K_{lj}}{\delta(2r-\delta)A}\times10^2$	$\dfrac{2.06\rho_0}{h\delta}\times10^2$	$\dfrac{2.06\rho_0}{(n-1)h\delta}\times10^2$	$\dfrac{\rho_0 K_{lj}}{\pi\left(r_2-\dfrac{\delta}{2}\right)\delta}\times10^2$
$X_f / (\Omega/m)$	$4\pi f\left(2\ln\dfrac{D}{r}+0.5\right)\times10^{-7}$	$R_t+7.9 f\dfrac{D}{h}m\times10^{-6}$	$R_t+7.9 f\dfrac{D}{h(n-1)}m\times10^{-6}$	$0.8\pi f\left(\ln\dfrac{D}{r_2}+\ln B\right)\times10^{-6}$
符号说明	δ—电流透入深度，cm，见表2-15； A—导线标称截面，mm²； K_{lj}—邻近效应系数，从图2-1求得； f—频率，Hz； h—母线宽度，cm； D—导线中心间距或矩形母线间净距，cm；		ρ_0—电阻率，$\Omega\cdot$cm； m—母线片数； m，$\ln B$—母线形状系数，见图6-1； r、r_1、r_2—母线半径，cm； τ—母线厚度，cm。	

注：1. 单母线最小厚度 $\tau\geqslant 1.2\delta$。
　　2. 多母线的中间母线最小厚度 $\tau\geqslant 2.4\delta$。
　　3. 管状母线的管壁厚度取 $\tau\geqslant 1.2\delta$，中心距 $D\geqslant (2r_2\div2)$。

3. 中频线路的电压降值（见表6-8～表6-11）

表6-8　　　　单相300Hz穿管电线及两芯电缆线路的电压降

截面/mm²		电阻 θ=60℃/(Ω/km)	感抗/(Ω/km)	电压降/[V/(A·km)]						
				cosφ						
				0.4	0.5	0.6	0.7	0.8	0.9	1.0
铜芯	1.5	27.868	1.654	12.66	15.37	18.04	20.69	23.29	25.80	27.87
	2.5	16.721	1.526	8.09	9.68	11.25	12.79	14.29	15.71	16.72
	4	10.344	1.428	5.45	6.41	7.35	8.26	9.13	9.93	10.34
	6	6.934	1.340	4.00	4.63	5.23	5.81	6.35	6.82	6.93
	10	4.080	1.298	2.82	3.16	3.49	3.78	4.04	4.24	4.08
	16	2.497	1.224	2.12	2.31	2.48	2.62	2.73	2.78	2.50
	25	1.611	1.190	1.74	1.84	1.92	1.98	2.00	1.97	1.61
	35	1.157	1.142	1.51	1.57	1.61	1.63	1.61	1.54	1.16
	50	0.832	1.088	1.33	1.36	1.37	1.36	1.32	1.22	0.83
	70	0.628	1.060	1.22	1.23	1.22	1.20	1.14	1.03	0.63
	95	0.505	1.066	1.18	1.18	1.16	1.11	1.04	0.92	0.51
	120	0.436	0.998	1.09	1.08	1.06	1.02	0.95	0.83	0.44

注：当三相线路时，表中数值应乘以校正系数 $\sqrt{3}/2$。

表6-9　　　　单相400Hz穿管电线及两芯电缆线路的电压降

截面/mm²		电阻 θ=60℃/(Ω/km)	感抗/(Ω/km)	电压降/[V/(A·km)]						
				cosφ						
				0.4	0.5	0.6	0.7	0.8	0.9	1.0
铜芯	1.5	27.868	2.206	13.17	15.84	18.49	21.08	23.62	26.04	27.87
	2.5	16.721	2.036	8.55	10.12	11.66	13.16	14.60	15.94	16.72
	4	10.344	1.904	5.88	6.82	7.73	8.60	9.42	10.14	10.34
	6	6.934	1.788	4.41	5.02	5.59	6.13	6.62	7.02	6.93
	10	4.080	1.730	3.22	3.54	3.83	4.09	4.30	4.43	4.08
	16	2.497	1.632	2.49	2.66	2.80	2.91	2.98	2.96	2.50
	25	1.611	1.586	2.10	2.18	2.24	2.26	2.24	2.14	1.61

截面/mm²		电阻 θ=60℃/ (Ω/km)	感抗 / (Ω/km)	电压降/〔V/（A·km）〕						
				cosφ						
				0.4	0.5	0.6	0.7	0.8	0.9	1.0
铜芯	35	1.184	1.524	1.87	1.91	1.93	1.92	1.86	1.73	1.18
	50	0.878	1.450	1.68	1.69	1.69	1.65	1.57	1.42	0.88
	70	0.678	1.412	1.57	1.56	1.54	1.48	1.39	1.23	0.68
	95	0.557	1.422	1.53	1.51	1.47	1.41	1.30	1.12	0.56
	120	0.494	1.330	1.42	1.40	1.36	1.30	1.19	1.02	0.49

注：当三相线路时，表中数值应乘以校正系数 $\sqrt{3}/2$ 。

表 6-10　单相 500Hz 穿管电线及两芯电缆线路的电压降

截面/mm²		电阻 θ=60℃/ (Ω/km)	感抗 / (Ω/km)	电压降/〔V/（A·km）〕						
				cosφ						
				0.4	0.5	0.6	0.7	0.8	0.9	1.0
铜芯	1.5	27.868	2.758	13.67	16.32	18.93	21.48	23.95	26.28	27.87
	2.5	16.721	2.544	9.02	10.56	12.07	13.52	14.90	16.16	16.72
	4	10.344	2.380	6.32	7.23	8.11	8.94	9.70	10.35	10.34
	6	6.934	2.234	4.82	5.40	5.95	6.45	6.89	7.21	6.93
	10	4.080	2.162	3.61	3.91	4.18	4.40	4.56	4.61	4.08
	16	2.497	2.040	2.87	3.02	3.13	3.20	3.22	3.14	2.50
	25	1.611	1.984	2.46	2.52	2.55	2.54	2.48	2.31	1.61
	35	1.203	1.904	2.23	2.25	2.25	2.20	2.10	1.91	1.20
	50	0.919	1.814	2.03	2.03	2.00	1.94	1.82	1.62	0.92
	70	0.727	1.766	1.91	1.89	1.85	1.77	1.64	1.42	0.73
	95	0.602	1.776	1.87	1.84	1.78	1.69	1.55	1.32	0.60
	120	0.548	1.662	1.74	1.71	1.66	1.57	1.44	1.22	0.55

注：当三相线路时，表中数值应乘以校正系数 $\sqrt{3}/2$ 。

表 6-11　　单相 1000Hz 穿管电线及两芯电缆线路的电压降

截面/mm²		电阻 θ=60℃/ (Ω/km)	感抗/ (Ω/km)	电压降/[V/(A·km)]						
				cosφ						
				0.4	0.5	0.6	0.7	0.8	0.9	1.0
铜芯	1.5	27.868	5.516	16.20	18.71	21.13	23.45	25.60	27.49	27.87
	2.5	16.721	5.080	11.34	12.76	14.10	15.33	16.42	17.26	16.72
	4	10.373	4.760	8.51	9.31	10.03	10.66	11.15	11.41	10.37
	6	6.934	4.468	6.87	7.34	7.73	8.04	8.23	8.19	6.93
	10	4.080	4.324	5.60	5.78	5.91	5.94	5.86	5.56	4.08
	16	2.497	4.080	4.74	4.78	4.76	4.66	4.45	4.03	2.50
	25	1.805	3.968	4.36	4.34	4.26	4.10	3.82	3.35	1.81
	35	1.426	3.808	4.06	4.01	3.90	3.72	3.43	2.94	1.43
	50	1.147	3.628	3.78	3.72	3.59	3.39	3.09	2.61	1.15
	70	0.942	3.532	3.61	3.53	3.39	3.18	2.87	2.39	0.94
	95	0.805	3.552	3.58	3.48	3.32	3.10	2.78	2.27	0.81
	120	0.740	3.324	3.34	3.25	3.10	2.89	2.59	2.11	0.74

注：当三相线路时，表中数值应乘以校正系数 $\sqrt{3}/2$。

6.2　导线和电缆在断续负载和短时负载下的载流量

断续工作或短时工作的用电设备为电焊机、探伤机、起重机及部分异步电动机等，对这些负载供电的线路，应根据工作制校正载流量。

（1）断续工作用电设备的名称、负载持续率及工作周期见表 6-12。

表 6-12　　断续工作用电设备的名称、负载持续率与工作周期

用电设备名称	工作周期 T/min	负载持续率ε（%）	相数
断续定额电动机	10	15，25，40，60	3
磁粉探伤机	<1	（5，15）	1，2，3

182

用电设备名称			工作周期 T/min	负载持续率ε（%）	相数
电焊机	弧焊机	手工弧焊机	5	60（65）	1
		半自动弧焊机	5	60（65）	1
		自动弧焊机	10	100（60）	1，3
	电阻焊机	对焊机	<1	20（8，10，15，40）	1
		凸焊机	<1	20	1
		点焊机	<1	20（50）	1
				20（7，8）	3
		缝焊机	<1	50（10）	1
	其他焊机	钎焊机	<1	50	1
		电渣焊机		80，100	3

注：1. 按探伤机资料，工作周期一般在 15s 以下，大功率磁粉探伤机（如 TC-9000 型）可达 61s。

2. 等离子弧焊机工作周期一般在 30s 以下，个别达 50s，气体保护焊机在 1min 以下，激光焊机在 10s 以下。

3. 钎焊机、电渣焊机的工作周期一般在 30s 以下。

4. 直流冲击波点焊机负载持续率为 7%、8%。

（2）断续负载下的载流量校正系数按下式计算

$$K_{j} = \sqrt{\frac{1 - e^{-T/\tau}}{1 - e^{-\varepsilon T/\tau}}} \qquad (6-5)$$

式中 T——断续负载的工作周期，min。

τ——绝缘导线或电缆的发热时间常数，min。

ε——负载持续率。

当 $T > 10$min 或 $\varepsilon > 0.65$ 时，校正系数取 1。

（3）短时工作用电设备，电动机定额按标准分为 10min、30min、60min、90min 四种；探伤机、X 射线探伤机在最大容量时，最长连续工作时间有 5min、7min、15min 等定额。

（4）短时负载下的载流量校正系数可按下式计算：

$$K_j = \frac{1.15}{\sqrt{1 - e^{t/\tau}}} \qquad (6-6)$$

式中 t——短时负载工作时间，min。

τ——绝缘导线或电缆的发热时间常数，min。

当 $t>4\tau$ 或两次工作之间的停止时间小于 3τ 时，校正系数取 1；电线电缆在断续负载或短时负载下的载流量详见表 6-13～表 6-18。

表 6-13　　　BV-450/750 导线在断续负载下的载流量

（$\theta_n=70℃$，$\theta_a=30℃$）　　　　　单位：A

线芯截面/mm²	2根							3根						
	发热时间常数 τ/min	T=1min			T=5min			发热时间常数 τ/min	T=1min		T=5min		T=10min		
		负载持续率 ε（%）							负载持续率 ε（%）						
		5	10	20	50	60	65		10	20	60	65	25	40	60
1.5	2.5	69	49	35	23	19	18	3.07	44	31	17	17	20	17	16
2.5	3.37	100	71	51	32	27	27	4.13	60	43	24	23	28	25	22
4	4.02	131	92	66	42	36	35	4.92	82	58	32	31	40	33	30
6	5.0	138	118	84	54	46	45	6.13	106	76	42	41	54	46	40
10	6.17	238	168	119	76	66	64	7.55	151	107	60	58	79	66	57
16	7.77	321	227	161	103	90	87	9.52	205	144	81	78	111	91	78
25	10.75	433	307	218	138	122	118	13.2	271	191	109	104	153	125	104
35	12.85	536	380	269	171	151	146	15.7	340	241	135	132	195	157	133
50	16.65	657	465	329	208	187	180	20.5	410	289	165	158	240	194	162
70	18.67	829	588	419	265	236	228	22.8	527	373	212	205	310	248	209
95	23.17	998	705	500	318	283	274	28.3	631	447	257	246	377	302	253
120	23.83	1151	812	576	366	328	317	29.2	727	514	294	282	435	349	289
150	28.5	1301	924	652	413	373	358	34.8	834	591	337	323	339	400	334

注：敷设方式 B_1。

184

表 6–14　　　　BV–450/750 导线穿管在短时负载下的载流量

（θ_n=70℃，θ_a=30℃）　　　　单位：A

线芯截面/mm²	2 根					3 根				
	τ/min	工作时间 t/min				τ/min	工作时间 t/min			
		1	5	15	30		1	5	15	30
1.5	2.5	34	21	18	18	3.07	33	19	16	16
2.5	3.37	54	31	24	24	4.13	50	27	23	21
4	4.02	76	42	36	32	4.92	72	36	32	28
6	5.0	105	57	46	41	6.13	104	53	42	36
10	6.17	164	85	66	57	7.55	161	81	61	56
16	7.77	245	123	92	86	9.52	240	119	85	78
25	10.75	383	187	131	118	13.2	371	178	121	105
35	12.85	514	248	169	148	15.7	505	241	160	135
50	16.65	711	337	222	187	20.5	750	324	210	172
70	18.67	947	445	292	242	22.8	934	436	275	226
95	23.17	1260	589	376	304	28.3	1242	575	360	286
120	23.83	1471	689	436	352	29.2	1453	672	418	330
150	28.5	1821	845	529	419	34.8	1802	834	576	400

注：敷设方式 B_1。

表 6–15　　　0.6/1kV 交联聚乙烯绝缘铜芯电缆空气中

敷设在断续负载下的载流量（θ_a=30℃）　　　单位：A

线芯截面/mm²	2 芯							3 芯						
	发热时间常数 τ/min	T=1min			T=5min			发热时间常数 τ/min	T=1min		T=5min		T=10min	
		ε（%）							ε（%）					
		5	10	20	50	60	65		10	20	60	65	25	40	60
1.5	4.7	100	70	49	33	27	26	4.79	57	41	23	23	31	23	23
2.5	5.33	137	96	68	44	37	36	5.43	83	60	33	32	46	35	32
4	6.03	188	132	94	60	52	50	6.56	111	79	46	42	64	47	42
6	7.61	239	169	119	76	67	63	7.8	144	103	57	55	85	63	55

185

线芯截面 /mm²	2芯 发热时间常数 τ/min	T=1min ε（%） 5	10	20	50	T=5min 60	65	3芯 发热时间常数 τ/min	T=1min ε（%） 10	20	T=5min 60	65	T=10min 25	40	60
10	7.99	312	221	157	100	87	86	9.59	193	137	76	75	118	87	75
16	11.1	414	293	208	132	118	115	12.1	257	182	103	100	160	118	100
25	15.4	548	387	274	174	155	150	16.5	339	240	136	131	218	159	133
35	14.4	675	478	338	214	192	185	16.0	429	304	172	166	277	201	169
50	17.9	801	565	403	254	228	225	19.9	502	356	201	194	328	237	199
70	21.0	1063	753	533	336	305	293	24.2	658	469	265	255	423	316	262
95	25.2	1282	909	643	408	368	353	29.3	794	563	320	309	533	383	317
120	29.0	1469	1041	737	467	422	410	34.1	923	654	374	359	624	447	371
150	33.4	1698	1200	849	539	489	473	38.4	1091	756	434	415	724	517	429

注：敷设方式 E。

表 6–16　　**0.6/1kV 交联聚乙烯绝缘铜芯电缆空气中敷设在短时负载下的载流量（θ_a=30℃）**　　单位：A

线芯截面 /mm²	2芯 τ/min	工作时间 t/min 1	5	15	30	3芯 τ/min	工作时间 t/min 1	5	15	30
1.5	4.7	60	33	27	26	4.79	51	27	23	23
2.5	5.33	87	47	37	36	5.43	81	42	33	32
4	6.03	132	68	53	49	6.56	115	58	45	42
6	7.61	185	92	68	63	7.8	161	81	59	54
10	7.99	248	123	90	86	9.59	237	117	83	75
16	11.1	382	185	128	115	12.1	349	169	116	100

线芯截面 /mm²	2芯					3芯				
	τ/min	工作时间 t/min				τ/min	工作时间 t/min			
		1	5	15	30		1	5	15	30
25	15.4	587	278	185	156	16.5	532	251	193	127
35	16.2	700	334	223	190	17.2	665	315	207	174
50	17.9	920	433	283	234	19.9	863	404	259	212
70	21.0	1319	617	394	322	24.2	1242	576	365	293
95	25.2	1739	804	508	405	29.3	1641	758	472	370
120	29.0	2133	985	614	484	34.1	2057	946	583	451
150	33.4	2637	1212	749	581	38.4	2515	1153	704	541

注：敷设方式 E。

表 6-17　0.6/1kV 聚氯乙烯绝缘铜芯电缆空气中敷设在断续负载下的载流量（$\theta_a=30℃$）　　　单位：A

线芯截面 /mm²	2芯 发热时间常数 τ/min	T=1min ε（%）				T=5min ε（%）		3芯 发热时间常数 τ/min	T=1min ε（%）		T=5min ε（%）		T=10min ε（%）		
		5	10	20	50	60	65		10	20	60	65	25	40	60
1.5	5.0	85	59	42	28	23	22	5.1	44	32	18	18	24	18	18
2.5	5.67	114	80	57	37	31	31	5.78	65	47	26	26	36	27	25
4	6.42	154	108	77	49	42	41	6.98	90	64	37	34	52	38	34
6	8.10	193	137	97	62	54	51	8.30	111	82	45	44	68	51	44
10	8.50	254	180	127	81	71	70	10.2	155	109	61	60	95	69	60
16	11.8	338	239	170	108	96	94	12.9	206	145	82	80	128	95	80
25	16.4	437	309	219	139	124	120	17.5	270	191	108	104	174	126	106
35	15.3	540	383	271	171	153	148	17	342	243	138	132	221	161	134
50	19.0	641	452	322	203	182	175	21.2	400	283	160	155	262	190	159
70	22.3	853	604	428	270	245	235	25.7	524	373	211	203	344	249	206
95	26.8	1027	728	515	327	295	283	31.2	634	450	255	247	425	306	253
120	30.8	1176	833	589	374	337	328	36.3	736	521	298	286	498	357	296
150	35.5	1360	962	680	432	391	379	40.8	854	604	345	332	579	414	343

注：敷设方式 E。

表 6–18　　0.6/1kV 聚氯乙烯绝缘铜芯电缆空气中敷设在短时
　　　　　负载下的载流量（θ_a=30℃）　　　　　单位：A

线芯截面 /mm²	2 芯					3 芯				
	τ/ min	工作时间 t/min				τ/ min	工作时间 t/min			
		1	5	15	30		1	5	15	30
1.5	5.0	51	28	23	22	5.10	40	21	19	18
2.5	5.67	72	39	32	30	5.78	63	33	26	25
4	6.42	108	55	43	40	6.98	93	47	36	34
6	8.10	150	75	55	51	8.30	128	65	47	44
10	8.50	202	100	73	70	10.2	189	94	66	60
16	11.8	312	151	104	94	12.9	279	135	92	80
25	16.4	469	222	148	125	17.5	423	200	154	110
35	15.3	560	267	179	152	17	530	251	165	139
50	19.0	736	346	226	187	21.2	688	322	206	168
70	22.3	1059	496	316	258	25.7	990	459	291	233
95	26.8	1393	644	407	325	31.2	1311	606	377	296
120	30.8	1707	788	491	387	36.3	1641	754	466	360
150	35.5	2113	971	600	465	40.8	2011	922	563	433

注：敷设方式 E。

6.3　光伏发电系统电缆选择

6.3.1　电缆类型选择

1. 类型

有交流电缆和直流电缆两类。交流电缆用于：

（1）逆变器至升压站。

（2）升压站至配电装置。

（3）配电装置至电网。

交流电缆的选择与普通配电系统的相同，而直流电缆选择则不同，本节着重介绍。

直流专用电缆用于：

（1）组件间的串联电缆。

（2）组串间的并联电缆。

（3）组串与直流配电箱（亦称汇流箱）的连接。

（4）直流配电箱与逆变器的连接。

直流电缆选取主要依据绝缘性能、耐热阻燃性能、防潮、耐日照及电缆的敷设方式等条件。直流专用电缆性能，国内有 CEEIA B218.1—2012《光伏发电系统用电缆 第 1 部分：一般要求》[17]系列标准于 2012 年 4 月发布。要求满足位于高寒、沙漠、濒海、滩涂、草原等不同气候环境。

2. 光伏发电用直流电缆的特性

用于光伏发电系统的直流电缆，要求耐紫外线照射、臭氧、高低温环境冲击、风雨侵袭，护套材料要求阻燃，导体采用镀锡铜。

PV1–F 型交联聚烯烃绝缘和护套单芯光伏电缆，适合于 II 类安全条件下使用。其特性为：

（1）电压等级：AC：U_0/U 为 0.6/1kV；DC：1.8kV（非接地系统）最高允许工作电压：AC：0.7/1.2kV；DC：0.9/1.8kV

试验电压：AC：6.5kV；DC：15kV，时间：5min

（2）温度范围：环境温度：$-40℃\sim+120℃$（移动或者固定）；短路时（5s 内）最高温度不超过 200℃。

（3）电缆的弯曲半径不小于电缆外径的 4 倍。

（4）导体为镀锡铜，常用单芯和双芯两种。绝缘和护套采用交联聚烯烃材料。

（5）电缆热寿命评定结果应符合电缆使用寿命不小于 25 年的要求。

（6）成品电缆无卤阻燃，性能符合德国莱茵认证标准 2PfG1169/08.200 7。

光伏电缆常用参数见表 6–19。

表 6–19 光伏电缆常用参数

导体截面 /mm²	导体结构/n×mm	导体直流电阻 /（Ω/km）	导体外径 /mm	电缆外径 /mm	电缆质量/ （kg/km）
1.5	30/0.25	13.7	1.6	5.5	41.5
2.5	49/0.25	8.21	2	5.9	53.2
4.0	56/0.3	5.09	2.6	6.5	75.9
6.0	84/0.3	3.39	3.6	7.7	102.3
10	84/0.4	1.95	4.7	9.4	152.3
16	126/0.4	1.24	5.8	10.9	217.7
25	196/0.4	0.795	7.3	12.4	320.6
35	276/0.4	0.565	9.2	14.7	427.5

注：1. 电缆外径为参考值，如用户有需要，可以协商。

  2. 数据摘自远东电缆厂资料。

3. 直流专用电缆型号

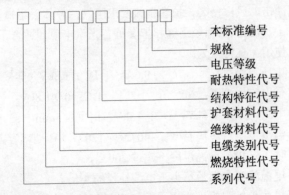

系列代号：GF（GFDC）。

电缆类别代号：电力电缆省略；控制电缆 K；计算机数据传输电缆 D。

材料特征代号：铜导体省略；聚烯烃绝缘及护套均用 E。

结构特征代号：双芯可分离型 S；软电缆 R；铠装标注方法同普通电缆，例如，2 是钢带，3 是钢丝等。

燃烧特性号同普通电缆，如 WD 是无卤，Z 是阻燃等。

4. 光伏发电系统中电缆类型的选择（见表 6–20）

表 6–20 直流电缆类型的选择

连接部位	电缆类型	选择截面电流	载流量
光伏组件与汇流箱	PV1		表 6–21
汇流箱与逆变器	GFDC–YJVB$_{22}$ GFDC–YJVB 光伏		表 6–22
光伏组件与组件	使用组件接线盒附带的连接电缆	最大工作电流的 1.25 倍	
蓄电池与逆变器	使用通过 UL 测试的大截面多股软线	最大工作电流的 1.56 倍	
蓄电池与蓄电池		最大工作电流的 1.25 倍	
方阵与方阵		计算所得电缆中最大连接电流的 1.56 倍	
方阵与控制器直流接线箱之间或	要求使用通过 UL 测试的多股软线	方阵输出最大电流	

注：不可以用普通交流电缆替代光伏直流电缆。

6.3.2 直流电缆截面选择

与交流电缆截面选择方法基本相同，即满足发热、电压降、短路热稳定、机械强度及经济最佳化等条件。所不同的是载流量裕量大，电压降按线路长度的两倍计算。

1. 按载流量选择

$$I_e > I_j$$

式中　I_e——电缆额定载流量，见表 6–21。

　　　I_j——计算电流，A。

通常下列电缆载流量裕量为：

（1）方阵内部、方阵之间连接电缆的载流量不小于最大连续电流的 1.56 倍。

（2）直流配电箱至逆变器连接电缆载流量不小于计算电流的

1.25 倍。特别要注意按最高环境温度对应的载流量。

电缆的载流量：PV1 光伏直流电缆的参数和载流量见表 6–21；GFDC–YJVB$_{22}$、GFDC–YJVB 光伏直流电缆的载流量见表 6–22；当环境温度非 60℃时载流量的换算系数见表 6–23。

表 6–21　　　　　PV1 光伏直流电缆的参数和载流量
（θ_e=120℃，θ_a=60℃）　　　　　　单位：A

导体截面 /mm²	敷设方式		
	单芯空气中	单芯电缆敷设在设备表面	在设备表面相邻敷设
1.5	30	29	24
2.5	41	39	33
4	55	52	44
6	70	67	57
10	98	93	79
16	132	125	107
25	176	167	142
35	218	207	176

注：当需要将导体温度限制在 90℃时，表中载流量数据×0.71。

表 6–22　　　　GFDC–YJVB$_{22}$、GFDC–YJVBG 光伏电缆的
载流量（θ_n=120℃）　　　单位：A

电缆类型	GFDC–YJVB$_{22}$					GFDC–YJVB										
敷设方式	空气中敷设					空气中敷设					空气管道敷设					土壤管道敷设
环境温度/℃　　　截面/mm²	40	45	50	55	60	40	45	50	55	60	40	45	50	55	60	25
2×35	135	128	122	115	108	160	152	144	136	128	115	109	104	98	92	130
2×50	165	157	149	140	132	195	185	176	166	156	140	133	126	119	112	160
2×70	210	200	189	179	168	245	233	221	208	196	175	166	158	149	140	200
2×95	260	247	234	221	208	305	290	275	259	244	220	209	198	187	176	245
2×120	305	290	275	259	244	355	337	320	302	284	255	242	230	217	204	280
2×150	345	328	311	293	276	405	385	365	344	324	295	280	266	251	236	320

表6-23	不同环境温度的换算系数
环境温度/℃	换算系数
≤60	1.00
70	0.91
80	0.82
90	0.71
100	0.58
110	0.41

2. 按允许电压降校验电缆截面

$$S_{min} = \frac{\rho 2 L I_j}{\Delta U}$$

式中　S_{min}——电压降允许的最小截面，mm²；

　　　ρ——最高环境温度时导体电阻率；

　　　L——线路长度，m；

　　　I_j——计算电流，A；

　　　ΔU——允许电压降，V。

通常按下列标准：

（1）光伏阵列至接制器线损不大于5%。

（2）光伏输出支路线损不大于2%。

例如，某光伏组件，额定电压为12V，正负极之间24V；额定电流为10A，最大电流为12.5A（1.25倍）；电缆长度为10m，回路长度为20m；线路允许电压降2%，回路电压降为4%。

$$S = \rho \frac{2 L I_{max}}{\Delta U} = 0.018\ 4 \times \frac{(2 \times 10) \times (10 \times 1.25)}{(0.02 \times 2) \times (12 \times 2)} mm^2 = 4.79 mm^2$$

导线的计算截面积为4.79mm²，如果电缆长度超过10m，则要选用截面更大的电缆。

6.3.3　光伏发电其他电缆选择

（1）地面电站电缆沟敷设的直流电缆，可采用纯净度高的聚乙烯交联料，电缆的绝缘厚度加厚 0.2～0.3cm。

（2）分布式电站的电缆护套要求耐温 90℃以上，地面或光伏农业电缆护套内加防水层。

（3）交流电缆截面选择与一般配出系统的交流电缆选择方法相同，只是要求电缆载流量不小于计算的 1.25 倍。

6.3.4 直流干线电缆经济选型

（1）EHLF、EHLVF$_{22}$（DC0.9/1.5kV）电缆，采用乙丙橡皮绝缘混合弹性体护套，较适合热带地区。电缆价格为等同载荷铜电缆的 90%以上。

（2）YJHLF$_{82}$、FS-YJHLF$_{22}$（DC0.9/1.5kV）电缆绝缘加厚处理，采用优质交联聚乙烯料，护套为防寒耐温弹性体。铠装层为铝镁合金的联锁铠装型电缆适用于西部荒漠、山坡地等；FS 代表防水型，适合光伏农业大棚、沿海滩涂及其他可能浸水的地带。它抗压强且施工简单，特别适合不利挖掘电缆沟或简单地埋处理的场合。

（3）FZ-YJHLF、FZYJHLF$_{22}$（DC0.9/1.5kV）电缆，特别适合分布式电站的直流干线使用，价格为等同载荷电缆的 70%左右。

6.3.5 电缆敷设与接头

（1）光伏组件之间、组串与直流配电箱之间连接电缆尽可能利用组件支架绑扎或固定，部分亦可穿管或线槽敷设。

（2）铺设在建筑物表面的光伏材料，电缆引线要考虑建筑立面的美观。注意避让墙体或支架锐角，以免破损绝缘护套，也要防止建筑物遭受侧面雷击等。

（3）因气温变化大，故电缆敷设的松紧应适度。

（4）直流电缆连接以插头插接为主。

（5）交流电缆的敷设方式及连接与一般配电交流电缆的相同。

6.4 风力发电系统电缆选择

6.4.1 风力发电系统电缆总类

风力发电系统有以下几部分电缆：

1. 主电缆

即从发电机定子引出直至机根部位的电缆。主电缆有两种配置方式：第一种全长采用耐扭型软电缆；第二种从定子至风塔塔桶上部的连接器采用耐扭型软电缆，大约为全长的三分之一，从连接器至机根段采用非耐扭型电缆或母线槽。

2. 转子电缆

即输送励磁电流的电缆。若采用恒磁转子，则不需要转子电缆，转子电缆也须采用耐扭型软电缆。

3. 机根至箱变段的电缆

采用 C 级阻燃的交联聚乙烯绝缘电力电缆。

4. 箱式变压器引出电缆

采用普通的交联聚乙烯绝缘电力电缆。

5. 风塔辅助电缆

（1）风塔照明供电电缆。

（2）检修用电供电电缆。

（3）接地专用电缆。

（4）机舱电源电缆。

（5）风机控制电缆。

（6）通信用光缆。

以上（1）～（5）宜采用阻燃的交联聚乙烯绝缘电力电缆。

6.4.2 导体材料选择

导电材料应采用铜导体。

6.4.3　绝缘水平选择（见表6-24）

表6-24　　　　　　　　　　电 缆 绝 缘 水 平

风机额定电压 U_n/V	电缆额定电压 U_0/U/kV	电缆标准
690	0.6/1.0	TICW/01—2009[121]
3000	3.6/6	TICW/11—2012[122]

6.4.4　芯数选择

因风力发电机输出电流较大，主电缆宜选用单芯电缆，其他应采用多芯电缆。

6.4.5　敷设方式

（1）主电缆及转子电缆采用电缆支架或托盘敷设，相当于 GB/T 16895.6—2014 中 F 方式。

（2）因采用单芯电缆，须按三相组将电缆绑扎，有利于三相电流平衡。

（3）机根至箱式变压器段电缆，采用钢管穿越混凝土基础，管径 ϕ150mm，每个三相组电缆须穿入同一管中，敷设方式为 D1 或 D2。

（4）风塔辅助电缆在塔桶内亦采用 E 敷设方式。

6.4.6　电缆的主要技术性能

（1）具有径向和纵向防水性能。

（2）导体符合 GB/T 3956—2008 第 5 类。导体长期允许最高工作温度90℃。短路时（5s）导体的最高允许温度250℃。

（3）电缆允许最低温度：

1）1.8/3.6kV 及以下级：普通型-25℃；耐寒型-45℃；耐严寒型-55℃。

2）6～35kV 级：普通型-25℃；耐寒型-40℃。

3）电缆弯曲半径：多芯不小于电缆标准外径的 6 倍，单芯不小于 8 倍。

4）耐扭转性能：成品电缆应能通过常温和低温耐扭试验，试验方法按 TICW/01—2009 或 TICW/11—2012。

6.4.7 风力发电用电缆型号标注

风力发电用电缆代号	FD
阻燃 C 类	ZC（低烟无卤标注 WD）
铜导体	（T）省略
乙丙橡皮绝缘或其他相当的合成弹性体绝缘	E
硅橡胶橡皮或其相当混合物绝缘	G
硅橡胶橡皮或其相当混合物护套	G
聚氨酯弹性护套（TPU）	U
氯磺化聚乙烯橡皮或其他相当的合成弹性体护套	H
氯丁橡皮或其他相当的合成弹性体护套	F
热塑性弹性体护套　S	
适应的最低环境温度–55℃（耐严寒型）	–55
–40℃（–45℃）（耐寒型）	–40（–45）
–25℃	–25

6.4.8 常用电缆型号名称（见表 6–25）

表 6–25　　　　　　　　常用电缆型号名称

型　　号	额定电压	名　　称
FDEF–25（–40）H07RN4–F DN–K LT	450/750V 0.6/1kV	铜芯乙丙橡皮绝缘氯丁橡皮护套风力发电用（耐寒）耐扭曲软电缆
FDES–25（–40）	450/750V	铜芯乙丙橡皮绝缘热塑性弹性体护套风力发电用（耐寒）耐扭曲软电缆
FDGG–40（–55）	0.6/1kV 1.8/3kV	铜芯硅橡胶橡皮绝缘硅橡胶橡皮护套风力发电用耐寒（耐严寒）耐扭曲软电缆
FDGU–40（–55）FDEPTU	0.6/1kV 1.8/3kV	铜芯硅橡胶橡皮绝缘聚氨酯弹性体护套风力发电用耐寒（耐严寒）耐扭曲软电缆

型　号	额定电压	名　　称
FDEU–40（–55）	0.6/1kV 1.8/3kV	铜芯乙丙橡皮绝缘聚氨酯弹性体护套风力发电用耐寒（耐严寒）耐扭曲软电缆
FDEG–40（–55）	0.6/1kV 1.8/3kV	铜芯乙丙橡皮绝缘硅橡胶橡皮护套风力发电用耐寒（耐严寒）耐扭曲软电缆
FDEH–25（–40）	0.6/1kV 1.8/3k	铜芯乙丙橡皮绝缘氯磺化聚乙烯橡皮护套风力发电用（耐寒）耐扭曲软电缆
FDES–25（–40） FDEPTS–25（–40）	0.6/1kV 1.8/3kV	铜芯乙丙橡皮绝缘热塑弹性体护套风力发电用（耐寒）耐扭曲软电缆
WDZC–FDEPTY	3.6/6kV	乙丙橡胶绝缘无卤交联聚烯烃护套风力发电机组用低烟无卤耐扭曲金属屏蔽软电缆

注：1. 如氯磺化聚乙烯橡皮护套电缆、氯丁橡皮护套和热塑性弹性体护套电缆能够通过试验温度–40℃的全部低温试验，其最低使用环境温度为–40℃，相应型号为FDEH–40、FDEF–40、FDES–40。

2. 阻燃电缆在型号前加 ZC。

3. 电缆最大截面：单芯为 400mm²，3 芯为 300mm²。

6.4.9　电缆选择示例

以金风、久和、湘电三个品牌风力发电机为代表编制（见表 6–26～表 6–28）。

表 6–26　　　　　690V 直驱式风力发电机电缆配置　　　单位：mm²

电缆用途	主电缆			机根→箱式变压器			箱变引出	辅助电源
风机厂商	金风	久和	湘电	金风	久和	湘电	（不分）	（不分）
敷设方式	F			D₁、D₂			E	E
电缆型号	FDEH–1.8/3.0	DN–KLT–0.6/1 或 FDEF–0.6/1	H07RN–0.6/1	YJV₂₂–0.6/1			YJY–35	ZC–YJV₂₂–1
功率/MW	1.5	12（1×185）	15（1×185）或 12（1×240）	—	4（3×240）	5（3×240）	—	3×70	1. 照明供电电缆 4×6

198

电缆型号		FDEH–1.8/3.0	DN–K LT–0.6/1 或 FDEF–0.6/1	H07RN–0.6/1	YJV$_{22}$–0.6/1		YJY–35	ZC–YJV$_{22}$–1
功率/MW	2	12 (1×240)	15 (1×240)	12 (1×240)	6 (3×240)	7 (3×240) 或 6 (3×300)	6 (3×185)	2. 检修用电供电电缆 4×6
	2.5	18 (1×240)	18 (1×240)	12 (1×300)	8 (3×300)	10 (3×240) 或 8 (3×300)	6 (3×240)	3. 接地专用电缆 1×150
	3	24 (1×240)	24 (1×240)	18 (1×240)	8 (3×300)	12 (3×240) 或 10 (3×300)	8 (3×240)	4. 通信光缆
	4	—	33 (1×240)	—	—	17 (3×240) 或 15 (3×300)	—	5. 机舱电源电缆 4×6
	5	—	42 (1×240)	—	—	22 (3×240) 或 19 (3×300)	—	6. 风机控制电缆 4×6
	6	30 (1×300)	51 (1×240)	—	36 (1×400)	27 (3×240) 或 23 (3×300)	—	

注：1. 敷设方式根据 GB/T 16895.6—2014，E 和 F 为支架或桥架敷设，D_1、D_2 为埋地或埋地穿管。

2. 主电缆采用铜导体耐扭电缆。

表6–27　　3000V 直驱式风力发电机电缆配置　　单位：mm²

电缆用途	主电缆		箱式变压器引出	风塔辅助电源
风机厂商	金风	湘电	金风　湘电	金风　湘电
敷设方式	F		D_1、D_2	E

电缆型号		IGG2–3	WDZC–FDEPTY–3.6/6	YJV22–35	ZC–YJY–1
功率/MW	1.5	12（1×70）	—	3×70	1. 照明供电电缆 4×6 2. 检修用电电缆 4×6 3. 接地专用电缆 1×150 4. 通信光缆 5. 机舱电源电缆 4×6 6. 风机控制电缆 4×6
	2	12（1×150）	—		
	2.5	12（1×185）	—		
	3	18（1×185）	—		
	4	—	—		
	5	—	9（1×240）或6（1×300）		
	6	30（1×185）	—		

注：1. 敷设方式根据 GB/T 16895.6—2014，E 和 F 为支架或桥架敷设，D_1、D_2 为埋地或埋地穿管。

2. 主电缆采用铜导体耐扭电缆。

表 6–28　　　　　　690V 双馈式风力发电机电缆配置　　　　　　单位：mm²

电缆名称		定子电缆	转子电缆	机根→箱式变压器	箱变引出	风塔辅助电缆
敷设方式		F		D_1、D_2	D_1、D_2	E
电缆型号		DN–K LT–0.6/1 或 H07RNF–0.6/1	DN–K LT–0.6/1 或 H07RNF–0.6/1	YJV$_{22}$–0.6/1	YJY–35	YJV$_{22}$–1
功率/MW	1.5	9（1×185）	6（1×185）或 9（1×120）	5（3×240）	3×70	1. 照明供电电缆 4×6 2. 检修用电供电电缆 4×6 3. 接地专用电缆 1×150 4. 通信光缆 5. 机舱电源电缆 4×6 6. 风机控制电缆 4×6
	2	9（1×240）	6（1×185）或 9（1×120）	7（3×240）或 6（3×300）		
	2.5	12（1×240）	6（1×185）	10（3×240）或 8（3×300）		
	3	15（1×240）	9（1×240）	12（3×240）或 10（3×300）		
	4	18（1×240）	9（1×240）	17（3×240）或 15（3×300）		
	5	27（1×240）	12（1×240）	22（3×240）或 19（3×300）		
	6	30（1×240）	15（1×240）	27（3×240）或 23（3×300）		

注：1. 表中数据摘自久和。

2. 敷设方式根据 GB/T 16895.6—2014，E 和 F 为支架或桥架敷设，D_1、D_2 为埋地或埋地穿管。

3. 定子及转子电缆选用铜导体耐扭电缆。

6.5 电动汽车充电电缆选择

6.5.1 电动汽车充电系统概述

汽车尾气是大气主要污染源之一，随着人们环保意识的提高，各地陆续出台鼓励性政策，促进电动汽车发展。电动汽车发展必须配套充电系统，并且要与车库及停车场同步建设，充电桩数量与车位应保证一定比例，见表6–29。

表6–29 充电桩与车位比例

建筑类型	比例	建筑类型	比例
居住类	10%	办公楼	25%
商业	20%	社会公共建筑	15%

6.5.2 充电桩类型

电动汽车对充电电源的要求有两种。通常混合动力型汽车由于配备的蓄电池容量小，只要交流供电，车辆自带充电装置。纯电动汽车配备蓄电池容量大，多配置交流和直流充电两个接口。

充电桩功率完全取决于电动汽车的配置，其蓄电池组见表6–30。

直流充电桩按整流电源装置与输出插口的组合方式分为一体式和分体式两种。小功率采用一体式，大功率采用分体式。整流电源装置体积大，安装在配电室内。至停车位旁插口距离按最大电流时的低压降确定，一般不宜超过50m。充电桩的安装方式有落地式和墙挂式两种，可因地制宜。

交流充电桩结构简单，仅配置保护电器及输出接口，尺寸比较小。

充电桩按输出方式分为单枪、双枪同充、双枪轮充等多种。

表 6–30		电动汽车蓄电池组配置			
汽车品牌	电池类型	电池容量/ (kW·h)	每百公里耗能/ (kW·h)	分子快充时间 分母慢充时间 /min
比亚迪 E6	磷酸铁锂电池	82	18	90/480
进口宝马 I3	锂离子电池	19	—	60/330
特斯拉 75	锂离子电池	75	—	270/630
奇瑞 EQ2017	锂电池	23.6	—	–/480～600
北汽 EV160	三元锂电池	21	—	240/480～600
北汽 EV260	三元锂电池	41.4	—	30（80%）/420
东风日产启辰 辰风	锂离子电池	24	14.6	30（80%）/240
上汽荣威 e50	镍钴锰酸锂	22.4	15	80/480
长安奔奔 EV180	三元锂电池	23.2	—	30/480
华泰 XEY260	三元锂电池	49.9	—	60（80%）/780
长安逸动 EV	锂电池	26	—	30/480
吉利帝豪 EV2017	三元锂电池	41	15.8	45/420
知豆 D22016	三元锂电池	18	14	–/360～480

6.5.3 充电桩电源侧电缆选择

（1）中小型停车库，若充电桩容量较小，可从就近配电箱用电缆供电，供电方式可以采用放射式或可采用分支电缆树干式。电缆应采用低烟无卤交联聚乙烯绝缘及护套电缆，沿墙明敷或局部穿管。

（2）大型停车库因充电容量大，可采用插接式母线沿墙明敷供电。插接单元引致充电桩，电缆可局部穿管敷设，电缆类型同 6.5.3 第 1 点。

6.5.4 充电桩输出端电缆选择

充电桩有交流和直流输出，通常直流用于快充，交流用于慢充。输出最高电压多为 750V，而大型电动汽车蓄电池慢。空载电压多为

500～600V，小型车 300～400V，实际充电电压和电流取决于电池剩余电量。当电缆连接后，其中控制线接通智能电池管理系统，自动确定最佳充电电压和电流。

连接充电桩和汽车的电缆大多与充电桩配套供应。默认长度 5m，用户也可以自行选择，主要技术参数：

（1）产品符合 GB/T 18487.1—2015《电动汽车传导充电系统　第 1 部分：通用要求》[31]。

（2）导体符合 GB/T 3956—2008（IEC 60228：2004，IDT）《电缆的导体》第 6 种结构。

（3）额定电压为 0.6/1kV。

（4）导体长期允许最高工作温度为+90℃。

（5）允许环境温度为–25℃～+50℃。

（6）绝缘及护套按表 6–31 选用。

表 6–31　　　　　　　　　　常 用 充 电 电 缆

型号	名　称
SS	热塑性弹性体绝缘及护套电缆
SSPS	热塑性弹性体绝缘及护套铜丝编织屏蔽电缆
SF	热塑性弹性体绝缘热固性弹性体护套电缆
SSPF	热塑性弹性体绝缘热固性弹性体护套铜丝编织屏蔽电缆
S90S90	热塑性弹性体绝缘及护套传导充电电缆
S90S90PS90	热塑性弹性体绝缘及护套铜丝编织屏蔽电缆
S90U	热塑性弹性体绝缘聚氨酯护套电缆
S90S90PU	热塑性弹性体绝缘及内护套聚氨酯外护套铜丝编织屏蔽电缆
S90UPU	热塑性弹性体绝缘及内外护套铜丝编织屏蔽电缆
EU	乙丙橡胶绝缘热固性弹性体护套电缆
EUPU	乙丙橡胶绝缘聚氨酯内外护套铜丝编织屏蔽电缆
EF	乙丙橡胶绝缘聚氨酯护套传导充电用电缆
EFPF	乙丙橡胶绝缘热固性弹性体内外护套铜丝编织屏蔽电缆
EYYJ	硬乙丙橡胶绝缘交联聚烯烃护套电缆

第7章 母线选择

7.1 母线概述

传输大电流可采用母线。母线分为裸母线和母线槽两大类。前者敷设在绝缘子上,可以达到相应电压等级。母线截面形状有矩形、圆形、管形等。矩形裸母线还常常用于低电压、大电流的配电,如电镀槽、电解槽的供电线路,也用作传输中频大电流。

母线槽是有外壳包覆的绝缘导体,它必须通过国家强制性产品认证。

低压母线槽主要分为密集绝缘母线槽、空气绝缘母线槽和耐火母线槽。其中以密集绝缘母线槽为主,占比约为 75%,而耐火母线槽的生产量占比不到 1%。

一些具有专用性能的母线槽产品也相继进入市场,如耐火母线槽、防水母线槽、照明母线槽、风力发电专用母线槽、直流母线槽等,这些产品的市场前景广阔。

高压绝缘母线有箱式(离相式和共箱式)和管式两类,生产企业较少。

母线导电材料有铜、铝、铝合金或复合导体,如铜包铝或钢铝复合材料等。铜包铝母线仅用于配电屏中;钢铝复合材料则常常用于滑接式母线槽(即安全滑触线)。

母线槽的导体材质主要是铜,2010 年我国有超过 85%的低压母线槽采用铜导体,10%左右使用铝导体,其余的几种母线导体材料(包括复合材料-铜包铝及铝合金等)应用很少。

由于母线槽传输电流大、安全性能好、结构紧凑、占空间小。它适合于多层厂房、标准厂房或设备较密集的车间,对工艺变化周期短的车间尤为适宜,母线槽还大量用于高层民用建筑。

7.2 母线槽选择

7.2.1 按绝缘方式选择

主要有密集绝缘、空气绝缘、空气附加绝缘三种。

（1）密集绝缘母线槽是将裸母线用绝缘材料覆盖后，紧贴通道壳体放置的母线槽。密集绝缘母线槽，相间紧贴，中间没有气隙，有较好的热传导和动稳定性。大电流母线槽推荐首选密集绝缘式。以往在接头和插接引出口处需将母排弯曲扩张，以增加加工难度。近年来大有改进不需弯曲扩张就可以直接引出。缺点是加工较复杂，外壳零件也较多，生产成本较高。

（2）空气绝缘母线槽是将裸母线用绝缘垫块支承在壳体内，靠空气介质绝缘的母线槽。它制作较为简便，接头和插接引出口处，母排仍保持直线状，外壳零件也少，外形较美观。绝缘不存在老化问题，但由于壳体内封存有空气，散热不如密集绝缘容易，因此，虽然也有大电流产品，但在大电流规格时，导体截面利用不够经济，导体断面尺寸偏大。空气绝缘母线槽的另一个缺点是阻抗较大。

加强型空气绝缘母线槽是空气绝缘母线槽的派生产品，结构特点是外壳钢板冲压成波形，导体用厚绝缘材料衬垫于波形壳体凹槽内。由于绝缘衬垫不可能足够紧，通电时易产生振动且不宜垂直安装，大大限制了它的使用，生产逐步萎缩。

空气绝缘式母线槽的壳体内有轴向空气道在垂直安装时会产生烟囱效应。有防火要求时，需加装隔栅，以阻止空气在槽体内流动。

（3）空气附加绝缘母线槽是将裸母线用绝缘材料包覆后，再用绝缘垫块支承在壳体内的母线槽，也称混合绝缘型。包覆用绝缘材料有多种，聚酯薄膜较优，更考究的采用粉末喷涂，如风力发电专用母线槽，对环境的适应性更强。这种绝缘方式类同于空气绝缘母线槽。

7.2.2　按绝缘水平选择

低压母线槽绝缘水平一般为 A 级或 B 级，绝缘长期允许温度为 105～120℃，绝缘材料以前大部分采用聚四氟乙烯带手工缠绕，此绝缘材料耐温性能较高，但高温时会释放有毒气体。目前大型工厂因机械化生产工艺，已改用聚酯薄膜，提高了绝缘水平，可达到 B 级，绝缘长期允许温度为 130℃。在满载运行母线槽内部受高温时，此材料无毒气，属于环保型无毒无卤材料，在工程设计时若选择小于或等于 70K 温升值产品，此材料有约 20℃的温升富裕量；选择小于或等于 55K 温升值时，此材料有约 35℃的温升富裕量，有效延长绝缘寿命。

有的企业引进国外技术，在导体表面喷涂树脂粉末，经固化后绝缘水平可达 H 级，绝缘允许温度 180℃，如按 A 级、B 级温升选择，则富裕量更大。

7.2.3　按功能分类选择

有馈电式、插接式和滑接式三种。

（1）馈电式母线槽是由各种不带分接装置（无插接孔）的母线干线单元组成，它是用来将电能直接从供电电源处传输到配电中心的母线槽。常用于发电机或变压器与配电屏的连接线路，或者配电屏之间的连接线路。

（2）插接式母线槽是由带分接装置的母线干线单元和插接式分线箱组成的，用来传输电能并可引出电源支路的母线槽。选择插接式母线槽时要注意不同品牌插接口之间距离以及与母线端口距离的限制。插接引出电流宜不大于 630A。当引出电流必须更大时，可采用固定分支端口。

（3）滑接式母线槽是用滚轮或者滑触型分接单元的母线干线单元（详见第 8 章）。常用于移动设备的供电，如行车、电动葫芦和生产线上。它最大优点是取电位置可以任意选择，而不需要变更母线槽结构，对于工艺变更周期短的生产车间、生产流水线或检测线，使用十分方便。

7.2.4 按额定电压选择

共分为低压母线槽（380V、690V、1000V）及高压母线槽（3.6～35kV）。高压母线槽国内尚无统一标准，目前有箱式及管式两种。箱式也称空气绝缘式，又称为高压封闭式母线，是绝缘子支持的裸导体，外壳用低磁钢板或铝板防护，有离相式和共箱式两种。管式又称为固体绝缘式，有聚四氟乙烯或环氧树脂两类。高压母线槽主要用于发电机出线及户内、外变电站。近年来又开发了新型 3.6～35kV 复合绝缘高压母线槽，它具有结构紧凑等优点，目前尚在试用阶段。

7.2.5 按额定电流等级选择

其实质是根据发热条件限定母线槽的温升。根据国家标准 GB 7251.0～7—2013（IEC 61439–0～7：2011）《低压成套开关设备和控制设备》的规定，目前国内生产的母线槽设计环境温度为 40℃，温升有 55K、70K、90K、105K 四种。用于工业与民用建筑电气工程的母线槽，应选择温升小于或等于 70K。市场主要有温升限值小于或等于 55K 和小于或等于 70K 的两类母线槽产品，工程设计选型时一定要注明温升限值，因为同一导体截面在不同温升时载流量不同，例如，在相同结构、相同导体截面时，当温升为 70K 的载流量比 55K 的约增大 10%左右。显然，温升限值是衡量产品性能优劣的主要指标之一，温升超过 70K，由于不安全而不可以使用，温升越低，损耗越小，寿命越长，运行越安全。

母线槽的负载率 β 也应该根据温升限值加以区别。对于温升 70K 的母线槽产品，当 40℃ 环境温度下通过额定电流时，导体温度可达到 110℃，高于与其连接电器的规定温度，所以此类母线槽的负载率 β 应不大于 90%为宜；对于温升限值 55K 的母线槽产品，则 β 可取 100%。

按额定电流等级选择母线槽时须注意与前级保护的配合。由于保护断路器安装在配电柜中有降容效应，断路器标称额定电流应大于母线槽的额定电流。根据经验，当母线槽额定温升为 55K，应大于 25%～30%；额定温升 70K，应大于 20%。

母线槽额定电流等级见表 7–1。

表 7–1　　　　　　　　　　母线槽额定电流等级

类　型	导体材质	电流范围/A
密集绝缘母线槽	铜	250～8000
	铝	200～5500
空气绝缘母线槽 空气附加绝缘母线槽	铜	100～800
	铝	100～800
浇注式母线槽	铜	200～4000
耐火母线槽	铜	160～5500
防火母线槽	铜	160～5500
照明母线槽	铜	16～200
直流母线槽	铜	200～8000
防爆母线槽	铜	200～2000

7.2.6　按外壳形式及防护等级选择

母线槽外壳有表面喷涂的钢板、塑料及铝合金三种材料。

表面喷涂钢板式最为常见，它加工容易，成本较低。单组母线载流量最大为 2500A，需要更大电流时，采用两组或三组并联。主要适用于户内干燥环境，最高外壳防护等级可达 IP54～IP66。

塑料外壳母线槽，采用注塑成型，内部构造属于空气绝缘式。其导体嵌入塑料槽内。它突出的优点是耐腐蚀，可适用于相对湿度98%的环境。外壳防护等级可达到 IP56，化工耐腐类型为 W。

另有一类塑料母线槽是树脂浇注式，树脂既作为绝缘又作为骨架。这类母线槽也适用于腐蚀环境及高湿度环境，能有效防止盐雾侵蚀。江苏多家母线槽公司采用真空搅拌树脂工艺，基本消除了内部气泡，提高了绝缘性能和产品质量。最高外壳防护等级可达 IP68，可适应户外长期使用。

树脂浇注式母线槽的接头在现场制作，采用二次浇注，显然施工条件各异，现场也无法采用真空搅拌树脂工艺，接头处形成薄弱环节尚需改进。此外插接口难以实现IP68，所以仅适用于馈电式母线槽。

也有资料介绍树脂浇注式耐火母线槽，从绝缘材料构成分析，难以通过试验。燃烧时会产生烟气，故不宜用于建筑内。

铝合金外壳在国外比较普遍，其内部结构为"三明治"式的密集绝缘，国内知名品牌也都采用。铝合金外壳上还设计了形状各异的散热板，增大了散热面积，使表面温升降低。外形尺寸更紧凑，重量较轻，外壳用成型铝材，装配精度高。外壳防护等级可达IP66。可适合在户内外应用，而且外壳可作为PE线使用。

低压母线槽外壳防护类别及使用环境见表7-2。

表7-2 低压母线槽外壳防护类别及使用环境

| 类别 | 使用环境 | | | | | 外壳防护等级 |
	典型场所	温度/℃	相对湿度（%）	污染等级	安装类别	
户内滑触型	车间内	−5～+40	≤50（+40℃时）	3	Ⅲ	IP13～IP55
户外滑触型	外场	−25～+40	100（+40℃时）	3～4	Ⅲ	IP23
普通式母线槽	配电室或户内干燥环境	−5～+40	≤50（+40℃时）	3	Ⅲ、Ⅳ	IP30～IP40
防护式母线槽	电气竖井机械车间	−5～+40	≤50（+40℃时）	3	Ⅲ、Ⅳ	IP52～IP55
高防护式母线槽	户内水平安装或有水管或喷淋场所	−5～+40及喷淋场所	有凝露或有水冲击	3	Ⅲ	≥IP65
	户外	−25～+40	有凝露或淋雨	3～4	Ⅲ	IP66
树脂浇注或超高防护式母线槽	户内外地沟或埋地	−50～+55	有凝露及盐雾或短时浸水处	3	Ⅲ、Ⅳ	IP68

注：1. 表内数据摘自GB 7251.0～7—2013（IEC 61439-0～7：2011）《低压成套开关设备和控制设备》。

2. 外壳防护等级按GB/T 14048.1～18—2016（IEC 60947-1～18：2011）《低压开关设备和控制设备》[56]。

7.2.7 按阻燃及防火要求选择

可分为阻燃母线槽、耐火母线槽两种。

阻燃母线槽是指明火离开后，火焰自然熄灭的母线槽。目前普通金属外壳密集绝缘母线槽、树脂浇注式母线槽，由于采用了具有阻燃性能的绝缘材料，都已经满足了这个阻燃性能的要求。

阻燃母线槽的另一层含义是着火时热能量不能通过母线槽传递到相邻另一个空间（例如另一层楼或另一间房）引燃如木板、墙纸等可燃材料（有的资料称此为防火母线槽）。树脂浇注式母线，或阻燃母线穿越楼板或墙体处，增加防火穿墙套实现防火性能。空气绝缘式更要安装隔离栅阻断烟气通道。

耐火母线槽是指着火时能保持线路的完整性并维持供电的母线槽，主要用于消防用电设备的供电，如建筑工程中的消防水泵、消防电梯、防烟排烟设施、应急电源等。耐火母线槽穿越楼板或墙体处，也应做相应防火处理。

市场上目前耐火母线有三种，即空气绝缘型耐火母线槽、密集绝缘型耐火母线槽、矿物质密集型耐火母线槽，均满足供火950℃、持续通电时间3h的试验标准。

空气绝缘型耐火母线槽相间采用陶瓷隔离垫块，母线槽外壳为两层钢板结构，在两层钢板之间填充耐火材料以达到耐火性能。该产品体积大，又因为热阻大，同样额定电流、温升限值条件下，需要采用的导体规格大，耐火性能较好。

密集绝缘型耐火母线槽采用云母作为相间绝缘材料，外有双层钢外壳，双层钢外壳之间填充耐火材料实现耐火性能。该产品的散热性能优于空气绝缘型耐火母线槽，体积小于空气型。但仍比同等温升值普通母线槽大一倍左右，耐火性能较好。

矿物质密集型耐火母线槽，采用无机矿物质及氧化镁作为主要绝缘材料，具有材料的耐热性能高、密集型结构、单层钢外壳、散热性能好等特点，因此，该产品的体积小，同样额定电流和温升限值条件下，外形尺寸仅比普通母线槽大15%～20%。矿物质密集型耐火母线槽各项性能指标明显优于其他两种耐火母线槽。

7.2.8　按母线槽的短路耐受强度校验

短路耐受强度以 I_{cw} 表示，详见表 7–3。配电系统的容量越大，母线槽发生短路故障时流经的短路电流越大，一般要求母线槽的短路耐受强度大于或等于上级保护的分断电流。

在表 7–3 中，同一规格的母线槽有两种或三种 I_{cw} 数据，可根据实际需要选择。

表 7–3　　　　　　　　　母线槽的额定短时耐受强度 I_{cw}　　　　　　　单位：kA

额定电流 I_n/A	照明用 母线槽	空气型 母线槽	树脂浇注式 母线槽	密集型 母线槽	耐火型 母线槽
16～200	3　5　6				
200～315		10　15		15 20	15 20
400～500		20　30		20　30 35	20 30
630～900		30　40	23	30　35 50	30 40
1000～1400			50	50 65	40 50
1600～2000			65	65 80	50 65
2600～3600			80	80 100	65 80
4000～5000			100	80 100	80 100
5500～6300			100	100　120	

7.2.9　变容节选择

在母线槽配电线系统中，当某一段的负荷电流小于或等于始端电流的一半时，可选择变容节，以节约投资。选择变容节时应注意以下几点：

（1）母线槽全长不宜两处变容。

（2）变容节之后线路的额定电流不宜小于前级额定电流的50%。

（3）母线槽经变容后，应满足末端短路时始端保护的灵敏度。

（4）T形分支时，若长度超过3m，须另设保护。

7.2.10 母线槽分接单元选择

有分支插接开关箱和分线箱，箱内可配置各种功能的电器元件，详见表7–4。

表 7–4　　　　　　　　　母线槽分接单元选型表

序号	名称/代号	型号（代号/电流）	电流等级/A
1	插接箱/CJX	□□□/□	10 16 20 25 32 40 50 63 80 100 125 160 200 225
2	双电源插接箱/SDX	□□□/□S	10 16 20 25 32 40 50 63 80 100 125 160 200 225
3	T接箱/TJX	□□□/□	250 320 400 500 630 700 800 1000 1250 1600 2000
4	双电源T接箱/STX	□□□/□	250 320 400 500 630 700 800 1000 1250 1600 2000
5	耐火型插接箱/NCX	□□□/□	10 16 20 25 32 40 50 63 80 100 125 160 200 225
6	耐火型双电源插接箱/NSD	□□□/□	10 16 20 25 32 40 50 63 80 100 125 160 200 225
7	耐火型T接箱/NTX	□□□/□	250 320 400 500 630 700 800 1000 1250 1600 2000
8	耐火型双电源T接箱/NST	□□□/□	250 320 400 500 630 700 800 1000 1250 1600 2000

注：1. 插接箱或T接箱内可以配置各种品牌的开关。

　　2. 插接箱的出线端可以配置分开关（F）、插座（Z）等。这时，在型号后加括号注明。例如，100A插接箱，带3个32A分开关，标注为CJX/100（F3x32）；又如，32A插接箱，带1个25A三相插座，标注为CJX/32（Z1x25）。

7.2.11 母线槽智能化系统（温度自动检测装置）选择

1. 对智能化系统的技术要求

随着自动检测技术的发展，在母线槽上配置接头温度自动测量和控制装置，可有效监控母线槽运行，大大提高运行的安全性，杜绝母线故障引起的火灾，因此对供电可靠性较高和防范电气火灾的线路，宜设置母线槽智能化系统。

（1）系统应具有线或无线通信方式。

（2）系统应具遥测功能，控制中心可远程测量各控制点的下列参数：

1）母线槽的环境温度、湿度。

2）进线及分接单元的三相电流、线电压、功率因数、有功功率、有功电能。

3）各连接头处三相四线导体温升。

4）各分接单元处三相四线导体温升。

5）各分接单元处剩余电流等。

（3）系统宜具有遥控功能，控制中心可实现以下控制功能：

1）母槽主进线断路器合闸、分闸。

2）若分接单元断路器带电动操动机构或接触器，可实现分接单元断路器合闸、分闸；分接单元回路的缺相保护。

3）分接单元回路的失电压保护。

4）分接单元回路超温报警、极限报警及解除等。

（4）系统应具有遥调功能，通过控制中心实现以下参数的设定：

1）连接器导体温升限值、分接单元体温升限值的设定。

2）连接器超温报警温度值、分接单元超温报警温度值的设定。

3）连极限报警温度值、分接单元极限报警温度值的设定。

（5）系统应具遥信功能，控制中心可提供接器系统以下信息：

1）通信状态、断路器状态、报警/故障标识、操作次数、操作时间等。

2）各类信息查询、记录、日志报表等。

3）客户要求的其他信息。

（6）分接单元内的智能断路器宜具有数据采集和通信功能。

2. 珠海光乐电力母线槽有限公司的母线槽智能化系统概要

根据信号传输方式分为有线和无线两种，性能比较见表 7-5。

母线槽接头温度检测及信号无线传输系统如图 7-1 所示，主要由测温采集单元与中央控制器两部分组成。无线网络是采用微功率系统，有以下优点：

（1）不需要设机柜，没有电缆，施工和维护方便。

（2）不需要架设天线，不需申请无线电频段。

（3）系统可随时增减测点数量，只需在中央控制器设定。

（4）通信规约独立，避免干扰。

（5）实现了母线槽配电系统智能化。

系统正常工作时，母线槽温度检测仪（C）将检测节点处各相温度信息，通过无线传输网络至接收仪及中央控制器（X）。（X）将数据通过 RS232 或 RS485 串口传输至上位机，显示检测节点处的温度信息并自动巡检。当某测点温度达到预警温度值时，声光报警器（ZA1K）会发出声光报警，同时故障点的温度检测仪（C）蜂鸣器也会发出报警声音；当温度达到设定的极限值时，声光报警器（ZA1K）发出紧急声光报警。与此同时，保护控制仪（K）通过预设方式（自动或手动）接通断路器的分励脱扣器使断路器分闸。

装置采用大规模集成电路制作，体积小，功能全，并具有信息存储功能，自动记录故障时间、地点、温度等参数，便于故障处理。

有线传输测温系统是用控制电缆将各温度检测仪（C）的数据传输到接收仪及中央控制器（X），其功能和控制原理相同。

民用建筑若配备 BAS，则也可以利用该系统兼顾母线槽接头温度监控。

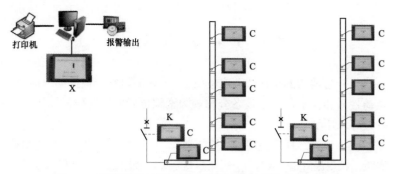

图 7-1   母线槽接头温度检测及信号无线传输系统示意图

表 7-5   有线和无线传输方案性能比较表

项目	有线	无线
应用环境	（−30～+45）℃ RH≤95% 海拔≤2000m	（−30～+45）℃ RH≤95% 海拔≤3000m
电源电压	～220V	～220V
温度测量范围/℃	0～250	0～250
信号采集方式	热电阻或热电偶	热电阻或热电偶传感器
采样频速率	每4～10s 一次	每0.5s 一次（可通过软件设置）
测量回路数	每个测点取 A、B、C、N 和环境温度 5 个数据	每个测点取 A、B、C、N 和 环境温度 5 个数据
测量点数	640 点或 1024 点	1024/组
信号传输距离①	≤400m	空旷无障碍处两测点间～150m 大楼或车间内两测点间≤70m 末端测点至控制中心≤2000m
显示内容	回路编号 测点编号 测点温度 测点相序	回路编号 测点编号 测点温度 测点相序
控制方式	集中控制	集中控制
报警方式	超温报警（可调） 极限温度跳闸（可调）	超温报警（可调） 极限温度跳闸（可调）
安装工程量	较大	较小
造价	较高	较低

① 当传输距离超过表中规定时，可增加中间接续器。

7.3 工程设计要点

（1）母线槽的设计选型应按照 7.2 节内容进行，根据使用环境、负荷性质和大小、用电设备分布等因素综合确定，其防护等级应与安装环境适配。

（2）设计图样应注明母线槽的类型、额定电压、电流，外壳防护等级，极限温升值（K），I_{cw}短路耐受强度、极限温升、外形尺寸等。

（3）额定电流 400A 及以上宜采用密集式母线槽，400A 以下采用空气式。

（4）海拔超过 2000m 时，应选用高原型产品。

（5）母线槽穿越易燃物堆放区时，应选用阻燃（也称防火）母线槽。

（6）母线槽穿越防火墙、楼板处设置不少于 1m 长的防火板单元，穿越孔洞应设置防火封堵。

（7）有变容时应校验前级保护灵敏度，必要时应加设保护或测控仪。

（8）T 接分支处应设置测控仪。

（9）有抗震要求的，应明确抗震烈度及要求。

（10）插接箱分接单元适用于额定电流 400A 及以下，更大电流宜选用 T 接箱或分支母线槽。分接单元的选择应符合下列规定：

1）插接箱应有防带电插拔机械联锁功能。

2）T 接箱与母线槽连接时要可靠固定。

3）智能化系统的分接单元应配置带通信功能的电器元件。

4）安装高度超过 5m 的分接单元时，应配置电动操作断路器。

5）隧道内、户外以及湿度较大的场所，分接单元外壳防护等级应不低于 IP66。

6）分接单元的出线每相应采用单一线、缆或母排，避免采用多拼线缆。

7）分接单元有双电源切换装置，用于双母线槽供电负荷。

8）无保护电器的分接单元，应设置温度监测点。

（11）馈电母线槽宜从配电柜直接引出（不宜用电缆转接），槽、柜连接应采用铜排搭接。

（12）对于人员密集的重要建筑及市政工程，推荐设置母线槽智能化系统。

（13）火灾时须维持供电的母线槽应选择耐火型，首先应采用产品电气性能通过"CCC"认证，耐火性能应通过 GB/T 19216 在 950℃ 火焰条件下线路完整性的试验，耐火时间满足各消防设备的要求，推荐选用矿物质耐火母线槽。由于隔热式耐火母线槽实际耐火性能存在争议，故不推荐使用。

7.4 低压母线槽主要技术参数

选择低压母线槽所需的主要技术参数（见表 7-6～表 7-11）。

表 7-6　　　　　　　　密集式铜母线槽技术参数

电流等级/A	GLMC 系列（珠海光乐母线）				I-LINE C 系列（施耐德电气）			
	外形尺寸/mm×mm		质量/（kg/m）		外形尺寸/mm×mm		质量/（kg/m）	
	宽度	高度	3L+PE	3L+N+PE	宽度	高度	3L+N+PE 馈线式	3L+N+PE 插接式
250		78	7.1	7.4				
315		78	7.6	8.0				
400		88	8.9	9.4				
500		98	10.4	11.0				
630	103	108	12.0	12.7	98	149	17.9	21.0
700		123	14.6	15.5				
800		131	15.7	16.7			19.2	22.3
900		141	16.8	17.7				
1000		148	18.6	19.9			21.7	24.8
1100		162	19.3	20.8				

电流等级/A	GLMC 系列（珠海光乐母线）				I–LINE C 系列（施耐德电气）			
	外形尺寸/mm×mm		质量/（kg/m）		外形尺寸/mm×mm		质量/（kg/m）	
	宽度	高度	3L+PE	3L+N+PE	宽度	高度	3L+N+PE 馈线式	3L+N+PE 插接式
1250		188	22.5	24.3	136		24.9	28.0
1400		208	26.9	29.0				
1600		230	30.0	32.4	148		33.9	37.1
1800		258	33.9	36.6				
2000		273	37.9	40.8	171		40.9	44.0
2250	103	298	41.5	44.7		149		
2500		313	43.4	46.9	237		58.1	61.2
2800		371	52.3	56.4				
3000							71.0	74.1
3150		415	58.5	63.3				
3200					387		76.9	80.1
3600		471	66.1	71.6				
4000		501	74.2	80.0	412		87.6	93.9
4500		551	81.4	88.0				
5000	103	581	92.7	99.6	599	149	108.0	111.2
5500		729	110.0	118.8				
6000					638		134.8	137.9
6300		729	128.7	140.4				

表 7–7　　　　密集式铝母线及合金母线槽技术参数

电流等级/A	GLMC 系列（珠海光乐母线）				I–LINE B 系列（施耐德电气）		
	外形尺寸/mm×mm		质量/（kg/m）		外形尺寸/mm×mm		质量/（kg/m）
	宽	高	3L+PE	3L+N+PE	宽	高	3L+N+PE
200	103	78	5.8	5.9			
250		88	6.2	6.3			

电流等级/A	GLMC 系列（珠海光乐母线）				I–LINE B 系列（施耐德电气）		
	外形尺寸/mm×mm		质量/（kg/m）		外形尺寸/mm×mm		质量/（kg/m）
	宽	高	3L+PE	3L+N+PE	宽	高	3L+N+PE
315		98	6.9	7.1			
400	103	108	7.7	7.9			
500		131	9.1	9.4			
630		158	10.9	11.3			
700	103	162	11.3	11.7		149	
800		170	11.7	12.2	98		14.0
900		188	12.5	13.0			
1000		208	15.2	15.8	120		15.6
1100		162	15.1	16.0			
1250		170	15.8	16.7	148		17.8
1350					161		
1400		200	19.8	21.0			18.6
1600		230	22.7	24.1	186		20.5
1800		258	25.7	27.4			
2000		270	27.6	29.4	225		23.5
2250		298	30.0	32.0		149	
2500	103	313	31.5	33.6	322		33.5
2800		355	37.1	39.5			
3000							
3150		415	42.8	45.7			
3200					412		39.7
3600		471	48.7	52.0			
4000		551	57.4	61.4	566		51.8
4500		581	59.8	64.0			
5000		684	72.3	77.3	650		60.1
5500		720	77.5	83.0			

注：施耐德电气 I–LINE B 系列母线在连接及插接口处采用分子渗透技术，使铜、铝之间的过渡区域形成合金结构，并且铜表面镀银，提高接触性能。

表 7-8　　　　　空气式母线槽技术参数

电流等级/A	GLMC 系列（珠海光乐母线）				KSC 系列（施耐德电气）			
	外形尺寸/mm×mm		质量/（kg/m）		外形尺寸/mm×mm		质量/（kg/m）	
	宽	高	3L+PE	3L+N+PE	宽	高	3L+N+PE 馈线式	3L+N+PE 插入式
100								4.35
140		70	4.2	4.5				
160		70	5.0	5.3	54			4.65
200		70	5.3	5.6				
250		75	6	6.4				6.70
315	120	85	7.4	8.0		146		
400		95	8.9	9.6				10.0
500		70	4.2	4.5	75			12.35
630		70	5.0	5.3				17.0
700		70	5.3	5.6	113			
800		75	6	6.4				29.35

表 7-9　　　　　树脂浇注式母线槽技术参数

电流等级/A	GM 系列（江苏威腾母线）						LR 系列（镇江西门子）					
	3L+PE 尺寸/mm×mm		3L+PE 质量/（kg/m）	3L+N+PE 尺寸/mm×mm		3L+N+PE 质量/（kg/m）	3L+PE 尺寸/mm×mm		3L+PE 质量/（kg/m）	3L+N+PE 尺寸/mm×mm		3L+N+PE 质量/（kg/m）
	宽	高		宽	高		宽	高		宽	高	—
250		64	15.29		64	17.83	—	—	—	—	—	—
400		74	18.85		74	21.93	—	—	—	—	—	—
630		84	22.42		84	26.04			19			20
800	107	99	27.77	123	99	32.22	90	90	21	90	90	23
1000		114	33.13		114	38.38			24			27
1250		134	40.26		134	46.59		110	32		110	39
1600		164	50.59		164	58.94	100	130	38	120	130	47
2000		194	61.67		194	71.27		190	58		190	71

电流等级/A	GM系列（江苏威腾母线）						LR系列（镇江西门子）					
	3L+PE 尺寸/mm×mm		3L+PE 质量/(kg/m)	3L+N+PE 尺寸/mm×mm		3L+N+PE 质量/(kg/m)	3L+PE 尺寸/mm×mm		3L+PE 质量/(kg/m)	3L+N+PE 尺寸/mm×mm		3L+N+PE 质量/(kg/m)
	宽	高		宽	高		宽	高		宽	高	—
2500		254	83.08		254	95.93		230	72		230	88
3150		189	101.33		189	112.73		270	85		270	104
4000	190	229	125.43	210	229	139.58		380	116		380	142
5000		284	158.58		284	176.50		460	143		460	174
6300	295	229	197.88	335	229	219.30		540	169		540	207

表 7–10　　矿物质密集型耐火母线槽技术参数

GLMC系列（珠海光乐母线）

电流等级/A	外形尺寸/mm×mm		质量/(kg/m)		电流等级/A	外形尺寸/mm×mm		质量/(kg/m)		电流等级/A	外形尺寸/mm×mm		质量/(kg/m)	
	宽	高	3L+PE	3L+N+PE		宽	高	3L+PE	3L+N+PE		宽	高	3L+PE	3L+N+PE
160	120	73	10.4	10.7	800	120	129	19.0	20.1	2000	120	273	41.4	44.0
200		73	10.4	10.7	900		141	20.8	21.9	2250		298	44.8	48.0
250		73	11.1	11.4	1000		150	22.0	23.3	2500		313	47.0	50.5
315		78	11.8	12.1	1100		162	25.4	25.2	2800		372	57.9	62.0
400		88	13.2	13.2	1250		188	27.4	29.2	3150		422	65.0	69.8
500		98	14.7	15.3	1400		208	30.3		3600		472	72.1	77.6
630		110	13.6	14.4	1600		233	33.8	36.2	4000		502	76.4	82.3
700		120	17.8	18.7	1800		258	37.4	40.1	5000		582	98.7	105.7

I–LINE系列（施耐德电气）

电流等级/A	宽	高	3L+N+PE (5线)	电流等级/A	宽	高	3L+N+PE (5线)	电流等级/A	宽	高	3L+N+PE (5线)
800	98	149	19.2	1600	148	149	33.9	3200	387	149	76.9
1000	98		21.7	2000	171		40.9	4000	412		87.6
1250	110		24.9	2500	237		58.1	5000	599		108.0
1350	136		31.0	3000	323		71.0	5300	638		134.8

表 7-11   照明母线槽技术参数

电流等级/A	GLMC 系列（珠海光乐母线）				KBA 系列（施耐德电气）			
	外形尺寸 /mm×mm		质量/（kg/m）		外形尺寸 /mm×mm		质量/（kg/m）	
	宽	高	3L+PE	3L+N+PE	宽	高	3L+PE	3L+N+PE
16	40	25	0.8	0.8				
20								
25					30	46	0.8	0.87
40								
							0.9	1.03
40	60	60	1.7					
63			1.8					
80			1.9					
100	70	65	2.5					
125			2.8					
160			3.1					
200								
250								

7.5 低压母线槽电压降

低压母线槽电压降见表 7-12。

表 7-12   三相 380V 母线槽的电压降

型号或规格/A		电阻 θ=75℃ /（Ω/km）	感抗/（Ω/km）	电压降/［%/（A·km）］					
				$\cos\varphi$					
				0.5	0.6	0.7	0.8	0.9	1.0
空气式铜母线槽	100	1.364	0.457	0.491	0.540	0.584	0.622	0.650	0.622
	160	0.877	0.233	0.292	0.325	0.356	0.384	0.406	0.400
	250	0.289	0.192	0.142	0.149	0.155	0.158	0.157	0.132
	400	0.166	0.112	0.082	0.086	0.089	0.091	0.090	0.076

型号或规格/A		电阻 θ=75℃ /（Ω/km）	感抗/（Ω/km）	电压降/［%/（A·km）］ cosφ					
				0.5	0.6	0.7	0.8	0.9	1.0
空气式铜母线槽	500	0.076	0.116	0.063	0.063	0.062	0.059	0.054	0.035
	630	0.094	0.07	0.049	0.051	0.053	0.053	0.052	0.043
	800	0.041	0.071	0.037	0.037	0.036	0.034	0.031	0.019
密集式铜母线	400	0.154	0.039	0.050	0.056	0.062	0.067	0.071	0.070
	630	0.132	0.035	0.044	0.049	0.054	0.058	0.061	0.060
	800	0.102	0.031	0.035	0.039	0.043	0.046	0.048	0.046
	1000	0.084	0.028	0.030	0.033	0.036	0.038	0.040	0.038
	1250	0.066	0.024	0.025	0.027	0.029	0.031	0.032	0.030
	1600	0.046	0.020	0.018	0.020	0.021	0.022	0.023	0.021
	2000	0.034	0.017	0.014	0.015	0.016	0.017	0.017	0.015
	2500	0.025	0.014	0.011	0.012	0.013	0.013	0.013	0.011
	3150	0.021	0.012	0.010	0.010	0.011	0.011	0.011	0.010
	4000	0.015	0.009	0.007	0.007	0.008	0.008	0.008	0.007
	5000	0.013	0.006	0.005	0.006	0.006	0.006	0.007	0.006
	6300	0.010	0.004	0.004	0.004	0.004	0.005	0.005	0.005
密集式铝母线	400	0.182	0.029	0.053	0.060	0.068	0.074	0.080	0.083
	630	0.166	0.028	0.049	0.056	0.062	0.068	0.074	0.076
	800	0.130	0.024	0.039	0.044	0.049	0.054	0.058	0.059
	1000	0.091	0.020	0.029	0.032	0.036	0.039	0.041	0.041
	1250	0.067	0.017	0.022	0.025	0.027	0.029	0.031	0.031
	1600	0.051	0.014	0.017	0.019	0.021	0.022	0.024	0.023
	2000	0.041	0.012	0.014	0.016	0.017	0.018	0.019	0.019
	2500	0.031	0.009	0.011	0.012	0.013	0.014	0.015	0.014
	3150	0.024	0.006	0.008	0.009	0.010	0.010	0.011	0.011
	4000	0.018	0.004	0.006	0.006	0.007	0.008	0.008	0.008

注：空气型数据取自施耐德母线资料；密集型数据取自珠海光乐母线资料。

7.6 低压母线槽型号及选择清单表

母线槽型号的标注：

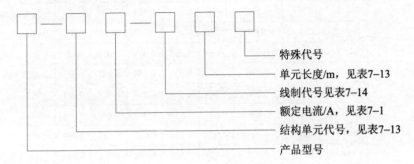

特殊代号
单元长度/m，见表7-13
线制代号见表7-14
额定电流/A，见表7-1
结构单元代号，见表7-13
产品型号

产品型号：各生产厂注册型号各有不同，除注明型号，还须注明详细技术条件。特殊代号：须标明密集绝缘式 M、空气绝缘式或空气附加绝缘式 Q、耐火型 N、浇注型 J，并注明外壳防护等级。

表 7-13   结构单元代号

结构单元形式	代号	结构单元形式	代号
直段式（无插接口）	A	X 型接头（水平位置）	XS
直段式（1 个插接口）	A1	X 型接头（垂直位置）	XC
直段式（2 个插接口）	A2	Z 型接头（水平位置）	ZS
直段式（3 个插接口）	A3	Z 型接头（垂直位置）	ZC
L 型接头（水平位置）	LS	膨胀母线干线单元	P
L 型接头（垂直位置）	LC	变径母线干线单元	BR
T 型接头（水平位置）	TS	分线箱（盒）	GC
T 型接头（垂直位置）	TC	进线箱	GH
始端接头	S	终端接头	Z

注：1. 直线段长度为 600～3000mm；特殊超长可达 6000～9000mm。

2. 直线段上插口间距，通常不小于 1000mm。

表 7-14　　　　　　　　　　　　　**线 制 代 号**

线制	代号	备　　注
3 相 3 线	Ⅲ	
3 相 4 线	Ⅳ	
3 相 4 线	Ⅴ-1	PE 线在母线槽壳体内
带 PE 线	Ⅴ-2	PE 线在母线槽壳体内

表 7-15　　　　　　　　　　**低压母线槽选择清单表**

项目	选 择 内 容	备　注
型号	□GLMC 系列　□I-LINE，C 系列	
	□XL-Ⅱ系列　□KSC 系列　□其他	
结构型式	□密集　□空气式　□照明母线　□耐火式	
导体材料	□铜　□铝	
额定电流/A	□100　□160　□200　□250　□400	
	□500　□630　□800　□1000 □1250　□1600　□2000 □2500　□3150　□4000	
	□4500　□5000　□6300	
额定电压/V	□400V　□690V	
相数和线制	□L1L2L3　□L1L2L3+PEN（100%）	□外壳兼做 PE 线时须注明
	□L1L2L3+N（100%）+PE（50%）	
	□L1L2L3+N（100%）+PE（100%）	
	注：N 线截面可根据设计要求配置	
外壳材料	□铝合金　□冷轧钢板　□环氧树脂浇注	
外壳防护等级	□IP40　□IP42　□IP54　□IP65　□IP68　□其他	
外壳颜色	□银灰　□墨绿　□其他	注明色标最好

项 目	选 择 内 容	备 注
插接口数量	□1 个/段　□2 个/段　□3 个/段	每标准段长 3m 或 4m
	□同一侧　□两侧	
插接箱	□隔离开关+熔断器　□空气断路器	
	额定电流____A　额定开断电流____kA	
	□直接操作　□旋转手柄操作　□电动操作	
单元数量	□插接式母线槽____m	
	□馈电式母线槽____m	
	□变容母线槽____A/____A____个	
	□始端箱____个	
	□终端盖____个	
	□过墙（楼板）式母线槽____个	
	□膨胀段母线槽____个	
	□L 型水平弯____个	
	□L 型垂直弯____个	
	□T 型水平弯通____个	
	□T 型垂直弯____个	
	□Z 型水平弯____个	
	□Z 型垂直弯____个	
	□插接箱____个	
支架	□水平____个　□垂直____个　□弹簧支架__个	
自动检测装置	□需要（提出测量点数及报警信号传输要求，接口及通信规约等）	
	□不需要	

7.7 涂漆矩形母线选择

7.7.1 涂漆矩形母线载流量（见表 7–16～表 7–17）

表 7–16　　　涂漆矩形铜母线载流量（θ_n=70℃，θ_a=25℃）　　　单位：A

母线尺寸 宽×厚 /mm×mm	单条		双条		三条		四条	
	平放	竖放	平放	竖放	平放	竖放	平放	竖放
40×4	603	632						
40×5	681	706						
50×4	831	869						
50×5	735	770						
63×6.3	1141	1193	1766	1939	2340	2644		
63×8	1302	1359	2036	2230	2651	2903		
63×10	1465	1531	2290	2503	2987	3343		
80×6.3	1415	1477	2162	2372	2773	3142	3209	4278
80×8	1598	1668	2440	2672	3124	3524	3591	4786
80×10	1811	1891	2760	3011	3521	3954	4019	5357
100×6.3	1686	1758	2526	2771	3237	3671	3729	4971
100×8	1897	1979	2827	3095	3608	4074	4132	5508
100×10	2174	2265	3128	3419	3889	4375	4428	5903
125×6.3	2047	2133	2991	3278	3764	4265	4311	5747
125×8	2294	2390	3333	3647	4127	4663	4703	6269
125×10	2555	2662	3674	4019	4556	5130	5166	6887

注：1. 表中数据系编者根据 GB 50060—2008《3～110kV 高压配电装置设计规范》[38] 附录 A 计算，适用于户内。

　　2. 交流母线相间距离取 250mm 每相为双、三条导体时，导体间距皆为母线宽度、为四条导体时，第二、三导体间距为 50mm。

　　3. 双、三、四条导体宜采用导体竖放，以利散热。

表 7–17　　　　涂漆矩形铝母线载流量（θ_n=70℃，θ_a=25℃）　　　单位：A

导体尺寸 宽×厚 /mm×mm	单条		双条		三条		四条	
	平放	竖放	平放	竖放	平放	竖放	平放	竖放
40×4	480	503						
40×5	542	562						
50×4	586	613						
50×5	661	692						
63×6.3	910	952	1409	1547	1866	2111		
63×8	1038	1085	1623	1777	2113	2379		
63×10	1168	1221	1825	1994	2381	2665		
80×6.3	1128	1178	1724	1892	2211	2505	2558	3411
80×8	1274	1330	1946	2131	2491	2809	2863	3817
80×10	1472	1490	2175	2373	2774	3114	3167	4222
100×6.3	1371	1430	2054	2253	2633	2985	3032	4043
100×8	1542	1609	2298	2516	2933	3311	3359	4479
100×10	1278	1803	2558	2796	2181	3578	3622	4829
125×6.3	1674	1744	2446	2680	2079	3490	3525	4700
125×8	1876	1955	2725	2982	3375	3813	3847	5129
125×10	2089	2177	3005	3282	3725	4194	4225	5633

注：1. 摘自 GB 50060—2008《3～110kV 高压配电装置设计规范》附录 A。

2. 交流母线相间距取 250mm 每相为双、三条导体时，导体间距皆为母线宽度、为四条导体时，第二、三导体间距皆为 50mm。

3. 双、三、四条导体宜采用导体竖放，以利散热。

7.7.2　矩形母线电压降

矩形母线电压降见表 7–18～表 7–19。

表 7–18　　　　　　　　　三相 380V 矩形母线的电压降

母线尺寸 宽×厚 /mm×mm		电阻 θ=65℃ （Ω/km）	感抗/（Ω/km）		中心间距 250mm（竖放或平放）母线的 电压损失/［%/（A·km）］					
			母线中心间距 250mm		$\cos\varphi$					
			竖放	平放	0.5	0.6	0.7	0.8	0.9	1.0
铜	40×4	0.132	0.212	0.188	0.114	0.113	0.111	0.106	0.096	0.060
	40×5	0.107	0.210	0.187	0.107	0.106	0.102	0.096	0.086	0.049
	50×5	0.087	0.199	0.174	0.098	0.096	0.093	0.086	0.075	0.040
	50×6.3	0.072	0.197	0.173	0.094	0.092	0.087	0.080	0.069	0.033
	63×6.3	0.062	0.188	0.163	0.088	0.086	0.081	0.074	0.063	0.028
	80×6.3	0.047	0.172	0.146	0.079	0.076	0.071	0.064	0.053	0.021
	100×6.3	0.039	0.160	0.132	0.072	0.069	0.065	0.058	0.048	0.018
	63×8	0.047	0.185	0.162	0.084	0.080	0.075	0.068	0.056	0.021
	80×8	0.037	0.170	0.145	0.076	0.072	0.067	0.060	0.049	0.017
	100×8	0.031	0.158	0.132	0.069	0.066	0.061	0.055	0.044	0.014
	125×8	0.027	0.149	0.121	0.065	0.062	0.057	0.051	0.041	0.012
	63×10	0.039	0.182	0.160	0.081	0.077	0.072	0.064	0.052	0.018
	80×10	0.031	0.168	0.143	0.073	0.070	0.065	0.057	0.046	0.014
	100×10	0.026	0.156	0.131	0.068	0.064	0.059	0.052	0.042	0.012
	125×10	0.022	0.147	0.123	0.063	0.060	0.055	0.048	0.038	0.010
铝	40×4	0.215	0.212	0.188	0.133	0.136	0.138	0.136	0.130	0.098
	40×5	0.172	0.210	0.187	0.122	0.124	0.123	0.120	0.112	0.078
	50×5	0.138	0.199	0.174	0.110	0.110	0.109	0.105	0.096	0.063
	50×6.3	0.116	0.197	0.173	0.104	0.104	0.101	0.096	0.087	0.053
	63×6.3	0.097	0.188	0.163	0.096	0.095	0.092	0.087	0.077	0.044
	80×6.3	0.074	0.172	0.146	0.085	0.083	0.080	0.074	0.065	0.034
	100×6.3	0.060	0.160	0.132	0.077	0.075	0.071	0.066	0.056	0.027
	63×8	0.074	0.185	0.162	0.090	0.088	0.084	0.078	0.067	0.034
	80×8	0.057	0.170	0.145	0.080	0.078	0.074	0.067	0.057	0.026
	100×8	0.047	0.158	0.132	0.073	0.070	0.066	0.060	0.051	0.021

母线尺寸 宽×厚 /mm×mm	电阻（Ω/km）θ=65℃	感抗/（Ω/km）母线中心间距250mm		中心间距250mm（竖放或平放）母线的电压损失/[%/（A·km）] cosφ					
		竖放	平放	0.5	0.6	0.7	0.8	0.9	1.0
125×8	0.040	0.149	0.121	0.068	0.065	0.061	0.055	0.046	0.018
63×10	0.060	0.182	0.160	0.086	0.083	0.078	0.072	0.061	0.027
80×10	0.047	0.168	0.143	0.077	0.074	0.070	0.063	0.053	0.021
100×10	0.039	0.156	0.131	0.070	0.068	0.063	0.057	0.047	0.018
125×10	0.034	0.147	0.123	0.066	0.063	0.059	0.053	0.043	0.015

注：母线垂直竖放及水平敷设，感抗数据不同。但两者电压降仅差1%左右，故本表仅例出较大的竖放数据。

表 7-19　　　　　不同电压降下铜母线直流线路电流矩　　　　单位：A·m

宽×厚 /mm×mm	$\Delta U/V$　　$\gamma=49.3 \mathrm{m}/\Omega \cdot \mathrm{mm}^2$　　$\theta_n=65℃$											
	0.1	0.2	0.3	0.4	0.5	0.6	0.7	0.8	0.9	1.0	1.1	1.2
40×4	394	789	1183	1578	1972	2366	2761	3155	3550	3944	4338	4733
40×5	493	986	1479	1972	2465	2958	3451	3944	4437	4930	5423	5916
50×5	616	1233	1849	2465	3081	3698	4314	4930	5546	6163	6779	7395
50×6.3	740	1479	2219	2958	3698	4437	5177	5916	6656	7395	8135	8874
63×6.3	887	1775	2662	3550	4437	5324	6212	7099	7987	8874	9761	10 649
80×6.3	1183	2366	3550	4733	5916	7099	8282	9466	10 649	11 832	13 015	14 198
100×6.3	1479	2958	4437	5916	7395	8874	10 353	11 832	13 311	14 790	16 269	17 748
80×8	1578	3155	4733	6310	7888	9466	11 043	12 621	14 198	15 776	17 354	18 931
100×8	1972	3944	5916	7888	9860	11 832	13 804	15 776	17 748	19 720	21 692	23 664
125×8	2366	4733	7099	9466	11 832	14 198	16 565	18 931	21 298	23 664	26 030	28 397
100×10	2465	4930	7395	9860	12 325	14 790	17 255	19 720	22 185	24 650	27 115	29 580
125×10	2958	5916	8874	11 832	14 790	17 748	20 706	23 664	26 622	29 580	32 538	35 496

注：当采用铝母线时，表中电流矩值除以1.64。

7.8 高压母线装置的选择

高压绝缘母线有封闭式和绝缘管式两种。封闭式又称箱式，分为离相式和共箱式两类。绝缘管式分为全绝缘和半绝缘两类。

高压封闭式母线适用于发电机与变压器的连接，故本手册从略。绝缘管式母线结构较紧凑、简洁，更适合于户内外变电站高压母线或连接线。

母线导电材料有铜、铝、铝合金或复合导体，如铜包铝或钢铝复合材料等。铜包铝母线仅用于配电屏中；钢铝复合材料则常常用于滑接式母线槽（即滑触线）。

绝缘管式母线是中空管式导体，外表紧紧包覆聚氯乙烯或环氧树脂绝缘。管式导体没有趋肤效应，导体利用率高。抗短路强度大，大约是矩形导体的四倍。绝缘直接包覆，散热好，载流量可达 4000A。为有效防止潮气和凝露，并设有封闭屏蔽层，使表面电场较均匀，消除表面放电。

高压绝缘管式母线型号标注：

A – B – C / D

A——母线型号：QJGM——全绝缘管母线；BJGM——半绝缘管母线。

B——类型，Ⅰ或Ⅱ型。

C——额定电压，kV（12～40.5kV）。

D——额定电流，A（Ⅰ型 1600～6300A，Ⅱ型 1600～4000A）。

高压绝缘管式母线的使用环境见表 7–20。

表 7–20　　　　　　高压绝缘管式母线的使用环境

性　能	环境条件
海拔/m	≤2000
环境温度/℃	−50～+50
最大日温差/℃	25

性　能	环境条件
最高日平均温度/℃	40
相对湿度	90%（最大月平均）
最大风速/（m/s）	36.2
最大降雨量	2745mm（年） 313.4mm（日）
盐雾	0.05mg（cm²）
污染	Ⅲ级Ⅳ级

高压绝缘管母线主要技术参数见表 7-21 和表 7-22。

表 7-21　　　　　12kV 绝缘管母线主要技术参数

绝缘导体额定电流/A	1min工频耐压/kV		雷电冲击电压/kV		动稳定电流/kA	4s热稳定电流/kA	弯曲半径/mm	相间距离/mm	防护等级	局部放电/pC
	BJGM-	QJGM-	BJGM-	QJGM-	BJGM-QJGM-	BJGM-QJGM-	BJGM-QJGM-	BJGM-QJGM-	BJGM-QJGM-	QJGM-
□-Ⅰ-12/1600	42	45	75	95	80	31.5	250	400	IP54	<7
□-Ⅰ-12/2000					80	31.5	250	400		
□-Ⅰ-12/2500					100	40	300	400		
□-Ⅰ-12/3150					125	40	300	400		
□-Ⅰ-12/4000					125	50	400	450		
□-Ⅰ-12/5000					125	50	400	450		
□-Ⅰ-12/6300					160	63	500	500		

绝缘导体 额定电流/A	1min 工频耐压/kV		雷电冲击电压/kV		动稳定电流/kA	4s 热稳定电流/kA	弯曲半径/mm	相间距离/mm	防护等级	局部放电/pC
	BJGM–	QJGM–	BJGM–	QJGM–	BJGM–QJGM–	BJGM–QJGM–	BJGM–QJGM–	BJGM–QJGM–	BJGM–QJGM–	QJGM–
□-Ⅱ-12/1600					80	31.5	300	400		
□-Ⅱ-12/2000					80	31.5	300	400		
□-Ⅱ-12/2500	42	45	75	95	100	40	400	450	IP54	<7
□-Ⅱ-12/3150					125	50	400	450		
□-Ⅱ-12/4000					125	50	500	500		

表 7–22　　40.5kV 绝缘管式母线主要技术参数

额定电流/A	1min 工频耐压/kV		雷电冲击电压/kV		动稳定电流/kA	4s 热稳定电流/kA	弯曲半径/mm	相间距离/mm	防护等级	局部放电/pC
	BJGM–	QJGM–	BJGM–	QJGM–	BJGM–QJGM–	BJGM–QJGM–	BJGM–QJGM–	BJGM–QJGM–	BJGM–QJGM–	QJGM–
□-Ⅰ-40.5/1600					80	31.5	250	400		
□-Ⅰ-40.5/2000					80	31.5	250	400		
□-Ⅰ-40.5/2500	105	95	85	200	100	40	300	400	IP54	<10
□-Ⅰ-40.5/3150					125	50	300	400		

额定电流 /A	1min 工频耐压 /kV		雷电冲击电压 /kV		动稳定电流 /kA	4s 热稳定电流 /kA	弯曲半径 /mm	相间距离 /mm	防护等级	局部放电 /pC
	BJGM–	QJGM–	BJGM–	QJGM–	BJGM–QJGM–	BJGM–QJGM–	BJGM–QJGM–	BJGM–QJGM–	BJGM–QJGM–	QJGM–
□–Ⅰ–40.5/4000			85	200	125	50	400	450		
□–Ⅰ–40.5/5000	105	95			125	50	400	450		
□–Ⅰ–40.5/6300					160	63	500	500		
□–Ⅱ–40.5/1600					80	31.5	300	400		
□–Ⅱ–40.5/2000					80	31.5	300	400		
□–Ⅱ–40.5/2500	105	95	185	200	100	40	400	450	IP54	＜10
□–Ⅱ–40.5/3150					125	50	400	450		
□–Ⅱ–40.5/4000					125	50	500	500		

第8章　移动滑接输电装置选择

移动滑接输电装置又称滑接式母线，俗称滑触线，分为裸刚体滑触线和防护型安全滑触线两大类。后者又称滑导电器，用作起重机及电动葫芦供电。

对金属有强烈腐蚀作用的环境或电动葫芦，宜采用软电缆供电。在爆炸危险环境1区、20、21区内，应采用重型橡套电缆；在2区、22区，宜采用中型橡套电缆。

8.1　计算电流和尖峰电流

确定起重机计算电流的方法，最常用的是综合系数法。

对于单台电动葫芦或梁式起重机，可取其主钩电动机的功率作为计算值。

8.1.1　计算电流

$$I_c = K'_z \cdot P_n \quad \text{(A)} \tag{8-1}$$

式中　K'_z——电流系数（$U_r=380V$，$\cos\varphi=0.5$），其值见表8-1。

P_n——连接在滑触线上的电动机，在额定负载持续率下的总功率，kW（不包括副钩电动机功率）。

表8-1　　　　　　　综　合　系　数

额定负载持续率 ε	起重机台数	综合系数 K_z	电流系数/ K'_z
25%	1	0.4	1.2
	2	0.3	0.9
	3	0.25	0.75
40%	1	0.5	1.5
	2	0.38	1.14
	3	0.32	0.96

当同一滑触线上的两台以上起重机吨位相差较大时，计算电流可按式（8-2）求取。

$$I_c = K'_z P_{n_1} + 0.3(P_n - P_{n_1}) \qquad (A) \qquad (8-2)$$

式中　P_{n_1}——最大一台起重机在额定负载持续率时的电动机总功率，kW（不包括副钩电动机功率）；

　　　P_n——连接在滑触线上的电动机在额定持续率下的总功率，kW（不包括副钩电动机功率）。

8.1.2　尖峰电流

尖峰电流 I_{jf} 可按式（8-3）计算。

$$I_{jf} = I_c + (K_{qd} - K_z) I_{r \cdot max} \qquad (A) \qquad (8-3)$$

式中　I_c——计算电流，A；

　　$I_{r \cdot max}$——最大一台电动机的额定电流，A；

　　　K_z——综合系数，见表8-1；

　　K_{qd}——最大一台电动机的起动电流倍数，绕线转子异步电动机取 2，笼型异步电动机取 7 或按样本。

8.1.3　计算实例

例：某车间起重机滑触线上，连接有 50/10t 双梁桥式起重机（P_{n_1} =105.5kW，$I_{r \cdot max}$ =165A）一台，5t 双梁桥式起重机（电动机总功率 27.8kW）两台，额定负载持续率均为 ε=40%，求该滑触线的计算电流与尖峰电流。

解：由于三台起重机吨位相差较大，因此，计算电流按式（8-2）计算：

$$\begin{aligned}
I_c &= K'_z P_{n_1} + 0.3(P_n - P_{n_1}) \\
&= [1.5 \times 105.5 + 0.3 \times (2 \times 27.8)]A \\
&= 175A
\end{aligned}$$

尖峰电流按式（8-3）计算：

$$I_{jf} = I_c + (K_{qd} - K_z)I_{r \cdot max}$$
$$= [175 + (2 - 0.5) \times 165]A$$
$$= 422A$$

8.2 滑接式母线选择

8.2.1 裸钢体滑触线种类选择

裸钢体滑触线种类繁多，最初多采用角钢或型钢，优点是取材容易，价格低廉；缺点是载流量小，电压降大，寿命短，安装和维护工作量大。当需要较大载流量及较小电压降时，采用铜或铝母线作为辅助线，与角钢并联供电。

（1）钢体滑触线逐步发展成复合导体材料，如铜铝复合，也有采用全铜的，突出优点是载流量大，可达数千安培。

钢体滑触线的环境适应性强，适用于高温、粉末及高负荷率场所，如冶金、建材、发电行业及机械行业的热加工车间等。

钢体滑触线也可采用高压供电，适用于大吨位起重设备或长距离供电。

安装方式分为集电器顶压式和侧压式两类。实践证明侧压式受力较均匀，可靠性高、寿命长。

（2）钢体滑触线型号标注方法：

A–B/C

其中：A——结构代号：JGHL——铝基铜导体；JGHX——钢基铜导体；JGH——拼装式钢基铜导体；JGU——全铜导体；JGHLB——铝基不锈钢导体；JGR——轻轨基铝导体；TGJ——全铜双沟导体；TGJA——铜银双沟导体；铝基铜导体都有耐电化腐蚀的措施。

B——导体截面，mm^2。

C——导体载流量，A。

8.2.2 钢体滑触线载流量

钢体滑触线载流量见表 8–2～表 8–6。

表 8–2   **JGHX 系列钢基铜导体刚体滑触线**

型　号		标称截面①/mm²	钢基截面①/mm²	载流量/A						单位质量/(kg/m)	
				ε=40%		ε=60%		ε=100%			
				铜	钢	铜	钢	铜	钢	铜	钢
	JGHX –150	150	440	450		370		250		4.74	1.90～2.90
	JGHX –200	200	400～675	600		480		350		5.78	2.80～4.10
	JGHX –300	300	510～1190	900		720		500		6.67	2.90～6.30
150～900mm²	JGHX –400	400	675～1190	1200		950		700		7.56	4.10～7.80
	JGHX –500	500	1190～2115	1500		1200		900		8.45	4.10～7.80
	JGHX –600	600	1190～2115	1800		1450		1050		9.34	5.0～7.80
500～1000mm²	JGHX –700	700	1190～2115	2100		1700		1250		10.88	5.0～7.80
	JGHX –800	800	1190～2115	2400		1950		1400		13.10	5.0～7.80
	JGHX –900	900	2115	2700		2200	1709	3600		14.17	7.80
700～1500mm²	JGHLX1000	1000		3000		2450		1750		15.67	
	JGHLX1200			3600		2900		2100		16.33	
	JGHLX1500	1500		4500		3700		2650		17.50	
	JGHLX1600			4800		3850		2800		20.30	
	JGHLX1800	1800		5400		4400		3150		22.00	

注：本表数据摘自上海浦帮机电制造有限公司资料。

① 可根据需要配置不同形状和截面的铝基。

表 8–3　　JGH 系列拼装式钢基铜导体刚体滑触线

型号	标称截面/mm²	钢基截面①/mm²	载流量/A ε=40% 铜	钢	ε=60% 铜	钢	ε=100% 铜	钢	单位质量/（kg/m）铜	钢
JGH–85	85	440	400		300		150		4.12	3.90
JGH–110	110	400～675	500		380		190		4.32	3.90
JGH–170	170	510～1190	630		500		300		4.90	3.90
JGH–240	240	675～1190	800		550		430		7.68	5.80
JGH–320	320	1190～2115	1000		820		570		8.40	5.80
JGH–420	420	1190～2115	1200		1050		750		8.90	
JGH–550	550	1190～2115	1600		1350		990		10.10	
JGH–700	700	1190～2115	2000		1680		1250		11.52	
JGH–170Ⅱ	170×2	2115	1250		1000	1709	610		8.98	6.80
JGHL–240Ⅱ	240×2		1600		1300		850		10.37	6.80
JGHL–320Ⅱ	320×2		2000		1650		1150		11.47	6.80
JGHL–420Ⅱ	420×2		2500		2100		1500		13.80	
JGHL–550Ⅱ	550×2		3150		2650		1980		16.10	
JGHL–700Ⅱ	700×2		4000		3400		2500		18.92	

注：本表数据摘自上海浦帮机电制造有限公司资料。

① 可根据需要配置不同形状和截面的铝基。

239

表 8–4　　　　　　　　　**JGHL 系列铝基铜导体刚体滑触线**

型　　号	标称截面/mm²	铝基截面①/mm²	载流量/A						单位质量/(kg/m)	
			ε=40%		ε=60%		ε=100%			
			铜	铝	铜	铝	铜	铝	铜	铝
JGHL–170	170	440	550	440	435	355	305	244	4.63	1.08
JGHL–240	240	400～675	770	400～675	620	321～544	430	222～375	7.48	1.08～2.40
JGHL–320	320	510～1190	1050	510～1190	830	411～859	550	283～660	8.05	1.37～3.21
JGHL–480	480	675～1190	1550	675～1190	1250	544～859	860	375～660	10.25	1.82～3.21
JGHL–640	640	1190～2115	2050	1190～2115	1660	859～1709	1150	660～1174	11.22	3.21～5.71
JGHL–800	800	1190～2115	2550	1190～2115	2080	859～1709	1440	660～1174	12.58	3.21～5.71
JGHL–1000	1000	1190～2115	3100	1190～2115	2580	859～1709	1800	660～1174	14.05	3.21～5.71
JGHL–1500	1500	1190～2115	4650	1190～2115	3850	859～1709	2700	660～1174	15.95	3.21～5.71
JGHL–1800	1800	2115	5450	2115	4600	1709	3200	1174	19.28	6.21

左侧图示：
150～600mm²
200～600mm²
240～1800mm²

注：本表数据摘自上海浦帮机电制造有限公司资料。

① 可根据需要配置不同形状和截面的铝基。

表 8-5　　　　　　　　全铜导体及特种复合式刚体滑触线

JGU 系列全铜导体	JGHLB 系列铝基不锈钢复合 750~1800mm²	JGR 系列铝导体轻轨复合 500~2500A

型号	载流量/A ε=40%	单位质量 /(kg/m)	型号	载流量/A ε=40%	单位质量 /(kg/m)	型号/标称截面/mm²	载流量/A ε=40%	单位质量 /(kg/m)
JGU-700	2100	7.57		1300		JGR-6 779	500~ 800	
JGU-900	2700	9.10	JGHLB-750	1500	7.57			
JGU-1000	3000	10.4		2000		JGR-8 995	1000~ 1200	
JGU-1200	3600	12.58	JGHLB-850	2000	9.10			
JGU-1600	4800	15.37		3000		JGR-12 1554	1500~ 1800	
JGU-1800	5400	17.63	JGHLB-1250	2400	10.4			
JGU-2000	6000	19.32	JGHLB-1500	3000	12.58	JGR-15 2307	2200~ 2500	
JGU-2400	7200	22.58	JGHLB-1800		15.37			
JGU-2800	8400							

注：本表数据摘自上海浦帮机电制造有限公司资料。

表 8-6　TGJ 系列全铜导体及 TGJA 系列铜银导体双沟滑触线

型号	标称截面 /mm²	载流量/A				单位质量 /（kg/m）
		ε=25%	ε=40%	ε=60%	ε=80%	
TGJ-65	65	240	200	160	120	0.580
TGJ-85	85	350	305	260	175	0.760
TGJ-90	90	400	330	265	200	0.791
TGJ-100	100	450	370	300	225	0.890
TGJ-110	110	550	455	365	275	0.975
TGJ-120	120	600	500	400	300	1.082
TGJ-150	150	800	660	530	400	1.340
TGJ-185	185	920	770	610	460	1.654
TGJ-220	220	1050	875	700	525	1.997

| 型 号 | 标称截面 /mm² | 载流量/A | | | | 单位质量 / (kg/m) |
		$\varepsilon=25\%$	$\varepsilon=40\%$	$\varepsilon=60\%$	$\varepsilon=80\%$	
TGJA–85	85	600	510	420	300	0.798
TGJA–110	110	710	600	480	355	1.023
TGJA–120	120	750	640	520	375	1.136
TGJA–150	150	800	685	560	400	1.406

注：1. 本表数据摘自上海浦帮机电制造有限公司资料。

2. 用绝缘外壳防护的滑接式母线槽称为安全滑触线，分为户内型和户外型两种。户内型多采用 PVC 材料外壳，户外型多采用 PVC 外壳加铝合金护套，以防止日照老化。

8.2.3 安全滑触线选择

1. 安全滑触线的使用条件（见表 8–7）

表 8–7　　　　　　　　安全滑触线使用条件

序号	项　目		JB/T 6391.1 规定
1	环境温度/℃	户内型	−5～+40
		户外型	−25～+40
2	大气湿度	户内型	$\theta_a=40℃$ 时 ≤50%
		户外型	$\theta_a=25℃$ 时 ≤100%
3	海拔/m		≤2000
4	安装类型		Ⅲ
5	污染等级		3 级和 4 级
6	防触电等级		塑料外壳 0 级金属外壳 1 级
7	额定电压等级 U_e		400～600V
8	额定电流/A		I_e≤2000
9	额定频率/Hz		50
10	绝缘电阻		>5MΩ

序号	项　目		JB/T 6391.1 规定
11	工频耐压/（kV/1min）		U_e=400～660V 用 2500V U_e=1200～4200V
12	冲击耐压/kV		U_e=380～4kV U_e=660～8kV
13	温升		绝缘耐热温度−40℃
14	短时耐受电流		20×I_e
15	外壳防护等级	户内型	≥IP11
		户外型	≥IP13

2. 安全滑触线的型号标注

$$A–B–C/D–E–F$$

其中　A——结构型号：DHG——铝导体组合式；JDC——铝质 H 型；
JDCⅡ——铝质重三型；DW——铜质排型。

　　　　B——极数（单极省略）。

　　　　C——导轨标准截面，mm²。

　　　　D——额定电流。

　　　　E——外壳代号：S——塑料；J——金属。

　　　　F——工作场所。

8.2.4　安全式滑触线的技术参数

安全滑触线的技术参数见表 8–8～表 8–11。

表 8–8　　　　　　　DHG 系列铝导体组合式安全滑触线

型号	DHG–□–10/50 DHGJ–□–10/50	DHG–□–16/80 DHGJ–□–16/80	DHG–□–25/100 DHGJ–□–25/100
极数–□	4，6，7，10，12，16	4，6，7，10，16	4，7

型号	DHG−□−10/50 DHGJ−□−10/50		DHG−□−16/80 DHGJ−□−16/80	DHG−□−25/100 DHGJ−□−25/100
导体截面/mm²	10		16	25
额定电流/A	50		80	100
集电器型号	JS□−40		JS−□−50	JS−4−50
适合起重机吨位	≤3t		≤5t	≤5t
最大行速/（m/min）	40			40

型号	DHG−4−S/I DHGJ−4− S/I			DHG−3−S/I		DHGR−4−S/I	
极数	4			3		4	
导体截面 /mm²	35	50	70	70	95	16	25
额定电流/A	140	170	210	210	280	80	100
集电器型号	JS−4−80	JS−4−100		JS−3−100		JS−4−50	
适合起重机吨位	≤10t			≤10t		≤5t	
最大行速/（m/min）	35			35		40	

注：1. □表示极数。

2. 本表数据摘自上海浦帮机电制造有限公司资料。

表 8−9　　　　　　　　　铝质 H 型单极安全滑触线

型号	JDC−△			
额定电流△/A	150，200，250	320，450，600	800，1000，1250，	1500，1800，2400
额定电压/耐压	660V−AC 或 600V−DC/13.9kV			
断面尺/mm×mm	18×25.2	24×31.5	32.5×42.5	44×57.5
悬挂间距/m	≤1.2	≤1.8	≤2.0	≤3.0
单位质量/（kg/m）				

最大滑行速度/（m/min）	300	500
线间距/mm	最小中心距46	
绝缘材料性能	阻燃自熄	
标准长度/m	6	
环境温度/℃	−25～+85	

注：1. △表示额定电流，A。

2. 本表数据摘自上海浦帮机电制造有限公司资料。

表 8-10　　　　JDCⅡ系列铝质重三型单极安全滑触线

型号	JDCⅡ-△-I											
额定电流/A	150	200	250	300	400	450	630	800	1000	1250	1450	1800
额定电压/耐压	550V-AC 或 750V-DC/13.9kV											
断面尺寸/mm	27×23			41×52			48×60					
悬挂间距/m	1.2～1.8						2.0～3.0					
单位质量/（kg/m）												
最大滑行速度/（m/min）	400						600					
线间距/mm	最小中心距46											
绝缘材料性能	阻燃自熄											
标准长度/m	6											
环境温度/℃	−25～+80											

注：1. △表示额定电流，A。

2. 本表数据摘自上海浦帮机电制造有限公司资料。

表 8–11　　　　　　　**DW 系列铜质排式安全滑触线**

型号	DW–□–20/80（多极式）				DW–I（单极式）					
极数□	3	4	5	6	1					
额定电流/A	80				200	250	300	350	400	450
额定电压/耐压	660V–AC 或 600V–DC/13.9kV									
断面尺/mm	14×56	14×76	14×96	14×116	13×29（单极）					
悬挂间距/m	0.6～1.5				0.6～1.5					
单位质量/（kg/m）										
最大滑行速度/（m/min）	300				300					
线间距/mm										
绝缘材料性能	阻燃自熄									
标准长度/m	外壳 6m/导体任意									
环境温度/℃	–25～+75									

注：1. □表示极数。

　　2. 本表数据摘自上海浦帮机电制造有限公司资料。

8.2.5　导体选择

电源线、滑触线或软电缆截面选择原则：

（1）载流量应不小于计算电流。

（2）应满足机械强度要求。

（3）自供电变压器母线至起重机电动机端子的电压降，在尖峰电流时，不超过额定电压的 15%。通常滑触线的电压降不宜超过 8%。

8.2.6 滑触线电压降的计算

$$\Delta u\% = \frac{\sqrt{3} \times 100}{U_n} I_{jf} \cdot l (R_j \cos\varphi + X \sin\varphi) \qquad (8-4)$$

式中 U_n——额定电压，V；

       I_{jf}——尖峰电流，A；

       l——滑触线计算长度，km，对单台起重机，是指供电点到最远端的距离，两台起重机时，该距离乘 0.8，三台起重机时乘 0.7；

    $\cos\varphi$——功率因数，取 0.5；

       R_j——滑触线交流电阻，Ω/km；

      X——滑触线电抗，Ω/km。

8.2.7 滑触线电压降

滑触线电压降见表 8-12。

表 8-12   三相 380V 滑接式母线槽的电压降

型号或规格/A		电阻 θ=65℃ /（Ω/km）	感抗/ （Ω/km）	电压降/［%/（A·km）］					
				$\cos\varphi$					
				0.5	0.6	0.7	0.8	0.9	1.0
铜质	DHG-3-10/50	2.840	0.155	0.708	0.833	0.957	1.078	1.196	1.294
	DHG-3-16/80	1.776	0.13	0.456	0.533	0.609	0.683	0.754	0.809
	DHG-3-25/100	1.136	0.13	0.310	0.358	0.405	0.450	0.492	0.518
	DHG-3-35/140	0.811	0.128	0.235	0.269	0.300	0.331	0.358	0.370

型号或规格/A		电阻 θ=65℃ /（Ω/km）	感抗/（Ω/km）	电压降/［%/（A·km）］					
				cosφ					
				0.5	0.6	0.7	0.8	0.9	1.0
铜质	DHG-3-50/170	0.569	0.12	0.177	0.199	0.220	0.240	0.257	0.259
	DHG-3-70/210	0.405	0.098	0.131	0.146	0.161	0.174	0.186	0.185
铝质	JDC-150A	0.410	0.132 9	0.146	0.160	0.174	0.186	0.194	0.187
	JDC-200A	0.403	0.117 3	0.138	0.153	0.167	0.179	0.189	0.184
	JDC-250A	0.322	0.099 4	0.113	0.124	0.135	0.145	0.152	0.147
	JDC-320A	0.259	0.099 4	0.098	0.107	0.115	0.122	0.126	0.118
	JDC-450A	0.184	0.099 4	0.081	0.087	0.091	0.094	0.095	0.084
	JDC-600A	0.155	0.099 4	0.075	0.079	0.082	0.084	0.083	0.071
铝质	JDC-800A	0.103	0.099 4	0.063	0.064	0.065	0.065	0.062	0.047
	JDC-1000A	0.073	0.099 4	0.056	0.056	0.056	0.054	0.050	0.033
	JDC-1250A	0.064	0.099 4	0.054	0.054	0.053	0.051	0.046	0.029
	JDC-1500A	0.046	0.083 9	0.043	0.043	0.042	0.040	0.035	0.021
	JDC-1800A	0.037	0.083 9	0.042	0.041	0.039	0.037	0.032	0.017
	JDC-2400A	0.027	0.083 9	0.039	0.038	0.036	0.033	0.028	0.012
铜质	DW-80A	1.212	0.156 7	0.338	0.389	0.438	0.485	0.528	0.553
	DW-200A	0.465	0.131 7	0.158	0.175	0.191	0.205	0.217	0.212
	DW-250A	0.379	0.131 7	0.138	0.152	0.164	0.174	0.182	0.173
	DW-300A	0.270	0.131 7	0.114	0.122	0.129	0.134	0.137	0.123
	DW-350A	0.254	0.131 7	0.110	0.118	0.124	0.129	0.131	0.116
	DW-400A	0.230	0.131 7	0.104	0.111	0.116	0.120	0.120	0.105
	DW-450A	0.183	0.131 7	0.094	0.098	0.101	0.103	0.101	0.083

型号或规格/A		电阻 θ=65℃ /（Ω/km）	感抗/ （Ω/km）	电压降/［%/（A·km）］					
				cosφ					
				0.5	0.6	0.7	0.8	0.9	1.0
铝基铜质	JGHL– 170/550	0.134	0.231	0.122	0.121	0.118	0.112	0.101	0.061
	JGHL– 240/770	0.095	0.221	0.109	0.107	0.102	0.095	0.083	0.043
	JGHL– 320/1050	0.071	0.216	0.101	0.098	0.093	0.085	0.072	0.032
	JGHL– 480/1550	0.048	0.198	0.089	0.085	0.080	0.071	0.059	0.022
	JGHL– 640/2050	0.036	0.194	0.085	0.080	0.074	0.066	0.053	0.016
	JGHL– 800/2050	0.028	0.181	0.078	0.074	0.068	0.060	0.048	0.013
	JGHL– 1000/3100	0.027	0.178	0.076	0.072	0.067	0.058	0.046	0.012
	JGHL– 1200/3720	0.022	0.176	0.075	0.070	0.064	0.056	0.044	0.010
钢基铜质	JGHX– 150/450	0.179	0.234	0.133	0.134	0.133	0.129	0.120	0.082
	JGHX– 200/600	0.135	0.231	0.122	0.121	0.118	0.112	0.101	0.061
	JGHX– 300/900	0.090	0.217	0.106	0.104	0.099	0.092	0.080	0.041
	JGHX– 400/1200	0.067	0.212	0.099	0.096	0.090	0.083	0.070	0.031
	JGHX– 500/1500	0.054	0.200	0.091	0.088	0.082	0.074	0.062	0.025
	JGHX– 600/1800	0.045	0.196	0.088	0.084	0.078	0.070	0.057	0.020
	JGHX– 700/2100	0.039	0.192	0.085	0.081	0.075	0.067	0.054	0.018

型号或规格/A		电阻 $\theta=65℃$ / (Ω/km)	感抗/ (Ω/km)	电压降/ [%/ (A·km)]					
				cosφ					
				0.5	0.6	0.7	0.8	0.9	1.0
钢基铜质	JGHX–800/2400	0.034	0.189	0.082	0.078	0.072	0.064	0.051	0.015
	JGHX–900/2700	0.030	0.188	0.081	0.077	0.071	0.062	0.050	0.014
	JGHX–1000/3000	0.027	0.184	0.079	0.074	0.068	0.060	0.048	0.012
	JGHX–1200/3600	0.019	0.180	0.075	0.071	0.065	0.056	0.044	0.009
	JGHX–1500/4500	0.015	0.174	0.072	0.068	0.061	0.053	0.041	0.007
	JGHX–1600/4800	0.014	0.171	0.071	0.066	0.060	0.052	0.040	0.007
	JGHX–1800/5400	0.013	0.168	0.069	0.065	0.059	0.051	0.039	0.006

第9章 电气导管选择

9.1 电气导管制造标准

常用电气导管制造标准（见表9–1）。

表9–1 常用电气导管制造标准

序号	名　　　称	标准号	被替代标准
1	碳素结构钢电线套管	YB/T 5305—2008	GB/T 3640—1988→ YB/T 5305—2006
2	电缆管理用导管系统　第1部分　通用要求	GB/T 20041.1—2015[74]	GB/T 14823.1—1993 作废后采用 GB/T 20041.1—2005
3	电缆管理用导管系统 第21部分：刚性导管系统	GB/T 20041.21—2008[75]	GB/T 14823.1—1993
4	第22部分：可弯曲导管系统	GB/T 20041.22—2009[76]	GB/T 14823.1—1993
5	第23部分：柔性导管系统	GB/T 20041.23—2009[77]	GB/T 14823.1—1993
6	第24部分：埋入地下的导管系统	GB/T 20041.24—2009[78]	GB/T 14823.1—1993
7	套接紧定式钢导管电线管路施工及验收规程	CECS 120—2007	CECS 120—2000
8	套接扣压式薄壁钢导管电线管路施工及验收规范	CECS 100—1998	
9	低压流体输送用焊接钢管	GB/T 3091—2015[94]	GB/T 3091—1993版→2001版→2008版
10	建筑用绝缘电工套管及配件	JG 3050—1998[118]	JG/T 3001—1992
11	可挠金属电线保护管配线工程技术规范	CECS 87—1996[16]	
12	电缆管理用导管系统．第一部分：一般要求	BS EN 61386–1：2008[4]	BS EN 50086–1—1994→ BS EN 61386–1—2004
13	金属覆盖层　钢铁制件热浸镀锌层 技术要求及试验方法	GB/T 13912—2002[55]	GB/T 13912—1992

9.2 管 材 选 择

9.2.1 管材的分类与结构

电线保护管分为薄壁钢管、厚壁钢管、非金属管及可挠金属导管四类。

1. 薄壁钢管

传统薄壁钢管称为普通碳素结构钢电线套管（俗称黑铁电线管或水柏油管），制造标准 YB/T 5305—2008《碳素结构钢电线套管》[125]，内外表面涂耐腐漆，螺纹连接，弯曲方式冷弯或采用"月弯"，壁厚为 1.5～3.2mm。由于管壁薄，冷弯易变形，故管径大于 50mm 不推荐使用。由于螺纹连接处须做跨接，以保证电气通路，施工比较麻烦，已逐步被淘汰。

20 世纪末颁布 GB/T 3640—1988《普通碳素钢电线套管》[98]，替代了上述冶金部标准，壁厚改为 1.6～3.2mm，公称管径为 13～76mm。表面防护层为镀锌或其他涂层，但没有规定防护层厚度，连接方式保留螺纹连接。

几乎同时先后推出的 KBG 管（套接扣压式薄壁钢导管，执行标准 CECS 100：1998[10]）和 JDG 管（套接紧定式薄壁钢管，执行标准 CECS 120：2000，后被 CECS 120：2007[11]替代），均为电镀锌钢导管，用于室内低压布线工程。

"扣压式"是指管子连接方式，将线管插入接头后，用专用工具扣压即成，连接可靠，不需另行跨接。表面镀锌光洁美观，一度很受欢迎。管径规格（mm）为 16、20、25、32、40，壁厚 1.0～1.2mm。由于后续设计和施工验收规范要求用于建筑工程的电气导管标称壁厚应不小于 1.5mm，而只适用于装潢工程。

"紧定式"也是一种连接方式。细分为两种紧定方式：一种是有螺纹（钉）紧定式 JDGL 型，将与管接头轴线垂直的螺钉拧断，实现紧定连接；另一种是无螺纹（钉）紧定式 JDGX 型，将线管插入接头后，将接头上锁紧旋钮旋转 90°，实现紧定连接，连接处可耐受 6kN 拉力。紧定方式由起初的单螺钉，发展为双螺钉或者双旋钮。管径（mm）有 16、20、25、32、40、50 共 6 种，标称壁厚不小于 1.5mm。弯曲方式为冷弯，适用于明敷。套接紧定式也无需做电气跨接。

KBG 管和 JDG 管的缺点是导管连接处的缝隙及扣压、紧定处的变形，可能渗入砂浆，在钢筋混凝土中预埋时，要采取防渗措施。螺纹连接重新被重视。原先的黑铁电线管改进为镀锌管，有的称为 LWG 螺纹式钢导管。这种管材参照原英国标准分级，有热镀锌钢导管（三极管）和热浸锌钢导管（四级）两种。因螺纹连接，同样需要做电气跨接。

上述两个标准均只要求管材镀锌均匀，没有规定镀锌工艺和锌层厚度。

2006 年重新修改了普通碳素结构钢电线套管标准 YB 5305—2006（后被 YB 5305—2008 替代），替代了 GB/T 3640—1998。外径为 12.7～168.7mm，壁厚为 0.5～20mm，关键点是明确了以下几点：

（1）护层可镀锌或其他涂层。

（2）镀锌层技术要求由供求双方在合同中商定，通常可采用热浸锌，厚度应不小于 500g/m^2。

（3）管口可带或不带螺纹。

（4）焊缝突起不超过 1mm。

目前市场上薄壁镀锌钢制电线导管共有三种，即电镀锌、热镀锌和热浸锌。电镀锌亦称冷镀锌，表面较光亮，采用彩色钝化工艺时表面呈黄绿色；采用白色钝化工艺时，表面呈白色。热镀锌表面光滑，呈银白色，常见水纹，应存放于干燥、通风的环境，耐腐等级优于冷镀锌。热浸镀锌则表面较暗，无光泽，锌层表面略显粗糙，有少许滴瘤，表面防护能力强。

电镀锌钢制电线导管的锌层厚度，相关标准没有规定，通常约 5～8μm，虽然标准规定内外壁均需镀锌，而实际情况并不达标，由于双面镀锌需将电极穿入管内，费时费力，成本高，很多厂家为了节约成本，只采用单面镀锌，内壁不镀锌，容易锈蚀，且电镀锌需用氰化物等剧毒化学试剂，对环境污染较大。虽有无氰电镀工艺，但品质不尽人意。随着国家对环境保护的要求提升，电镀锌钢制电线导管正在逐步被淘汰。

热镀锌导管是采用工厂化热镀锌钢带经高频焊接一次成型后对焊缝喷锌处理。热镀锌钢带的锌厚可根据用户需要定制。

热浸锌钢制电线导管采用黑退火带钢经高频焊接一次成型，经矫直处理后进行酸洗，使用助镀剂润湿，然后将焊管浸入 450° 高温熔化的锌池中，经过内吹、外吹后，再行钝化处理。有关锌层厚度有两个不同标准，根据 GB/T 13912—2002 标准，钢管镀锌层厚度不低于 45μm。而根据 GB/T 3091—2015 标准钢管内外壁锌层总重量不小于 500g/m²，相当于锌层厚度约 35μm。用户可根据工程实际情况选择。

2. 厚壁钢管

厚壁钢管通常采用热浸镀锌进行表面处理，常用螺纹连接（LWG）。市场上常见两种类型的厚壁钢管。

第一类是按照国家标准 GB/T 3091—2015 生产的低压流体输送焊接镀锌钢管，管径为 15～200mm，壁厚为 2.8～5.5mm，表面热浸镀锌处理。常用于潮湿场地或直埋地。管子的设计是用于流体输送，承受压力大，为保证耐受压力强度，故它的焊缝凸起比较高，穿电线时有可能损伤绝缘层。

第二类是按照欧洲标准 BS EN 10255：2004（原标准为 BS 1387—1985）生产的厚壁钢管，管径为 15～200mm，壁厚为 2.0～5.0mm，表面热浸镀锌处理，它的焊缝凸起比国标钢管要小。常用于地下室等潮湿场所或直接埋地，预埋及人防预埋工程穿线用。

3. 塑料管

分为硬管、半硬管和软管，用于电气工程的主要是硬管，详见9.2.3。

4. 可弯曲金属管

又称可挠金属管，根据内外壁材料分类，可以使用在防爆以外的各种场合，详见 9.2.3。

254

9.2.2　管材选择

（1）明敷及暗敷于干燥场所的金属导管布线，可采用标称壁厚不小于 1.5mm 的套接紧定式 JDG 管（热浸镀锌/热镀锌/电镀锌），该管材连接方式分有螺纹（钉）紧定式 JDGL 型和无螺纹（钉）紧定式 JDGX 型两类。

（2）明敷于露天场所或直接埋于素土内的金属导管布线，金属导管应选用符合现行国家标准 GB/T 20041.1—2015《电缆管理用导管系统　第 1 部分　通用要求》的热浸镀锌焊接钢管（又称厚壁管，以下简称钢管）。

（3）明敷于室内潮湿环境的金属导线管，可采用热浸镀锌导线管（四级）。

（4）当金属导管有机械外压力时，金属导管应符合现行国家标准 GB/T 20041.1《电缆管理用导管系统　第 1 部分　通用要求》中耐压分类为中型、重型及超重型的金属导管的规定。

（5）有酸碱盐腐蚀介质的环境，应采用中型阻燃型塑料导管或复合护层金属导管敷设，但在高温和宜受机械损伤的场所不宜采用塑料导管明敷。暗敷或埋地敷设时，引出地（楼）面的一段管路应采取防止机械损伤的措施。阻燃型塑料导管氧指数国内有 3 个不同标准，分别是应在 27、32、40，编者认为选择 27 或 32 即可。中度腐蚀环境，可采用外壁涂 PE（聚乙烯）的镀锌钢管；重度腐蚀环境，可采用内外壁涂 PE（聚乙烯）或环氧树脂的镀锌钢管或不锈钢管；对环境卫生要求较高的制药、食品、精细化工生产车间，可采用不锈钢管。

（6）爆炸危险环境，应采用镀锌钢管或防爆专用镀锌钢管敷设，镀锌钢管应符合国家现行标准 GB/T 20041.1—2015《电缆管理用导管系统　第 1 部分　通用要求》。

管材厚度和锌层厚度直接影响耐腐蚀性能和使用寿命，也是评价产品质量的主要指标，因此，设计和招标文件应当具体注明。特别对于沿海地区、潮湿不通风地下建筑、隧道或腐蚀性较强的户外区域，建议锌层厚度应不低于 45μm；而北方干燥区域或室内区域，可依据使用环境条件或耐久时间长短来确定锌层厚度。

9.2.3 管材型号及名称

1. 金属电线管类（见表 9-2～表 9-8）

表 9-2 薄壁电线管类

型 号	名 称	连接方式	执行标准	使用范围
EM-11	常规防腐热镀锌钢导线管（又称 JDG 套接紧定式钢导管）	紧定式	GB/T 20041.1—2015 GB/T 20041.21—2008	室内、干燥场所明敷或埋入砖墙或混凝土中
EH-11	高强防腐热镀锌钢导线管	无螺纹	GB/T 20041.1—2015 GB/T 3091—2015	潮湿环境或直接埋地
EH-21MT	碳素结构钢电线管（热浸锌钢管）	螺纹连接	GB/T 20041.1—2015 GB/T 3091—2015	潮湿环境或直接埋地
EH-31PE	内镀锌外壁复 PE 护层钢电线管（钢塑复合电线管）		GB/T 20041.1—2015	腐蚀环境
EH-31FC	外壁喷涂防火涂料内壁热浸锌钢管（涂料遇高温发泡隔热）	紧定式	GB/T 20041.1—2015 GB 8624—2012[46] GB 14907—2002[27]	消防设备线路
EH-32	内壁 PE 护层外镀锌钢导线管		GB/T 20041.1—2015 GB/T 20041.21—2008	潮湿或轻度腐蚀环境
EH-33PE	内外壁涂 PE 护层镀锌钢管（电线保护管）		GB/T 20041.1—2015 GB/T 20041.21—2008	地铁、隧道、桥梁等潮湿环境或盐雾及中度腐蚀环境明敷或埋地管线
EH-40BS	不锈钢电线管		GB/T 20041.1—2015 GB/T 20041.21—2008（IEC 61386—21：2002）	制药、食品、精细化工或重度腐蚀环境

注：本表参照广东中山一通管业科技有限公司资料。

表 9–3　　　　　　薄壁电线管管材主要技术参数

公称直径（外径）/mm	EM–11 壁厚/mm	EM–11 质量/(kg/m)	KBG 壁厚/mm	KBG 质量/(kg/m)	EH–11 壁厚/mm	EH–11 质量/(kg/m)	EH–21MT 壁厚/mm	EH–21MT 质量/(kg/m)	黑铁电线管 壁厚/mm	黑铁电线管 质量/(kg/m)
16	1.0	0.324	1.0	0.324	1.4	0.45	—		6	0.581
	1.4	0.452					—			
20（19）①	1.0	0.416	1.0	0.416	1.6	0.64	1.5	0.684	1.8	0.766
	1.6	0.643					1.7	0.707		
							1.9	0.848		
25	1.2	0.598	1.2	0.598	1.6	1.8	1.5	0.869	1.8	1.046
	1.6	0.811					1.7	0.977		
							1.9	1.082		
32	1.2	0.796	1.2	0.796	1.8	1.06	1.7	1.27	1.8	
	1.6	1.079					1.9	1.410		
							2.2	1.620		
40（38）	1.8	1.499	1.2	1.00	1.8	1.67	1.9	1.790	1.8	1.611
							2.2	2.050		
50（51）	1.8	1.893	—		1.8	2.12	1.9	2.300	2.0	2.407
							2.2	2.600		
63（64）	—	—	—				1.9	2.890	2.5	3.760
							2.2	3.330		
76									3.2	5.76
锌层厚/μm	10		10		20		35		0	

公称直径（外径）/mm	EH–31 壁厚/mm	EH–31 质量/(kg/m)	EH–31（防火）壁厚/mm	EH–31（防火）质量/(kg/m)	EH–32 壁厚/mm	EH–32 质量/(kg/m)	EH–33PE（DX）壁厚/mm	EH–33PE（DX）质量/(kg/m)	EH–34EP 壁厚/mm	EH–34EP 质量/(kg/m)	EH–40 壁厚/mm	EH–40 质量/(kg/m)
20	1.45	0.583	1.4	0.563	1.45	0.583	1.4	0.563	1.4	0.563	1.6	0.682
25	1.45	0.735	1.4	0.710	1.45	0.735	1.4	0.710	1.4	0.710	1.6	0.860
32	1.45	0.978	1.4	0.944	1.45	0.978	1.4	0.944	1.4	0.944	1.6	1.133

公称直径（外径）/mm	EH–31		EH–31（防火）		EH–32		EH–33PE（DX）		EH–34EP		EH–40	
	壁厚/mm	质量/(kg/m)	壁厚/mm	质量/(kg/m)	壁厚/mm	质量/(kg/m)	壁厚/mm	质量/(kg/m)	壁厚/mm	质量/(kg/m)	壁厚/mm	质量/(kg/m)
40（38）	1.45	1.358	1.5	1.405	1.45	1.358	1.5	1.405	1.5	1.405	1.6	1.364
50（51）	1.45	1.946	1.8	1.893	1.85	1.946	1.8	1.893	1.8	1.893	1.8	1.893
锌层厚/μm												
涂层厚/mm	（外）0.15		（外）0.2		（内）0.15		（外）0.2		（外）0.2		—	

注：标称壁厚不小于 1.5mm 仅适用于装饰工程，不适合建筑电气工程。

① 黑铁电线管采用括号内公称直径。

资料摘自广东中山一通管业科技有限公司技术手册。

表 9–4　　　　　　　　薄壁电线管管材主要技术参数

名称	公称直径（外径）/mm	壁厚/mm	锌层厚/μm	质量/（kg/m）		执行标准	连接方式	适用场所
				最小	最大			
热浸镀锌导线管	20	1.6±0.15	35	0.663	0.787	CECS 120—2007 GB/T 20041.1—2015 GB/T 20041.21—2008 并参照 BS EN 61386–1：2008	螺纹	潮湿或盐雾等重度腐蚀环境明敷或预埋
	25	1.6±0.15	35	0.842	1.003		螺纹	
	32	1.6±0.15	35	1.092	1.305		螺纹	
	40	1.6±0.15	35	1.56	1.83		螺纹	
	50	1.6±0.15	35	1.967	2.311		螺纹	
热镀锌导线管	20	1.6±0.15	8	0.663	0.787	CECS 120–2007 GB/T 20041.1–2015 GB/T 20041.21–2008 并参照 BS EN 61386–1：2008	螺纹/紧定	中度腐蚀环境明敷螺纹式可用于混凝土预埋
	25	1.6±0.15	8	0.842	1.003		螺纹/紧定	
	32	1.6±0.15	8	1.092	1.305		螺纹/紧定	
	40	1.6±0.15	8	1.56	1.83		螺纹/紧定	
	50	1.6±0.15	8	1.967	2.311		螺纹/紧定	

名称	公称直径（外径）/mm	壁厚/mm	锌层厚/μm	质量/（kg/m） 最小	质量/（kg/m） 最大	执行标准	连接方式	适用场所
紧定式JDG管（热浸镀锌/热镀锌/电镀锌）	20	1.6±0.15	热浸镀锌35μm 热镀锌8μm 电镀锌5μm	0.663	0.787	CECS 120–2007 GB/T 20041.1–2015 GB/T 20041.21–2008 并参照 BS EN 61386–1：2008	紧定/旋压	一般环境，用于明敷或埋入楼层混凝土板,砖墙
	25	1.6±0.15		0.842	1.003		紧定/旋压	
	32	1.6±0.15		1.092	1.305		紧定/旋压	
	40	1.6±0.15		1.56	1.83		紧定/旋压	
	50	1.6±0.15		1.967	2.311		紧定/旋压	

注：表中数据由上海申捷管业科技有限公司提供。

表 9–5 厚 壁 钢 管 类

型 号	名 称	连接方式	执行标准	使用范围
EH–21SC	热浸镀锌钢导线管（焊接钢管）	螺纹	GB/T 3091—2015	地下室、潮湿环境或埋入泥地
EH–22	爆炸性环境 第 1 部分：设备通用要求	螺纹	GB/T 3091—2015 GB 3836.1—2010[32] JB/T 9599—1999[117]	爆炸危险环境
EH–33PE–L	内外壁涂 PE 护层焊接钢管（电缆保护管）	承插式	GB/T 20041.21—2008[70]	潮湿环境或盐雾及中度腐蚀环境明敷或埋地电缆

注：EH–33PE 型号与薄壁电线管相同，系同一型号产品覆盖厚壁及薄壁系列。

表 9–6 厚壁钢管管材主要技术参数

公称直径（内径）/mm	EH–21SC 壁厚/mm	EH–21SC 质量/（kg/m）	EH–22 壁厚/mm	EH–22 质量/（kg/m）	EH–33PE（DL） 壁厚/mm	EH–33PE（DL） 质量/（kg/m）	备注
15	2.8	2.75			—		
20	2.8	2.75			—		
25	3.2	3.25					

公称直径（内径）/mm	EH-21SC		EH-22		EH-33PE（DL）		备注
	壁厚/mm	质量/（kg/m）	壁厚/mm	质量/（kg/m）	壁厚/mm	质量/（kg/m）	
32	3.5	3.25			—		
40	3.5	3.5			—		
50	3.8		—		5		
63	4		—		6.5		
80	4		—		7		
100	4.2		—		7		
125	4.2		—		7.5		
150					7.5		
护层厚/mm	锌层 35μm				PE层 20		

注：资料摘自广东中山一通管业科技有限公司技术手册。

表 9-7　　　　　　　厚壁电线导管技术参数

名称	公称直径（内径）/mm	壁厚/mm		重量/（kg/m）		锌层厚度/μm	执行标准	连接方式	适用场所
		国标	英标	国标	英标				
热浸镀锌焊接钢管	15	2.8/3.5	2.6/3.2	1.27/1.53	1.22/1.45	35	国标 GB/T 3091—2015 英标 BS EN 10255：2004	螺纹	潮湿环境明敷预埋或直接埋地
	20	2.8/3.5	2.6/3.2	1.65/2.01	1.57/1.88	35		螺纹	
	25	3.2/4.0	3.2/4.0	2.41/2.91	2.43/2.95	35		螺纹	
	32	3.5/4.0	3.2/4.0	3.34/3.76	3.13/3.82	35		螺纹	
	40	3.5/4.5	3.2/4.0	3.84/4.83	3.6/4.41	35		螺纹	
	50	3.8/4.5	3.6/4.5	5.26/6.15	5.1/6.26	35		螺纹	
	65	4.0/4.5	3.6/4.5	7.07/7.90	6.54/8.05	35		螺纹	
	80	4.0/5.0	4.0/5.0	8.31/10.35	8.53/10.5	35		螺纹	
	100	4.0/5.0	4.5/5.4	10.78/13.4	12.5/14.8	35		螺纹	
	125	4.0/5.5	5.0/5.4	13.30/16.50	17.1/18.42	35		螺纹	
	150	4.5/6.0	5.0/5.4	18.06/23.54	20.4/21.9	35		螺纹	

注：表中数据由上海申捷管业科技有限公司提供。

2. 可弯曲金属导管（可挠金属管）类型（见表 9-8）

表 9-8 **可弯曲金属导管（可挠金属管）类型**

型　号	结构特点		适　用　范　围
KZ 基本型	外层：热镀锌钢带		敷设在正常环境的建筑物顶棚内或暗敷与墙体、混凝土地面、楼板垫层或现浇钢筋混凝土板内（参照 GB 50054—2011 低压配电设计规范 7.2.21）
	内层：特殊树脂		
KV 防水型	KV 外层软质 PVC 保护膜		可使用 KZ 的场所，室内外潮湿场所（明暗敷均可）；直埋地下素土内；蒸气密度高的场所；有酸、碱腐蚀性的场所
KVZ 阻燃型	同 KV，内外层材料阻燃		可使用 KZ/KV 的场所；火灾自动报警系统；防火要求较高的场所
KVD 低烟无卤型	同 KV/KVZ		适用于消防系统中的配管；可使用 KZ/KV/KVZ 的场所等

注：1. 本表根据保定长瑞管业有限公司资料编撰。

　　2. 敷设在户内一般环境的建筑物顶棚内或暗敷于墙体、混凝土楼板及地面，可采用基本型。

　　3. 明敷于潮湿场所或直埋于素土内时，可采用防水型。

3. 硬塑料管类（见表 9-9）

表 9-9 **硬质塑料管技术数据**

公称直径（外径）/mm	轻　型		重　型		备注
	壁厚/mm	质量/（kg/4m）	壁厚/mm	质量/（kg/4m）	
12	—	—	2.25	0.45	
15			2.5	0.6	
20	2	0.7	2.5	0.85	
25	2	0.9	3	1.3	
32	3	1.7	4	2.2	
40	3.5	2.5	5	3.4	
51	4	3.6	6	5.2	
65	4.5	5.2	7	7.4	

公称直径 （外径） /mm	轻 型		重 型		备注
	壁厚 /mm	质量/ （kg/4m）	壁厚 /mm	质量/ （kg/4m）	
76	5	6.8	8	11	
90	6	10	—	—	
114	7	15	—	—	
140	8	20	—	—	
166	8	25	—	—	
218	10	40	—	—	

注：管材标准长度4m/根。

9.3 管 径 选 择 标 准

9.3.1　40%截面规则

三根以上绝缘导线穿同一根管时，导线的总截面积（包括外护层）不宜大于管内净面积的40%，并符合9.3.3条要求。

9.3.2　导线外接圆直径规则

两根绝缘导线穿同一根管时，管内径应不小于 2 根导线直径之和的 1.35 倍，并符合9.3.3条要求。

9.3.3　管长及弯头规定

（1）管子没有弯时的长度不超过30m。

（2）管子有一个弯（90°～120°）时的长度不超过20m。

（3）管子有二个弯（90°～120°）时的长度不超过15m。

（4）管子有三个弯（90°～120°）时的长度不超过8m。

每两个 120°～150° 的弯，相当于一个 90°～120° 的弯。若长度超过上述要求时，应加设拉线盒、箱或加大管径。

9.3.4 穿管管径

导线穿管管径详见表 9–10～表 9–13。

9.3.5 穿管布线

穿管布线详见第 4.2.5 节。

表 9–10　　BV、BVN 型绝缘线穿厚壁类钢管径（内径）选择

单位：mm

导线截面 /mm²	导 线 根 数						
	2	3	4	5	6	7	8
1.0							
1.5		15					
2.5							
4							
6		20					
10			25				
16		25					
25		32			40		
35			50				
50		40					
70		50	65		65		
95							
120		65			80		
150			80				
185							
240		100					

表 9–11　　　　**BV、BVN 型绝缘线穿薄壁类电线管管径（外径）选择**　　　单位：mm

导线截面 /mm²	导线根数						
	2	3	4	5	6	7	8
1.0							20
1.5		16			20		25
2.5			20				
4		20					
6			25				32
10							40
16			32		40		
25		40			50		
35							
50		50			64		
70							
95		64			76		
120							
150							
185		76					

表 9–12　　　　**BV、BVN 型绝缘线穿中型阻燃性塑料导管管径（外径）选择**　　　单位：mm

导线截面 /mm²	导线根数						
	2	3	4	5	6	7	8
1.0							
1.5		16				20	
2.5							
4						25	
6		20				32	
10		25		32		40	
16							

导线截面/mm²	导线根数						
	2	3	4	5	6	7	8
25		32		40		50	
35		40		50		63	
50							
70		50					
95							
120		63					
150							

注：中型阻燃性塑料导管管径指外径。

表 9–13　　　BV、BVN 型绝缘线穿可弯曲金属管管径（内径）选择　　　单位：mm

导体截面/mm²	导线根数						
	2	3	4	5	6	7	8
1.0		10			12		
1.5			12		15		17
2.5		15			17		
4		17			24		
6							
10		24			30		
16					38		
25		30					
35			38		50		
50							
70		50			63		
95					76		
120		63				83	
150			76				
185					101		

第10章 电缆桥架选择

10.1 电缆桥架系统工程设计深度

电缆桥架是由托盘，梯架的直线段、弯通、附件以及支、吊架构成的连续、刚性结构系统，用于敷设电缆。设计应符合电缆敷设的要求，设计文件应包括如下：

（1）桥架系统平面布置图。

（2）桥架系统的主要剖面图，对多层桥架系统及与其他管道交叉点是必需的。

（3）材料表。应包括托盘，梯架的直线段、弯通，支、吊架规格及断面尺寸，载荷等级，表面处理方式及技术指标，材料品种（如钢、铝、玻璃钢等或型材）、板厚等，即名称、规格和数量。

（4）施工说明及特殊非标件的详图。

比较简单或规模较小的工程可适当简化。

10.2 电缆桥架的型式及品种选择

10.2.1 电缆桥架系统构成

电缆桥架系统构成，如图 10–1 所示。

10.2.2 电缆桥架分类

（1）按结构型式分类，有孔托盘（孔面积占底板面积的 30%～40%）、无孔托盘、组装式托盘、网格式托盘、梯架、组装式梯架、长跨距桁架等六种。

（2）按材料分类，有钢制、铝合金、不锈钢、玻璃钢等品种。

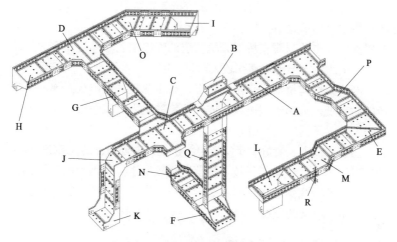

图 10-1　电缆桥架系统构成

A—槽式直通；B—槽式边垂直四通；C—槽式水平四通；D—槽式水平三通；

E—槽式水平弯；F—槽式下垂直三通；G—槽式上垂直三通；H—槽式垂直左上弯；

I—槽式垂直右上弯；J—槽式垂直上弯；K—槽式垂直下弯；L—槽式上边垂直三通；

M—槽式水平 Z 弯；N—槽式变径直通；O—槽式 135°水平弯；P—槽式鸭脖弯；

Q—竖井支架；R—吊装支架

（3）按生产方式分类，钢制又分为先机械加工再表面处理（如热浸锌或涂塑）和先工厂化表面预处理后进行机械加工两种。前者均为手工业作坊生产，后者如彩钢，是采用优质板材全部工业化生产方式表面预涂装，因优化结构而节约钢材称为节能型。

（4）按耐火要求分类，有普通型和耐火型两类。

（5）钢制桥架的结构型式，按侧板与底板的连接形式分为整体式和装配式两种。整体式有整板弯制、轧制，焊接、铆接等工艺，通常平底托盘以整板弯，如节能复合高耐腐（彩钢）模压增强底盘采用铆接工艺；装配式有卡接法和机械连接法。卡博菲（无锡）的梯架采用卡接法。节能复合高耐腐（彩钢）波纹底托盘是机械连接的范例。

当跨距较大时，可选择双侧板或桁架式结构。

由于普通平底钢制热浸锌桥架耗钢材多，节能耐腐型（VCI）双金属涂料及节能耐腐型桥架无机涂层的喷涂工艺对环境损害大，而且其所谓"间接节能"存在较大争议，因此，本手册不予推荐。

网格式结构桥架优点是自重轻，施工便捷，进出线方便，但载荷能力较低，适用于弱电线路或载荷轻的电力电缆敷设，在数据中心类工程中得到广泛运用。

当前业内人士看好彩钢制造电缆桥架，最近施行的 CECS 31—2017《钢制电缆桥架工程技术规范》也较推崇，是因为由工厂化生产的节能复合高耐腐型（彩钢）电缆桥架生产过程零排放，被誉为新一代电缆桥架的发展方向。

10.2.3 电缆桥架型式选择

（1）需要电气屏蔽或防止油、液体、易燃粉尘等外部污染时，采用有盖无孔的托盘。

（2）装配式托盘及梯架可以现场装配，不受施工场地限制，又有产品成品率高等优点，特别适合于施工场地较狭小的场所。运输方便，大大减少体积和运输成本。但由于装配部件较多，装配后须妥善做好跨接和接地。

（3）除上述以外，可采用有孔托盘及梯架。在民用建筑的电气竖井中，通常采用梯架；在建筑吊顶内，国内规范要求采用封闭槽盒，认为吊顶内不允许有可燃物质，编者认为应区别对待可燃物体积与吊顶空间比例。因电缆占空间极有限，应参照相应的国际标准。国际标准可采用有孔托盘及梯架。

（4）在多尘环境或户外需要遮荫的场所，宜采用带盖板的托盘。

（5）公共通道或户外跨越道路路段，最下层梯架底部宜加护板或采用托盘。

（6）要求电缆桥架耐火时，按照有关设计规范可采取下列措施之一：

1）采用耐火电缆槽盒，执行标准 GB 29415—2013《耐火电缆

《槽盒》[30]。

2）采用普通钢制有盖托盘，并在其内部加封闭的耐火或难燃隔热板，外表面涂刷不小于 0.5mm 厚的防火膨胀涂料。

编者认为：实际这两种方法都达不到要求。若采用隔热板衬垫，则正常运行时电缆散热不利；若在钢制电缆桥架表面涂防火涂料，由于镀层与桥架不构成锚地结构，附着力较差，且当火焰温度达 450℃以上时，镀锌层融化，锌层连同防火涂料整体脱落。因此，确实需要电缆耐火的场所，应采用耐火电缆。

10.2.4 载荷等级选择

（1）按 CECS 31—2017 规定，支、吊架间距为 2m 的载荷等级分为四级，详见表 10-1。

表 10-1 托盘、梯架的载荷等级

载荷等级		A	B	C	D
安全工作载荷	kN/m（约 kgf/m）	0.65（65）	1.80（180）	2.60（260）	3.25（325）

表 10-2 网格式金属电缆桥架的安全工作荷载能力 单位：kg/m

跨距/m	高度/mm	宽度/mm											
		50	100	150	200	250	300	350	400	450	500	550	600
1.5	30	10	10	10	15	15	20	25	30	—	—	—	—
	50	20	20	30	35	50	65	85	100	100	100	105	105
	100	—	40	55	80	100	120	120	120	130	145	145	140
	150	—	—	140	140	140	145	150	150	150	—	—	—
2.0	30	5	5	5	10	10	10	15	20	—	—	—	—
	50	10	10	20	25	30	40	50	60	60	60	65	65
	100	—	30	40	55	70	80	80	80	80	85	85	85
	150	—	—	90	90	90	95	100	100	100	—	—	—

（2）托盘，梯架允许最小板材厚度。

目前国内电缆桥架国家标准和中国工程建设标准化协会都规定了最小板材厚度。编者认为这样虽然对规范市场有益处，但从技术层面来看，只能作为参考值，不应该作为强制值，只要按载荷等级满足强度、刚度、稳定性条件，不需要规定钢板厚度。从技术进步角度，应该不断提倡结构创新，减小板材厚度，节约钢材。本手册仅仅为方便读者，也根据市场需求，仍列出最小钢板厚度。

（3）普通结构钢制热浸锌电缆桥架选用优质冷轧钢板，并符合GB/T 700—2006（ISO 630：1995，NEQ）《碳素结构钢》[107]。

一般地区可选择 Q235A，对工程质量要求较高时，宜选用Q235B，北方寒冷地区宜选择 Q235C。板材最小厚度参考值见表 10–3和表 10–4。

电缆桥架宜采用冷轧板，若采用热轧钢板，不仅强度低，又很难保证热浸锌质量。因热浸锌后成品表面难以判别内在材质，因此必须对制造过程加以监督。

表 10–3　　普通结构钢制热浸锌电缆托盘板材最小厚度　　单位：mm

托盘宽度 B	槽体	盖板
$B \leq 200$	1.2	1.0
$200 < B \leq 400$	2.0	1.2
$400 < B \leq 600$	3.0	1.5

注：宽度 B 大于 600mm，钢板厚度增加较多，不建议采用。

表 10–4　　　　　　　普通梯架最小板材厚度　　　　　　单位：mm

梯架宽度 B	侧板	横档	盖板
$150 < B \leq 300$	1.2	1.2	1.0
$300 < B \leq 500$	1.5	1.5	1.2
$500 < B \leq 800$	2.0	2.0	1.5
$800 < B \leq 1000$	2.5	2.5	2.0

注：横档宽度应不小于 25mm；横档高度应不低于 20mm。

（4）节能复合高耐腐（彩钢）电缆桥架选用优质冷轧钢板，并符合 GB/T 700—2006《碳素结构钢标准》中 Q235 的要求。其最小厚度见表 10–5～表 10–8。

表 10–5　　　　　　　　节能复合高耐腐（彩钢）
　　　　　　　模压增强底托盘板材最小厚度　　　　　单位：mm

托盘宽度 B	槽体	盖板	加强筋半径/R
$B{\leqslant}150$	0.8	0.6	7.5
$150{<}B{\leqslant}400$	1.0	0.6	10
$400{<}B{\leqslant}600$	1.2	0.6	16
$600{<}B{\leqslant}1000$	1.5	0.6	20

注：加强筋厚度须等同于托盘，且不少于 9 根/2m。

表 10–6　　　节能复合高耐腐（彩钢）波纹底托盘板材
　　　　　　　　　　最小厚度　　　　　　　　　　单位：mm

托盘宽度 B	侧板	波纹底板	盖板
$B{<}300$	1.0	0.7	0.6
$300{\leqslant}B{<}500$	1.2	0.7	0.6
$500{\leqslant}B{<}800$	1.4	0.8	0.6
$800{\leqslant}B{<}1000$	1.8	0.8	0.6

表 10–7　　节能复合高耐腐（彩钢）梯架最小板材厚度　　单位：mm

托盘宽度 B	侧板	横档	盖板
$B{\leqslant}150$	1.2	1.2	0.6
$150{<}B{\leqslant}400$	1.4	1.5	0.6
$400{<}B{\leqslant}600$	1.5	1.8	0.6
$600{<}B{\leqslant}1000$	1.8	2.0	0.6

表 10–8　　　　　卡接式梯架板材最小允许厚度　　　　单位：mm

梯架宽 B	侧板	横档	盖板
$150{<}B{\leqslant}400$	1.1	1.2	0.7
$400{<}B{\leqslant}600$	1.1	1.2	1

注：宽度超过 600mm 以上的卡接式梯架板材厚度依据实际承载需求与客户另行约定。

10.2.5 表面防护层选择

按耐腐层类别分类，共有七种。根据工程环境条件、重要性、耐火性和技术经济等因素进行选择，详见表 10-9～表 10-13。

表 10-9　　　　　　　　　表面防腐处理方式选择

环境条件				耐腐层类别						
类型		代号	等级	D	P	R	DP	RQ	CG	T
				电镀锌	喷涂粉末	热浸镀锌	复合层		彩钢	其他
户内	一般 普通型	J	3K5L、3K6	√	√				√	T 为特殊表面护层，如镀锌镍合金、高钝化等，应按表 10-10 试验验证
	0 类 湿热型	TH	3K5L	√	√	√				
	1 类 中腐蚀型	FI	3K5、3C3	√		√			√	
	2 类 强腐蚀型	F2	3K5L、3C4			√	√	√	√	
户外	0 类 轻腐蚀型	W	4K2、4C2			√	√	√	√	
	1 类 中腐蚀型	WF1	4K2、4C3			√	√	√	√	

注：1. 符号√表示推荐耐腐类别。

2. 环境条件详见表 10-10～表 10-11。

3. 耐腐层表面应均匀，无毛刺、无起泡、脱皮、裂纹等缺陷。热浸锌层厚度大于或等于 65μm；电镀锌层厚度大于或等于 12μm。

4. 彩钢面层选择：一般环境选择 PE 树脂；潮湿和腐蚀环境选择 HDP 高耐久树脂。例如，较潮湿的地下室、城市管廊内等；户外和强腐蚀环境选择 PVDF 聚偏氟乙烯树脂。

表 10–10　　　　　人工环境试验项目及周期规定

试验类型	试验周期方法标准	户内				户外		备 注
		一般	0类	1类	2类	0类	1类	
		普通型	湿热型	中腐蚀型	强腐蚀型	轻腐蚀型	中腐蚀型	
		J	TH	F1	F2	W	WFI	
交变湿热	GB/T 2423.4—2008, D_b	6	12	—	—	12	—	降湿阶段的相对湿度35%
盐雾	GB/T 2423.17—2008, K_a	2	4	4	10	4	4	
化学腐蚀气体试验	GB/T 2423.33, K_{ch}	—	—	4	10	—	4	
紫外线冷凝试验	光照 70℃ 8h 冷凝 50℃ 4h 光波长 275～300μm 相对湿度 95%～100%	—	—	—	—	20	20	

注：1. 紫外线冷凝试验光照 70℃ 8h，冷凝 50℃ 4h，共 12h，为 1 周期，其余按 24h 为 1周期。

　　2. 环境条件等级参见表 10–12 及表 10–10。

表 10–11　　　　　各类电缆桥架耐腐蚀试验标准一览

桥架类别	环境类别		耐腐蚀性能	试验项目和时间/h				备注
				湿热	盐雾	化学	紫外线	
普通钢制型	户内	普通	普通型 J	144	48	—	—	
		0类	湿热型 TH	288	96	—	—	
		1类	耐中腐蚀型 F1	—	96	96	—	
		2类	耐强腐蚀型 F2	—	720	720	—	
	户外	0类	耐轻腐蚀型 W	288	96	—	480	
		1类	耐中腐蚀型 WF1	—	96	96	480	

273

桥架类别	环境类别		耐腐蚀性能	试验项目和时间/h				备注
				湿热	盐雾	化学	紫外线	
节能复合耐腐型	户内、外	金属无机复合涂层	低（A）	—	96	—	240	
			中（B）	—	240	—	360	
			高（C）	—	850	—	480	
		有机复合涂层	低（A）	—	—	240	240	
			中（B）	—	—	480	360	
			高（C）	—	—	720	480	
节能复合高耐腐彩钢型	户内	0 类	聚酯（PE）		480	—	600	
	1～2 类		高耐久性树脂（PDF）	—	720	—	600	
	户外	1 类	聚偏氟乙烯（PVDF）		960	—	1000	

表 10-12　　　　　　　　气候环境条件等级

环境参数	单位	等级		
		3K6	3K5L	4K2
温度	℃	−25～+55	−5～+40	−35～+140
相对湿度	%	10～100	5～95	10～100
太阳辐射	W/m²	—	700	1120
结露条件		有	有	有
冰霜条件		—	有	有

表 10-13　　　　　　　化学活性物质环境条件等级

环境参数	单位	等级[①]					
		4C2		3C3　4C3		3C4	
		平均[②]	最大[②]	平均值	最大值	平均值	最大值
二氧化碳	mg/m³[④]	0.3	1	5	10	13	40
	cm³/m³[④]	0.11	0.37	1.85	3.7	4.8	14.8

环境参数	单位	等 级[①]					
		4C2		3C3	4C3	3C4	
		平均[②]	最大[②]	平均值	最大值	平均值	最大值
硫化氢	mg/m^3	0.1	0.5	3	10	14	70
	cm^3/m^3	0.071	0.36	2.1	7.1	9.9	49.7
氯	mg/m^3	0.1	0.3	0.3	1	0.6	3
	cm^3/m^3	0.034	0.1	0.1	0.34	0.2	1
氯化氢	mg/m^3	0.1	0.5	1	5	3	15
	cm^3/m^3	0.066	0.33	0.66	3.3	1.98	9.9
氟化氢	mg/m^3	0.01	0.03	0.05	1	0.1	2
	cm^3/m^3	0.012	0.036	0.06	1.2	0.12	2.4
氨	mg/m^3	1	3	10	35	35	175
	cm^3/m^3	1.4	4.2	14	49	49	245
臭氧	mg/m^3	0.05	0.1	0.1	0.3	0.2	2
	cm^3/m^3	0.026	0.05	0.05	0.15	0.1	1
氧化氮[⑤]	mg/m^3	0.5	1	3	9	10	20
	cm^3/m^3	0.26	0.52	1.56	4.68	5.1	10.4
盐雾	—	有盐雾条件[③]					

① 空气中有一种或多种的化学气体浓度值符合本表中数值即属于该等级。

② 平均值是长期数值的平均，最大值是不超过 30min 的峰值，如超过 30min 则应提高等级。

③ 盐雾条件只作定性规定，不用以划分等级。

④ 单位 cm^3 / m^3 的数值是由 mg/m^3 的数值换算而来，温度取 20℃。

⑤ 相当于二氧化氮的值。

10.3 电缆桥架规格选择

10.3.1 桥架断面尺寸选择

电缆在桥架内的填充率应满足式（10-1）。

$$Bh×(40\%～50\%)≥1.25S_L \qquad (10-1)$$

式中　B——电缆桥架宽度，mm；

　　　h——电缆桥架高度，mm；

　　　S_L——电缆外形折算面积（直径×直径）总和，mm^2。

托盘、梯架的常用尺寸规格及载荷等级对应表见表 10-14。

表 10-14　　　托盘、梯架的常用规格及载荷等级对应表

宽度 B /mm	侧板高度 H/mm						
	40	50	60	80	100	150	200
A 级 (0.65kN/m) 　60	☆	☆	—	—	—	—	—
80	☆	☆	☆	—	—	—	—
100	☆	☆	☆	☆	—	—	—
150	☆	☆	☆	☆	☆	—	—
B 级 (1.80kN/m) 　200	—	☆	☆	☆	☆	—	—
250	—	☆	☆	☆	☆	☆	—
300	—	—	☆	☆	☆	☆	☆
350	—	—	☆	☆	☆	☆	☆
400	—	—	☆	☆	☆	☆	☆
C 级 (2.60kN/m) 　450	—	—	☆	☆	☆	☆	☆
500	—	—	—	☆	☆	☆	☆
600	—	—	—	☆	☆	☆	☆
D 级 (3.25kN/m) 　800	—	—	—	☆	☆	☆	☆
1000	—	—	—	—	☆	☆	☆

注：☆—推荐的常用规格。

由于桥架制造用材通常采用国标 1～1.25m 宽度的钢板或卷材，因此整板弯制式托盘宽度不宜大于 800mm。更大宽度须侧板与底板或长度拼接，不仅不经济而且强度与拼接工艺有关，应要求制造商提供相关的试验报告。

此外，普通平底型结构的钢制电缆托盘，宽度在 600mm 以上时，

为克服自重带来的挠度，钢板厚度必须增厚，使成本大大提高，因此宜优先采用 600mm 及以下宽度规格。当必须采用大宽度规格时，宜在同一组支架上，平行安装两组紧靠的直线桥架，弯通可合一。

10.3.2　长度选择

托盘、梯架直线段单件标准长度为 2m，超长规格须请制造商提供载荷曲线。

10.3.3　弯通选择

弯通有折线型和圆弧型两种。折线型是以弯通两条内侧直角边的内切圆两切点的连线制成的弯通。圆弧型则是以两切点的圆弧制成弯通，内切圆半径即弯曲半径，有 300mm、600mm、900mm 三种。圆弧型的优点是电缆敷设时不易擦伤电缆护套。

10.3.4　伸缩缝选择

托盘、梯架直线段每隔 50m，应预留 20～30mm 的伸缩缝。

10.4　电缆桥架强度、刚度、稳定性计算

对于跨度大于 2m（超长）或户外风雪作用等特殊载荷的桥架，应核算强度、刚度及稳定性。老的标准曾按等弯矩原则确定超长桥架的允许均布载荷，这是不恰当的，因为长度越长，允许均布载荷越小，实际无法使用。新标准已经废除这一条，超长桥架仍应按照表 10-1 确定载荷等级。

有的制造商在样本上提供跨度—载荷曲线，就可以直接查取，否则应进行核算。

10.4.1　强度

应满足载荷最大正应力小于材料的许用应力。

10.4.2 刚度

电缆均布安全载荷作用下的挠度不大于跨度的 1/200。

10.4.3 稳定性

稳定性是指侧板在承受载荷后，变形在允许范围内。

这些计算略繁琐，目前可借助金属薄壁结构有限元计算方法，先建立数学模型，用计算机进行计算，结果经检测验证两者应相同。

工程设计中这些计算通常可委托专业设计院或制造商进行，本手册限于篇幅从略。

10.5 普通支、吊架配置

10.5.1 支、吊架种类

（1）根据全国通用建筑标准图集《电缆桥架安装》常用支、吊架种类有 7 种，即钢托臂、钢支柱（或吊杆）、型钢柱（或吊杆）、圆钢、角钢、槽钢及其组合的支、吊架，品种较多。中小型电缆桥架工程往往对支、吊架不重视，这种现状应该改变。普通型钢支、吊架多在现场制作，断口焊接后用补漆防腐，效果差。根据发展趋势，C 型钢支、吊架应用前景广阔，本章重点介绍。

（2）C 型钢型号标识

$$C-b×h×t$$

其中　C——名称代号，其剖面图如图 10-2 所示；

b——宽，mm；

h——高，mm；

t——材料厚度，mm。

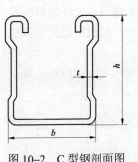

图 10-2　C 型钢剖面图

常用 C 型钢参数见表 10-15。

表 10–15

表 10–15 常用 C 型钢参数

型号	C–41.3×20.6×2.0	C–41.3×25×2.0	C–41.3×41.3×2.0	C–41.3×52×2.5
宽 b/mm	41.3			
高 h/mm	20.6	25	41.3	52
厚 t/mm	2.0	2.0	2.0	2.5
质量/（kg/m）	1.59	1.78	2.18	2.78
型号	C–41.3×62×2.5	C–41.3×72×2.5	C–41.3×82×2.5	
宽 b/mm	41.3			
高 h/mm	62	72	82	
厚 t/mm	2.5	2.5	2.5	2.5
质量/（kg/m）	3.5			

注：摘自上海申捷管业科技有限公司资料。

（3）C 型钢材质。市场上 C 型钢材质品种较多，常用主要 Q235B 和 S320CD 两种，前者用于热浸锌面层，后者是热镀锌钢板，直接弯制。根据需要还有不锈钢或其他钢材。

（4）常用单层支、吊架的选择见表 10–16。

表 10–16 常用单层支、吊架的选择

桥架宽 B/mm	丝杆+C 型钢/角铁	C 型钢+C 型钢	槽钢+槽钢
$B \leqslant 200$	√		
$200 < B \leqslant 1000$		√	
$B > 1000$		√	√

注：表头代表立柱+横梁形式。

10.5.2 支、吊架间距

（1）支、吊间距按最大 1.8m 计，这是对应桥架标准长度 2m 考虑的。根据安装要求，直线段与半径不大于 300mm 弯通连接，应在距连接处 300～600mm 的直线段侧设支、吊架。与半径大于 300mm 弯通连接，应在弯通中部增设支、吊架。

（2）多层布置的托盘、梯架，为利于电力电缆散热，上下层间距不宜小于 300mm，背靠背布置，间距不宜小于 225mm。控制电缆

发热小，上下层间距不宜小于 200mm。背靠背布置则无间距规定。

10.5.3　支、吊架尺寸

（1）螺栓和 C 型钢制造长度为 3m；螺栓常用规格为 M8、M10、M12。常用 C 型钢支架规格见表 10-15，载荷较大时可在高度上双拼，例如，将 41.3×41.3 双拼成 41.3×（2×41.3）。角钢和槽钢为制造长度 6m，角钢常用规格为 3 号、4 号、5 号；槽钢常用规格为 8 号、10 号。

（2）水平支、吊架长度：两端固定的，取桥架宽度 B+200mm；单端固定的（悬臂梁），取 B+100mm。

10.5.4　支、吊架强度选择

（1）根据电缆桥架载荷选取，简支梁（两端固定）允许挠度 $L/200$（L 为支、吊架长度）；悬臂梁（单端固定）$L/100$。

（2）C 型钢选择：常用支、吊架的选择见表 10-17；特殊或载荷超大者可委托制造商协助，计算方法可参考 CECS 31—2017《钢制电缆桥架工程技术规范》。

表 10-17　　　　　　　常用支、吊架的选择

桥架尺寸 $B×H$/mm×mm	200×100	300×100	400×200
吊杆	丝杆 M12		
横梁	C-41.3×25×2.0	C-41.3×41.3×2.0	
桥架尺寸 $B×H$/mm×mm	600×200	800×200	1000×200
吊杆	C-41.3×41.3×2.0		
横梁	C-41.3×41.3×2.5	C-41.3×62×2.5	

注：摘自上海申捷管业科技有限公司资料。

10.5.5　表面防护层选择

（1）支吊架的耐腐蚀能力应该与电缆桥架的相同，主要防护方法见表 10-18。

表 10-18   支、吊架耐腐选择

类型	角铁	槽钢	C 型钢	丝杆
电镀锌				√
热镀锌			√	
热浸镀锌	√	√	√	
喷塑			√	
复合涂层			√	

（2）锌层厚度：工厂化热镀锌板一般选择 25；热浸锌 55 根据使用环境选择。

10.5.6 支、吊架的安装及验收

（1）在混凝土或砖结构上固定，主要是采用膨胀螺栓紧固，如图 10-3 所示。

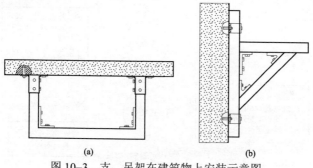

(a)   (b)

图 10-3 支、吊架在建筑物上安装示意图
（a）吊顶安装；（b）侧面悬挂安装

（2）在钢结构上固定，主要通过螺栓及钢制配件进行紧固，如 10-4 所示。

10.5.7 验收规范

由于没有相应的施工及验收规范，可参照国家标准 GB 50017—2003《钢结构设计规范》。

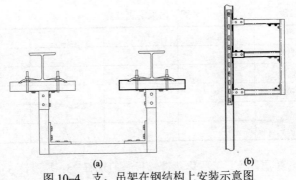

图 10-4　支、吊架在钢结构上安装示意图

（a）吊顶安装；（b）侧面悬挂安装

10.6　电缆桥架设计程序

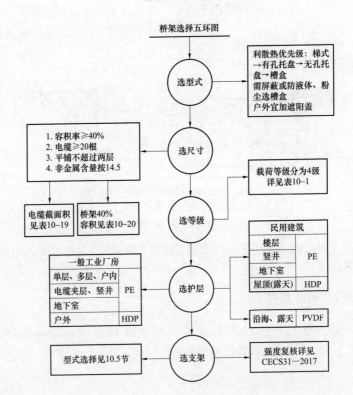

表 10–19

电缆外截面面积（外径×外径） 单位：mm²

S/mm²	3 芯	4 芯	5 芯
16	301	363	432
25	434	530	632
35	464	607	832
50	548	693	975
70	689	942	1329
95	877	1246	1691
120	1092	1461	2088
150	1424	1915	2634
185	1839	2337	3174

表 10–20 桥 架 40% 容 积 单位：mm²

B/H	100	150	200	250
400	16 000	24 000①		
500	2000	30 000①		
600	24 000	36 000	48 000①	
700	28 000	42 000	56 000①	
800	32 000	48 000	64 000①	
1000	40 000	60 000	80 000	96 000①

① 为标准规格。

10.7 在桥架内敷设电缆工程设计要点

10.7.1 电缆桥架常用安装方式

（1）沿墙（柱）水平安装，沿墙垂直安装。

（2）异型钢（或工字钢）平支柱沿墙（沿梁、跨柱）水平安装。

（3）异型钢（或工字钢、槽钢、角钢）支柱悬吊或水平安装。

（4）单（双）异型钢托臂立柱水平安装。

详细可查阅全国通用建筑标准设计《电缆桥架安装》图册。

10.7.2 电缆桥架与各设施间距

（1）电缆桥架与各设施间距应满足电缆敷设、维护、接头操作、增设电缆的要求。桥架中电缆与建筑物各部位的相互间距、多层桥架的层间距离应符合表 10–21 的要求。

（2）电缆梯架、托盘不宜安装在热力管道的上方及腐蚀性液体管道的下方。对于腐蚀性气体密度大于空气的管道，宜安装在其上方；对于密度小于空气的，宜安装在其下方。桥架中电缆与各种管道间距参见第 6 章。

（3）平行安装在同一高度的两组桥架应预留施工和维护时，宽度应不小于较宽的桥架且不宜小于 600mm。

表 10–21　　　　桥架层间距离及其与建筑各部位净距　　　　单位：mm

电压等级	层间距	距地面	与顶棚	穿越梁底	备注
控制电缆 1kV 电力电缆	$H+250$[①]				
6～20kV 电力电缆 35kV 单芯	$H+300$	2500[③]	300	200[②]	
35kV 三芯 >35kV	$H+350$				

① H 为桥架侧板高。

② 此尺寸视实际情况，灵活调整，以满足敷设维护为准。

③ 技术夹层、电缆夹层不受限制。

10.7.3　桥架及电缆的固定

（1）桥架支、吊架间距，水平敷设标准间距为 2m，本手册数据适用于 2m 及以下跨距。需要较大跨距，须根据制造商提供的载荷曲线设计选用，垂直敷设均为 2m。

（2）电缆在桥架上固定间距：电缆应排列有序并且少交叉，水平敷设的梯架、有孔托盘或底部设有加强筋的彩钢无孔托盘，电缆的起、终点、弯头两侧及直线段每隔 5～10m 处应与桥架绑扎固定，垂直敷设每隔 1m 固定。

10.7.4 路径选择

下列电缆宜选择不同路径或分层敷设，有困难时宜用纵向金属隔板分隔。

（1）不同电压等级。

（2）互为备用的线路。

（3）应急电源与一般电源线路。

（4）电力与控制电缆。

（5）当非金属含量超过规定值时。

10.7.5 桥架穿越防火墙

桥架穿越防火墙应设防火封堵（参见第 12 章）。

10.7.6 接地

（1）桥架的电气连接应可靠并接地。金属电缆梯架、托盘及支架全长应不少于 2 处与接地干线可靠连接。

（2）钢制桥架若作为接地干线，应符合：

1）接地孔应无绝缘层，并且两个连接点之间接触电阻应小于或等于 $50m\Omega$。

2）伸缩缝或软连接处应用编织铜线连接。

3）镀锌电缆桥架之间的连接板两端应不少于有 2 个带有防松螺母或防松垫圈的连接固定螺栓。节能复合高耐腐彩钢电缆桥架应采用爪形垫圈，保证与基板可靠连接。

（3）当沿电缆桥架另设接地干线时，每段桥架均需与接地干线可靠连接。

（4）对于振动场所，接地部位连接处应设置弹簧垫圈。

10.8 节能复合高耐腐型（彩钢）电缆桥架工程设计

节能是指比普通结构钢制造的电缆桥架用钢材省 10%～30%，高耐腐是耐腐蚀性能优秀，复合则指复合护层。基板有热镀锌钢板、热镀锌铝钢板、热镀铝锌钢板多种，面层采用聚酯（PE）、硅改性聚酯（SMP）、高耐久性聚酯（HDP）或聚偏氟乙烯（PVDF），可根据使用场所环境条件选择。彩钢是大型钢厂按 GB/T 12754—2006《彩色涂层钢板及钢带》[52]生产的，彩钢桥架是制造商用彩钢进行无损加工的成品。

10.8.1 电缆桥架选择

节能复合高耐腐（彩钢）电缆桥架有两种结构类型，即模压增强底和波纹底，前者是整体式，后者是装配式，各有特点。耐腐蚀性能相同，可谓大同小异。

（1）民用建筑选择电缆桥架的类型及表面耐腐层应符合表 10–22 要求。

表 10–22　　　　民用建筑电缆桥架选型

敷设位置	电缆桥架结构型式		复合高耐腐彩钢表面耐腐层
	电力 电缆	控制电缆	
电气竖井	梯架	无孔托盘加盖或槽式托盘	PE（聚酯树脂）
一般楼层	有孔、无孔托盘加盖或槽式托盘		PE（聚酯树脂）
地下室或避难层	有孔托盘加盖		PE（聚酯树脂）
屋面（露天）	有孔托盘加盖		HDP 高耐久性聚酯

（2）一般环境的工业企业。

1）一般环境的工业企业泛指干燥、无腐蚀性气体厂房。例如，机械加工、汽车制造、电子工业、纺织工业等，也适合于部分市政工程，如大型泵房、公路隧道等。

2）一般工业建筑电缆桥架的结构型式及表面耐腐层应符合表 10–23 要求。

表 10–23 一般工业建筑选择电缆桥架选型

敷设位置		电缆桥架类型		节能复合高耐腐彩钢表面防腐层
		电力电缆	控制电缆	
多层厂房	电气竖井	梯架	无孔托盘加盖或槽式托盘	PE（聚酯树脂）
	厂房各层	有孔、无孔托盘加盖或槽式托盘		
单层厂房	无粉尘车间	有孔托盘或槽式托盘		
	有粉尘车间	无孔托盘加盖或槽式托盘		
	室外（露天）	梯架或有孔托盘最上层加盖		HDP（高耐久聚酯）
电缆夹层		梯架		PE（聚酯树脂）
有机械通风电缆隧道或公路隧道		梯架		
无机械通风电缆隧道或公路隧道		梯架		

（3）有腐蚀环境的工业企业。

1）有腐蚀环境的工业企业泛指化工、化肥、石化等企业，也适用盐雾腐蚀环境，如沿海的造船厂、港口机械或类似环境。在腐蚀等级分类中属于 1 级或 2 级环境。

2）有腐蚀环境的工业企业用电缆桥架的结构型式及表面防腐层应符合表 10–24 要求。

表 10–24 腐蚀环境的工业企业电缆桥架的选型

敷设位置		电缆桥架类型	材质		节能复合高耐腐彩钢表面耐腐层耐腐层
		电力电缆	不锈钢	彩钢	
室内	车间及站房	有孔、无孔托盘或槽式托盘	√	√	HDP（高耐久性聚酯）
	电缆夹层	梯架	√	√	

敷设位置		电缆桥架类型	材质		节能复合高耐腐彩钢表面耐腐层耐腐层
		电力电缆	不锈钢	彩钢	
室外	外场	有孔托盘最上层加盖	√	√	PVDF（聚偏氟乙烯树脂）
	船台	有孔托盘加盖	√	√	
	码头	有孔托盘	√	√	
	港口机械	有孔托盘或槽式托盘	√	√	
有机械通风电缆隧道		梯架	√	√	HDP（高耐久性聚酯）
无机械通风电缆隧道		梯架	√		√

注：控制电缆无论室内、外均采用无孔托盘加盖或槽式托盘。

（4）食品、医药和精细化工企业用电缆桥架的类型及材质应符合表 10–25 要求。

表 10–25　食品、医药和精细化工企业电缆桥架选型

敷设位置		电缆桥架类型		材质		节能复合高耐腐彩钢表面耐腐层
		电力电缆	控制电缆	彩钢	不锈钢	
主厂房	电气竖井	梯架	无孔托盘加盖或槽式托盘	√	√	PE（聚酯树脂）
	厂房各层	无孔托盘加盖或槽式托盘		√	√	HDP（高耐久性聚酯）
辅助厂房	无粉尘车间	有孔托盘或槽式托盘		√	√	PE（聚酯树脂）
	有粉尘车间	无孔托盘加盖或槽式托盘		√	√	
	室外（露天）	梯架或有孔托盘最上层加盖		√	√	PVDF（聚偏氟乙烯树脂）
电缆夹层		梯架		√	√	PE（聚酯树脂）

288

（5）电缆桥架制造中，由于市场不规范，普遍采用热镀锌钢板制作电缆桥架，很少采用先加工后热浸锌工艺，电缆桥架质量难以保证，故优先采用彩钢制作的电缆桥架。连接螺栓、支架、吊架的耐腐等级应与桥架主体一致。

（6）电缆桥架应保证电气连续性，托架连接处应采用铜编织线可靠跨接。

10.8.2　工业与民用建筑电缆桥架工程设计指南

1. 设计选择品牌和型号时，对制造厂商资质的要求

（1）三年以上电缆桥架的制造经验，并有两年以上大型工程成功运行的经验。

（2）有良好的全面质量管理体系，并已获得 ISO 9000 体系认证。

（3）投标产品已经过国家有关部门的定型试验和测试，并已获得合格的证明。产品须通过省（部）级或委托授权的专业协会技术鉴定并提供鉴定报告。

2. 产品必须遵循的标准

产品的设计、制造工艺及原材料的质量控制、试验检测应遵循下列主要规范、标准的最新版本。

（1）普通钢制电缆桥架须满足 CECS 31—2017《钢制电缆桥架工程技术规范》相关要求。

（2）彩钢电缆桥架须满足 CECS 31—2017《钢制电缆桥架工程技术规范》，材料须满足 GB/T 12754—2006《彩色涂层钢板及钢带》标准。

3. 材料

（1）普通结构热浸锌钢制电缆桥架板材选用优质冷轧钢板，并符合 GB/T 700—2006 标准中 Q235 的要求，其最小厚度见表 10–3 和表 10–4。

（2）节能复合高耐腐（彩钢）电缆桥架选用彩色钢板应符合 GB/T 12754—2006《彩色涂层钢板及钢带》标准。其最小厚度见表 10–5～表 10–8。

（3）标准件应符合 GB/T 5780—2016《六角头螺栓》[104]，GB/T 6170—2015《1 型六角螺母》[105]，GB/T 97.1—2002《平垫圈》[110]，GB/T 93—1997《标准型弹簧垫圈》[108]和 GB/T 12—2013《半圆头方颈螺栓》[49]的标准。所有紧固件（六角螺栓、六角螺母、方颈螺栓、平垫、弹垫等）均须热浸锌或达克罗处理，不锈钢桥架紧固件采用 316 材料。

（4）吊、支架材料优先选用优质型钢，支架距离为 2m。

提示：设计应确定支架距离，并加以注明。

4. 桥架结构型式

（1）电缆桥架标准长度为 2m。

提示：若其他长度规格也须特别注明。

（2）梯架两侧板顶部和底部应有足够强度的法兰边，横挡宽度为 25～50mm，横挡高度不低于 20mm，中心距为 200～300mm，要求焊接或螺栓固定。

（3）有孔托盘采用整体式结构，底部设有通风孔，冲孔总面积应为底部面积的 30%～40%，且通风孔应布置均匀，相互错开，以保证强度。

（4）无孔托盘（或线槽）采用整体式结构，节能复合高耐腐（彩钢）托盘的底部设有加强筋，以增加强度。模压、群冲时避免使用破坏涂层的工艺，如采用无损铆接工艺，带盖无孔托盘防护等级为 IP30。

（5）室外防雨桥架底部设有排水孔，并有配套的防雨人字盖板。

5. 载荷等级

（1）电缆桥架经运输、安装以后，须承担其自身重量外，还应满足表 10-1 或表 10-2 的电缆重量，并在此载荷下，桥架应稳定、牢固、无起伏扭曲现象，最大挠度小于或等于 1/200。选型可参照 10.6 节程序。

（2）吊、支架最大挠度小于或等于 1/100。

（3）加工精度要求：

1）托架几何极限偏差应符合 GB/T 1804—2000《一般公差　未

注公差的线性和角度尺寸的公差》[64]的规定。

2）螺栓孔径应不大于 1.2 倍的螺栓直径。

3）连接螺孔允许偏差：同组内任意两孔间距为±1.0mm，相邻两组的端孔间距为±1.5mm。

6. 表面防护层

（1）普通桥架热浸锌处理须符合 GB/T 13912—2002《金属覆盖层 钢铁制件热浸镀锌层 技术要求及试验方法》，最低镀锌层厚度为 65μm（460g/m²）。

（2）节能复合高耐腐（彩钢）电缆桥架表面护层应选用聚酯（PE）、高耐久性聚酯（HDP）、聚偏氟乙烯（PVDF）、硅改性聚酯（SMP）。其表面防护层技术指标见表 10-26。

提示：在设计书中应明确采用的面层种类，其中：

PE：适用于一般环境的工业与民用建筑户内；

HDP：适用于轻度腐蚀环境的工业建筑与民用建筑等；

PVDF 及 SMP：适用于中度或重度腐蚀环境的工业建筑、盐雾腐蚀地区的设备和构筑物。

表 10-26　　　　　节能复合高耐腐（彩钢）电缆桥架表面护层

底层镀层类型	公称镀层质量/（g/m²）		
	使用环境的腐蚀性		
	低	中	高
热镀锌	90	125	140
热镀锌铁合金	60	75	90
热镀铝锌合金	50	60	75
热镀锌铝合金	65	90	110
面层涂层类型/μm	PE/20	HDP.20	PVDF/20 或 SMP/20

注：公称镀层质量一般双面相同，工程需要也可不同，须注明。

（3）附件及各种类型的支、吊架和立柱，表面应采用热浸锌，按 GB/T 3091—2015 标准，锌层厚度大于或等于 70μm。紧固件热浸锌按 JB/T 10216—2013《电控配电用电缆桥架》[113]标准，锌层厚度大于或等于 54μm。

（4）设计选型应注明盐雾试验时间要求，用于户外的桥架还应提出紫外线照射试验时间。普通钢制桥架、节能复合高耐腐（彩钢）桥架的耐腐蚀试验标准见表 10–11。

7. 保护电路连续性

（1）整个桥架系统应有可靠的电气连接并接地，要求有跨接点处连接电阻小于或等于 50mΩ。桥架单元两端须设置防松螺母或防松垫圈，有绝缘涂层桥架须采用爪形垫片。

（2）按规范要求的重复接地或跨接处，应设置接地线截面不小于 4mm^2 的软铜编织线。桥架和吊架应预留接地螺栓，并有明显标志。

8. 电缆桥架外观颜色要求

提示：有特殊要求时，可根据工程设计确定。

为便于巡视和维护，要求电缆桥架底面外表用不同颜色区分，采用建筑标准色标，规定为：

（1）线槽灯带：深灰，CBCC 代号：3.1BG4.5/1。

（2）电力电缆桥架：白灰（0521），CBCC 代号：4.4PB9/1。

（3）消防电力线路电缆桥架：红色（1674），CBCC 代号：5R4.4/14。

（4）弱电及控制电缆桥架：弱点线路品种较多，优先采用下列三种，更多需求可另行选择。

1）绿色（1166），CBCC 代号：2.5G5.5/7.6；

2）柠檬黄（0035），CBCC 代号：8.8Y8/8；

3）蓝色（1212），CBCC 代号：2.5PB4.5/9.6。

10.9 电缆桥架工程施工图的施工说明实用文本格式

（1）电缆桥架的敷设路径及标高须与其他专业管线协调，做到布局合理、施工及维护方便。

（2）电缆桥架与各专业管道间距应符合表 10−27，若在同一标高处交叉，必要时可上翻或下翻合理避让。

表 10−27　　　　　　电缆桥架与各专业管道间距　　　　　单位：m

管道类别		平行净距	交叉净距
有腐蚀性液体、气体的管道		0.5	0.5
热力管道	有保温层	0.5	0.3
	无保温层	1.0	0.5
其他工艺管道		0.4	0.3

（3）桥架离地高度应尽量抬高，以便留足空间。敷设路径遇结构梁时，宜下翻穿越，并低于梁底不小于 20cm。

（4）电缆绑扎规定：多芯电缆水平敷设始末端及转弯处，直线间距不大于 10m；垂直敷设间距不大于 1.5mm；单芯电缆间距均不大于 1m。

（5）主回路与备用回路的电缆，一般回路与应急回路电缆应分别敷设在不同桥架内。当无法分开时，须在桥架中设防火隔板加以分隔。

（6）电缆桥架穿越结构伸缩缝或沉降缝时，应留出 20～30cm 长度余量，并采用伸缩连接方式。

（7）有行车的车间，电缆桥架路径可选择跨柱安装或者屋架下弦安装，以避开行车起吊范围。

（8）电缆桥架应可靠接地。

10.10　桥架安装质量评定

10.10.1　桥架安装检查记录表的填写

桥架安装检查记录表见表 10−28。

表 10–28 　　　　　　　桥架安装检查记录表

建设单位			施工图号	
单位工程			部位	
序号	检查项目		安装检查情况	
1	产品检查	合格证件		
		外观质量		
2	桥架安装	1. 桥架应平整，无扭曲变形，内壁无毛刺		
		2. 桥架安装应横平竖直、牢固、正确		
		3. 桥架直角弯必须采取双 45°弯头		
		4. 出线口应无毛刺，位置正确		
		5. 进出桥架的配管应用纳子固定		
		6. 桥架不准气割切断、开孔		
		7. 桥架接地应连接（跨接）可靠		
		8. 桥架弯曲半径		
		9. 不同电压等级电缆应分开		
3		实测内容	允许偏差/mm	实测偏差/mm
		桥架支架间距不大于 2m	50	
		桥架安装：垂直度（每 m）	≤5	
		水平度（每 m）	≤5	
4	工艺计量	工艺计量网络图代号：	计量器具编号：	
		计量器具编号：	计量器具编号：	
备注				
施工班组负责人（签名）　年　月　日			施工员（签名）　　　年　月　日	
质量员（签名）　　年　月　日			建设单位（签名）　　年　月　日	

注：记录表一式五联，由施工班组提供原始数据，施工员整理填写，再经工程监理会签
　　确认后，分送工程监理部、建设单位、公司质量部门、工程处主管部门及施工员各
　　一份留档。

10.10.2 桥架安装检查记录表填写说明

（1）应在桥架安装结束及桥架内电线电缆敷设完工后，进行质量检查时填写。

（2）填写说明：

1）部位是指桥架的安装地点，如吊顶内、粉尘场所、室外露天等。多层建筑应填写楼层；室外部分应填写大致方向；贯穿楼层时，应填写几层到几层。

2）产品检查项目：合格证件是指权威单位的检验报告名称，并将复印件作为附件，外观质量是检查桥架是否存在生锈现象。

3）桥架安装质量检查：桥架安装应横平竖直、牢固、正确，无扭曲变形，内壁无毛刺。电缆敷设过程中可能发生扭曲变形，因此要进行修整。若发现桥架转角处存在锋利切口，这是不允许的，不能用垫橡皮解决。

4）直角弯必须采取双45°弯头，若采用网格式托盘，弯折时要与建筑物角度相一致。

5）出线口应无毛刺，位置正确，应用护圈保护或采用专用出线口；进出桥架的配管应用薄形锁母或电线管管接头连接和固定。

6）桥架不准气割切断、开孔，但允许用砂轮机切断，用开孔机开孔。断面应光滑，不允许存在尖角毛刺。

7）桥架接地应连接（跨接）可靠，表面有涂层的桥架，可用刺形垫圈加弹簧垫圈作连接。

8）桥架转弯半径必须大于电缆允许的弯曲半径（注意同轴电缆和光缆为15倍电缆外径）。

9）不同电压等级电缆或电力与弱电电缆应分别在不同桥架内敷设，无法分开时必须用隔板分隔。

第 11 章　电线电缆连接器选择

电线电缆接头的可靠性关系到电气线路的安全。本手册摘录台湾金笔企业有限公司的细导线连接器和上海向开电气有限公司的电缆 T 接端子的资料。这些产品都是经专业实验室的认证，并经过大量国家重点工程实践验证，证明是安全可靠的，能大幅提高施工效率，降低施工综合成本。

11.1　电线连接器简述

建筑电气末端设备（如插座、灯具、吊扇等）的线路安装工程，常用额定电压交流 450/750V 及以下，截面积不大于 6mm² 的铜导线连接。通常采用两种施工方法，即手工扭绞或锡焊加绝缘胶带绕包。手工扭绞可靠性差，锡焊不仅施工复杂、费工费料，需要现场加热存在事故隐患等，最大问题是无法检查接头的质量，不符合 GB/T 16895.6—2014《低压电气装置　第 5-52 部分：电气设备的选择和安装　布线系统》规定，该标准要求接头应易于检查、测试和维护，除通信线路外，宜避免使用焊接。

在欧美发达国家采用导线连接器代替"绞接+焊锡+绝缘胶带包覆"的历史已超过 70 年。实践证明，使用导线连接器，能有效克服扭绞和焊锡存在的问题，实现安全和高效 。我国 GB 50303—2015《建筑电气工程施工质量验收规范》和 CECS 421—2015《建筑电气细导线连接器应用技术规程》[15]已正式将导线连接器规定为标准导线连接工艺。

11.1.1　导线连接器选型

1. 分类与比较

根据 GB 13140.1—2008（IEC 60998-1：2002，IDT）《家用和类

似用途低压电路用的连接器件　第 1 部分：通用要求》[24]，此类连接器分为三种：

（1）螺纹型连接器（包括螺纹型接线端子块或端子排）。

（2）无螺纹型连接器（又分为通用型和推线式连接器）。

（3）扭接式连接器。

三种导线连接器的特点见表 11–1。其中扭接式和无螺纹型连接器优点突出，其用途广泛，用量最多。

2. 导线连接器选型一般原则

（1）产品应符合 GB 13140《家用和类似用途低压电路用的连接器件》[23]系列标准。

（2）产品应提供检测报告和使用说明等技术文件。如果为进口产品，则应提供上述中文版资料和文件。

（3）除应在导线连接器本体上标注型号、制造商名称、商标或识别标志外，还应在其最小包装单元或说明页上标注以下内容：

1）额定连接容量，mm^2（额定连接容量是指允许连接的最大导体截面）。

2）额定电压，V。

3）型号。

4）制造商名称、商标或识别标志。

5）防护等级大于 IP20 时的 IP 代码。

（4）导线连接器的额定连接容量不宜大于 $6mm^2$，以便于徒手操作或仅借助常规简单工具即实现可靠安装。

（5）应根据连接导体截面选择导线连接器的额定连接容量（见表 11–2～表 11–4）。

（6）额定绝缘电压不得低于电源系统的标称电压，或不小于被连接导线额定电压的 U_0 值。用于低压配电系统的连接器，额定绝缘电压有 400V、450V 和 600V 三种，通常选择 400V 即可。当环境条件较差或要求与绝缘导线（450/750）的制造标准相同时，可选用 450V 或 600V。

表 11–1　　　　　　　　　　三种导线连接器特点说明

连接器类型 比较项目	螺纹型	无螺纹型		扭接式
		通用型	推线式	
连接原理图例				
制造标准代号	GB 13140.2	GB 13140.3		GB 13140.5
标准要求的周期性温度实验	—	192 个循环		384 个循环
连接硬导线（实心或绞合）	适用	适用		适用
连接未经处理的软导线	适用	适用	不适用	适用
连接焊锡处理的软导线	不适用	适用	适用	适用
连接器是否参与导电	参与/不参与（注）	参与		不参与
IP 防护等级	IP20	IP20		IP20 或 IP55
安装工具	普通螺丝刀	徒手或使用辅助工具		徒手或使用辅助工具
是否重复使用	是	是		是

注：螺纹型有参与导电和不参与导电两种结构。有的用绝缘导管把两根导线套住，再用
　　螺栓压紧，则连接器不参与导电。有的直接用螺栓压紧则参与导电。

表 11-2   螺纹型连接器的额定连接容量

型号	外　形	导线标称截面积/mm² 与根数								
		2×0.5	2×0.75	2×1.0	2×1.5	3×1.5	2×2.5	2×4.0	3×4.0	2×6.0
PA7		●	●	●	●					
PA9				●	●	●	●			
PA20P		●	●	●	●	●	●			
PA30P					●	●	●	●		
PA40P							●	●	●	●

注：表中仅列出了连接相同标称截面积导线的根数。如果所连接的导线标称截面积不同，
只要所连接的导线总截面积在连接器的额定连接容量范围之内，则仍适用。例如：
PA30P 型连接器能连接 2 根 4mm² 导线，它也适用于连接 2 根 1.5mm² 和 2 根 2.5mm²，
共 4 根导线的情况。

表 11-3   无螺纹型连接器的额定连接容量

类型	型　号	外　形	线芯型式	导线标称截面积/mm²					
				0.5	0.75	1	1.5	2.5	4.0
推线式	PC2252C（2 孔）PC2253C（3 孔）PC2254C（4 孔）PC2255C（5 孔）PC2258C（8 孔）		单股			●	●	●	
			多股（≤7股）				●	●	
	PC883C（3 孔）		单股	●	●	●	●	●	●
			多股（≤7股）	●	●	●	●	●	●
通用型	PC622（2 孔）PC623（3 孔）PC625（5 孔）		单股	●	●	●	●	●	●
			多股				●	●	●

注：连接器的一个孔内只允许插入 1 根导线，连接器孔数等于连接导线的根数。

表 11–4　　　　　　　　扭接式连接器的额定连接容量

类型	型号	外形	导线标称截面积/mm² 与根数										
			2×0.75	2×1.0	2×1.5	3×1.5	2×2.5	3×2.5	4×2.5	3×4.0	4×4.0	3×6.0	4×6.0
基本型	P3		●	●	●	●	●						
	P4		●	●	●	●	●	●	●				
	P6						●	●	●	●			
棱线助力翼型	P11		●	●	●	●	●	●	●				
	P12		●	●	●	●	●	●	●		●		
	P13							●	●	●	●	●	
	P15								●	●	●		
防尘防水型（IP55）	R2		●	●	●	●	●	●	●	●			
	R3						●	●	●	●	●	●	●

注：同表 11–2 注。

（7）连接器参与导电时，额定电流应不小于被连接导线的载流量。当导线截面符合额定连接容量时，均满足额定电流大小，即不允许连接超截面规格的导线。

（8）导线连接器应放置在接线盒（箱）内，其防护等级应满足线路设计要求。当连接器防护等级达不到线路设计要求时，接线盒（箱）应满足防护等级要求。

3. 螺纹型连接器的选型

（1）螺纹型连接器（含螺纹型接线端子块或端子排）连接经处理的导线时，不适用于直接连接经焊锡处理的软导线。

（2）为便于紧固夹紧件的螺钉部件，安装螺纹型连接器时，宜使用配套握持工具。

4. 无螺纹型连接器的选型

（1）通用型连接器适用于所有类型（硬或软）导线，推线式连接器适用于连接未经处理的硬导线（实心或绞合导线）和经焊锡处理的软导线。

（2）无螺纹型连接器所连接导线的截面积不得超过其额定连接容量。

（3）推线式（插接式）连接器外壳应为透明或部分透明，以便检查被连接导线的插入位置与连接状态。对于外壳不透明的连接器，连接器本体上应标识剥线长度，或具备确认剥线长度的结构。

5. 扭接式连接器的选型

（1）扭接式连接器适用于连接未经处理的导线和经焊锡处理的（软）导线。

（2）扭接式连接器的外壳形状应满足徒手安装的要求。

11.1.2 导线连接器施工质检

1. 外观检查

（1）安装前应进行外观检查，外壳应完好无破裂。

（2）被连接导线的导体部分不应外露。

（3）无螺纹型连接器所连接的导线不得超过连接器的额定连接容量，并应插接到位。

（4）扭接式连接器外部导线应至少出现 1 圈扭绞状态。

（5）螺纹型连接器（含螺纹型接线端子块或端子排）的绝缘措施应符合技术文件要求。

2. 拉力测试

当对连接质量有疑议时，可使用测力计对连接点进行拉力测试。沿导线轴向施加拉力 1min，不使用爆发力，拉力应符合表 11-5 的要求，导线不应从连接器中脱出或在与连接器连接处断裂。

表 11–5   连接器与被连接导线所能承受的拉力

导线截面/mm²		0.5	0.75	1.0	1.5	2.5	4	6
拉力/N	螺纹型或无螺纹型	20	30	35	40	50	60	80
	扭接式	35	45	55	65	110	150	180

注：引自 GB 13140.3—2008（IEC 60998-2-2：2002，IDT）《家用和类似用途低压电路用的连接器件　第 2 部分：作为独立单元的带无螺纹型夹紧件的连接器件的特殊要求》[25]表 102～104。

3. 电气测试

当对连接质量有疑议时，可通过仪表测试电气指标进行评判。根据 GB/T 16895.23—2012（IEC 60364-6：2006，IDT）《低压电气装置　第 6 部分：检验》[58]附录 C 第 C.61.2.3 条第 k 款规定，电气连接直流电阻值应不大于所连接的最小导体截面、长 1m 的导体电阻值。

11.1.3　常用细导线资料

建筑电气常用细导线标准截面积对照见表 11–6。

表 11–6   建筑电气常用细导线标准截面积对照表

公制截面积/mm²	AWG 线规（等效公制尺寸）/mm²
0.5	20（0.519）
0.75	18（0.82）
1.0	—
1.5	16（1.3）
2.5	14（2.1）
4.0	12（3.3）
6.0	10（5.3）

注：1. 引自 GB/T 14048.1～18—2016（IEC 60947-1～18：2011）《低压开关设备和控制设备》。

2. 由于 1.5mm² 及以上导线截面积大于 AWG 线规的等效截面积，或称 AWG 线规导线载流量小于对应公制导线载流量，因此选择无螺纹型导线连接器时应予以注意。

11.2 电缆 T 接、分接端子的选择

传统的电缆 T 接，需将引出电缆端的绞合导线拆松，分别缠绕在干线电缆上，不仅接头很长且接触电阻大，可靠性差，施工耗时长，成本高。采用专用 T 接端子，可以更有效地解决问题，实测接触电阻仅 0.07mΩ。此外，还有大电流端子、多功能端子等，详见表 11–7～表 11–10。

表 11–7　　　　　　　　　　各类端子一览表

型号名称	用 途	特 点
JXT1 普通型 JXT2 防护型 XKT3 密封型	电缆 T 接	1. 符合 IEC 60947–7–1、GB 14048.7.1 2. 现场 T 接，快捷方便
XK2 XK2S 开关型	多用途（如用于配电柜内）	1. 用于内部或外部并联,可组合成各种接线方式 2. 开关型用于配电柜内,可直接连接开关,省去中间导线 3. 可替代小容量汇流排
JH27	大电流连接或分接	1. 进线有铜排和电缆两种 2. 具有汇流排功能

表 11–8　　　　　JXT1 系列普通型 T 接端子（U_e=1000V）

型　号	额定电流 /A	干线数/ 干线适用截面 /mm²	分支数/ 分支截面 /mm²	外形尺寸 /mm×mm×mm
JXT1–50	150	1/10～50	1/6～35	60×29×69
JXT1–95	232	1/25～95	1/10～70	35×68×91
JXT1–185	353	1/35～185	1/10～150	48×97×104
JXT1–240X2	800	2/50～240	1/35～240	78×108×140
JXT1–300	630	1/70～300	1/50～240	78×108×140

表 11–9　　　　　JXT2 系列防护型 T 接端子（U_e=1000V）

型　　号	额定电流/A	干线数/干线适用截面/mm²	分支数/分支截面/mm²	外形尺寸/mm×mm×mm
JXT2–50（35）	150	1/10～50	1/6～35	39×35×56
JXT2–70（50）	232	1/25～70	1/10～50	47×44×73
JXT2–95（70）	353	1/25～95	1/10～70	47×44×81
JXT2–185（150）	800	1/35～185	1/10～150	70×57×89
JXT2–240（95）	630	1/35～240	1/10～95	70×57×89

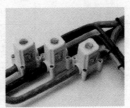

表 11–10　　　　XKT3 系列密封型 T 接端子（U_e=1000V）

型　　号	额定电流/A	干线数/干线适用截面/mm²	分支数/分支截面/mm²	外形尺寸/mm×mm×mm
XKT3–25	101	1/10～25	1/4～10	51×29×44
XKT3–50	150	1/16～50	1/6～35	41×32×60
XKT3–70	192	1/25～70	1/10～50	51×38×70
XKT3–120	269	1/25～120	1/10～95	51×39×78
XKT3–240	415	1/35～240	1/25～150	60×51×91

11.3 YAT 压接型铜铝过渡接线端子-希卡姆（SICAME）

希卡姆电力设备有限公司是法国著名的电线电缆附件制造商，进入中国市场已近 20 年。本章摘录其产品部分常用附件。

1. 用途

可用于铝、铝合金导线或电缆的终端，可与铜端子实现可靠过渡连接。

2. 技术特点

端子的铜铝过渡部位采用摩擦焊工艺，内灌注抗氧化导电膏，以保证高度可靠的电气连接及导电性能，使用优质铜铝过渡端子，故障概率降低。产品适用于 35kV 及以下电压的电缆。在国外有 30 多年的成功运行经验，在国内与通用电缆等厂家配套。

3. 适用标准

GB/T 9327－2008（IEC 61238–1：2003）《额定电压 35kV（U_m=40.5kV）及以下电力电缆导体用压接式和机械式连接金具，试验方法和要求》[109]。

4. 型式试验项目

产品必须通过上缆所等国家级机构的 A 级测试，测试项目：

（1）1000 次温升热循环：

初始离散度：$\delta \leqslant 0.30$

平均离散度：$\beta \leqslant 0.30$

电阻比变化率：$D \leqslant 0.15$

电阻比率增长率：$\lambda \leqslant 2.0$

最高温度：$\theta_{max} \leqslant \theta_{ref}$

（2）直流电阻测量。

（3）6 次短路电流试验。

（4）拉力测试、力学性能等。

接头承受拉力为 $40 \times A$（A 为钻电缆截面积，mm^2。例如，$500mm^2$，拉力为 20kN），于 1min 内压接处应不发生滑移。

5. 过渡端子的选型（图 11-1）

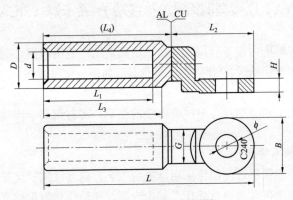

图 11-1　过渡端子剖面图

（1）外形尺寸见表 11-11。

表 11-11　　　　　　　　　　过渡端子外形尺寸

型号	导体截面	$\phi_0^{+0.50}$	铝管内径 $d_{-0.13}^{+0.2}$	铝管外径 $D \pm 0.2$	铜端宽度 $B \pm 0.5$	铜端厚度 $H \pm 0.3$	端子总长度 $L \pm 2$
	/mm²	/mm	/mm	/mm	/mm	/mm	/mm
YAT016AM8C	16	8	6	12	20	4.5	69
YAT025AM8C	25	8	6.8	12	20	4.5	69
YAT035AM8C	35	8	8	14	20	4.5	81
YAT050AM10C	50	10	9.8	16	25	5	87
YAT070AM10C	70	10	11.2	18.5	25	5	97
YAT095AM12C	95	12	13.2	22	25	5	101

型号	导体截面	$\phi_0^{+0.50}$	铝管内径 $d_{-0.13}^{+0.2}$	铝管外径 $D\pm0.2$	铜端宽度 $B\pm0.5$	铜端厚度 $H\pm0.3$	端子总长度 $L\pm2$
	/mm²	/mm	/mm	/mm	/mm	/mm	/mm
YAT120AM12C	120	12	14.7	23	30	6	108
YAT150M14C	150	14	16.3	25	30	6	113
YAT185M14C	185	14	18.3	28.5	36	7	112
YAT215M14C	215	14	18.3	28.5	36	7	112
YAT240M16C	240	16	21	32	36	7	133
YAT270M16C	270	16	21	23	36	7	133
YAT300M16C	300	16	23.3	34	36	7	134
YAT340M16C	340	16	23.3	34	36	7	134
YAT400M12C	400	12	26	38.5	36	7	137
YAT400M20C	400	20	26	38.5	36	7	137
YAT450M20C	450	21	27	44	60	10	187
YAT500M20C	500	21	29	44	60	10	187

（2）选型示例。例如，YAT095AM12C 型铜铝过渡端子。

YAT——系列代号；

095A——铝管适用铝或铝合金导线截面 95mm²；

M12C——铜鼻子安装孔适用螺栓尺寸为 M12。

11.4 绝缘穿刺线夹–希卡姆（SICAME，图 11–2）

1. 用途

绝缘穿刺线夹用于 10kV 及以下，室内外电缆分支及接续在国外有 40 多年的应用历史，在国内也有 15 年以上的运行经验，是可靠的解决方案。1kV 以下产品可分为标准型和防火型。

图 11-2　绝缘穿刺线夹

2. 技术特点

（1）无需剥开绝缘就可实现连接，不损伤电缆。

（2）无需专用工具，只需六角套筒扳手就可实现标准化安装。

（3）占用空间小，适合狭小场地安装，省时、省力，安装成本低。

（4）绝缘、防水，壳体由高强度耐老化绝缘材料制成，内含橡胶件，可使分支线有效防水及绝缘。

3. 适用标准

GB 13140.4—2008《家用和类似用途低压电路用的连接器件　第 2 部分：作为独立单元的带刺穿绝缘型夹紧件的连接器件的特殊要求》[26]

DL/T 758—2009《接续金具》[18]

GB/T 2314—2008《电力金具通用技术条件》[81]

GB/T 9327—2008（IEC 61238-1:2003）《额定电压 35kV（U_m=40.5kV）及以下电力电缆导体用压接式和机械式连接金具，试验方法和要求》

DL/T 1190—2012《额定电压 10kV 及以下绝缘穿刺线夹》[20]

IEC60998-2-3：2002《家用和类似用途低压电路连接器件　第 2-3 部分：作为单独分立件的带绝缘穿刺式夹紧装置的连接器件的特殊要求》[112]

IEC60695-2-1（CTI750℃）

还符合法国和欧盟标准。

测试项目：产品必须按 GB/T 2314—2008《电力金具通用技术条件》，GB/T 9327—2008（IEC 61238-1：2003），DL/T 1190—2012《额定电压 10kV 及以下绝缘穿刺线夹》标准，通过国家级以上第三方权威机构的 1000 次温升热循环测试、短路电流测试、直流电阻测试、交流耐压测试、水中 6kV 耐压试验、耐电痕试验、机械拉力试验、握力试验、耐热试验、绝缘壳体冲击试验、绝缘壳体低温冲击试验、阻燃试验等重要的型式试验项目验证才可以保证长期可靠的安全运行。

型号示例：如 TTD371FJ 型穿刺线夹。

TTD——希卡姆绝缘穿刺线夹 TTD 系列产品；

371——肢体序列号；

FJ——支线侧带固定式绝缘防水端帽。

4. 线夹选型

（1）普通型低压绝缘穿刺线夹选型见表 11–12；防火型绝缘低压穿刺线夹选型见表 11–13。

产品有耐火试验报告，试验标准按 IEC 60695–2–11—2014（等同于 GB/T 5169.11—2006），选择时可向制造商查询。

中压（10kV 及以下）绝缘穿刺线夹选型见表 6–14。

（2）选型事例：如果主线 95mm²，支线是 50mm²，可选择 TTD201FJ。又如中压电缆主线 240mm²，支线是 70mm²，可选择 PCNC 240–240。

表 11–12 普通型低压绝缘穿刺线夹选型表

产品型号	主线	支线	最大电流	螺栓		力矩螺母
	/mm²	/mm²	/A	数量	H/mm	
TTD031FJ	2.5～25	1～6	63	1×$M6$	13	F1309
TTD041FJ	6～35	1.5～10	86	1×$M6$	13	F1309
TTD051FJ	16～95	1.5～10	86	1×$M6$	13	F1309
TTD101FJ	6～50	(2.5) 6～35	200	1×$M8$	13	F1309
TTD151FJ	16～95	(2.5) 6～35	200	1×$M8$	13	F1314
TTD201FJ	25～95	25～95	377	1×$M8$	13	F1318
TTD241FJ	50～185	(2.5) 6～35	200	1×$M8$	13	F1314
TTD251FJ	50～150	25～95	377	1×$M8$	13	F1318
TTD271FJ	35～120	35～120	437	1×$M8$	13	F1318

产品型号	主线	支线	最大电流	螺栓		力矩螺母
	/mm²	/mm²	/A	数量	H/mm	
TTD291FJ	70~240	(2.5) 6~35	200	1×M8	13	F1314
TTD371FJ	35~150	35~150	504	1×M8	13	F1318
TTD401FJ	50~185	50~185	575	2×M8	13	F1318
TTD431FJ	70~240	16~95	377	2×M10	17	F1720
TTD451FJ	95~240	95~240	530	2×M10	17	F1725
TTD551FJ	120~400	95~240	679	2×M10	17	F1737

注：H 为套筒扳手尺寸。

表 11-13　　　　　防火型低压绝缘穿刺线夹选型表

产品型号	主线	支线	最大电流	力矩螺母	螺栓	
	/mm²	/mm²	/A		数量	H/mm
TTD041FV0	6~35	1.5~10	77	F1309	1×M6	13
TTD051FV0	16~95	1.5~10	77	F1309	1×M6	13
TTD101FV0	6~50	(2.5) 6~35	180	F1309	1×M8	13
TTD151FV0	25~95	(2.5) 6~35	180	F1314	1×M8	13
TTD201FV0	25~95	25~95	339	F1318	1×M8	13
TTD241FV0	50~150	(2.5) 6~35	180	F1314	1×M8	13
TTD291FV0	70~300	(2.5) 6~35	180	F1314	1×M8	13
TTD371FV0	35~150	25~150	453	F1318	1×M8	13
TTD431FV0	70~240	16~95	339	F1720	2×M10	17
TTD451FV0	95~240	95~240	477	F1725	2×M10	17

注：H 为套筒扳手尺寸。

表 11–14　　　中压（10kV 及以下）绝缘穿刺线夹选型表

型　号	主线	支线	最大电流	螺　栓	
	/mm²	/mm²	/A	数量	H /mm
TTDC 28401FA	50～120	50～120	437	2×M8	13
TTDC 28501FA	95～240	95～240	679	2×M10	17
TTDC 45291FA	95～150	16	115	1×M8	13
TTDC 45401FA	50～120	50～120	437	2×M10	17
TTDC45501FP2A	95～300	95～240	679	2×M10	17
TTDC 45521FA	95～240	16～35	200	1×M10	17
TTDC 45531FA	95～300	35～95	377	2×M10	17
PCNC 95–70	35～95	35～70	377	1	13
PCNC 240–120	50～240	50～120	437	1	16
PCNC 240–240	50～240	50～240	530	1	16

注：H 为套筒扳手尺寸。

5. 安装步骤

（1）根据分支线的插入方向调整防水端帽的位置，保证力矩螺母面向操作人员（端帽位置可任意调整）。

（2）将支线可靠插入线夹端帽的防水橡胶圈内。

（3）将线夹卡在主线的分支位置，并用套筒扳手拧紧力矩螺母直至断裂（勿使用开口扳手，遇双螺母时，交替拧紧）。

11.5　PGA 型力矩节能线夹希卡姆（SICAME，图 11–3）

1. 用途

主要应用于 110kV 及以下电压等级的架空线路的分支、跳线和接续连接。产品可以应用于铜、铝、铝合金线、钢芯铝绞线，也可用于铜铝导线的过渡连接。当用于架空绝缘导线时，还可以提供配套的绝缘罩。

图 11-3　PGA 型力矩节能线夹

2. 技术特点

（1）采用力矩螺母，确保安装的标准化以及可靠性。

（2）产品夹持范围广，四个型号即可满足 10～300mm² 应用，可以有效减少备品库存量。

（3）安装方便，无需特殊专用工具，使用普通六角套筒扳手即可完成安装。左右对称设计，降低误安装机率，提高工作效率。

（4）连接铜、铝电线时，可有效防止电化腐蚀。

3. 标准

除符合法国和欧盟相关标准外，还符合中国和国际，主要有：

GB/T 2314—2008《电力金具通用技术条件》

GB/T 2317—2008《电力金具试验方法》[82][83]

DL/T 765.1—2001《架空配电线路金具技术条件》[19]

GB/T 9327—2008（IEC 61238-1:2003）《额定电压 35kV（U_m=40.5kV）及以下电力电缆导体用压接式和机械式连接金具，试验方法和要求》

TB/T 2073—2003《电气化铁道接触网零部件技术条件》[123]

TB/T 2074—2003《电气化铁路接触网零部件试验方法》[124]

4. 型式试验项目

按 GB/T 2317.1—2008《电力金具试验方法　第 1 部分：机械试验》和 GB/T 2317.3—2008《电力金具试验方法　第 3 部分：热循环试验》测试标准，通过下列试验：

（1）温升热循环。

（2）短路电流测试。

（3）握力试验等。

5. 线夹选型

无论对接或 T 接，按被连接电线截面都在表 6-15 的截面范围就行。例如，70mm² 与 240mm² 电线 T 接，就选择 PGA602。

表 11-15   **线 夹 技 术 参 数**

型号 Ref	电线截面范围		外形尺寸/mn			螺栓	H/F
	ϕ/mm	mm²	长	宽	高		mm/N·m
PGA 302	4～12.6	10～95	44	40	50	2×M8	13/18
PGA 502	6.3～16	25～150	55	48	55	2×M10	16/25
PGA 602	9～21	50～240	55	61	70	2×M10	16/37
PGA 603	9～22.7	50～300	85	61	70	3×M10	16/37
PGA 803	11～25	95～366	85	71	70	3×M10	16/37

注：H 为套筒扳手尺寸；F 为扭断力矩。

6. 安装步骤

（1）先用金属刷清除导体表面的氧化层，再将清洁过的导线置于线夹槽内。

（2）将线夹固定两根电线上，用手拧紧力矩螺栓。

（3）用六角套筒扳手旋紧螺栓，直至断裂。

第12章 电 缆 防 火

电线电缆一旦着火，便可能成为火灾传播的途径，扩大火灾范围，同时还会影响电力及信息的传输，造成难以估计的混乱。根据资料统计，大量的火灾是电气火灾，而在电气火灾中，电线电缆所引起或扩大的火灾占了绝大多数。因此电线电缆防火技术及工程，应引起大家高度关注。

12.1 防止电缆着火延燃的措施

对于电缆可能着火蔓延导致严重事故的回路、易受外部影响波及火灾的电缆密集场所，应设置适当的阻火分隔，并应按工程的重要性、火灾概率等因素，采取下列防火措施：

（1）需要阻燃防护处，选用具有阻燃性能的电缆；在火灾中需要维持继续供电的回路，选用具有耐火性能的电缆；除了选用阻燃电线电缆外，在敷设方面还可以采取下列措施：

1）隔离热源和火源。电缆敷设尽可能离开蒸汽及油管道，电缆与各种管道最小允许距离见表 4–20。当小于允许距离时，则应在接近或交叉处前后 1m 处加隔离措施。

钢制桥架敷设的电缆与热力管道平行或交叉时的隔热防火措施如图 12–1 及图 12–2 所示。

2）可燃气体或可燃液体的管沟中不应敷设电缆。在电缆沟、电缆隧道中，不得布置热力管道，严禁有可燃气体或可燃液体。

3）明敷电缆应避免直接朝向压力容器或配电装置泄爆口。

4）靠近带油设备的电缆沟盖板应密封。

（2）设置火灾自动报警装置与专用消防装置。

（3）实施防火分隔。

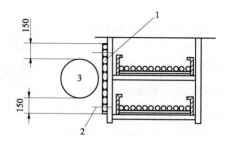

图 12-1　热管通道与电缆桥架平行敷设时隔热防火措施

1—防火隔板；2—连接螺栓；3—热管道

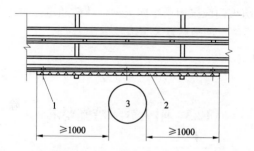

图 12-2　热管通道与电缆桥架交叉敷设时隔热防火措施

1—固定螺栓；2—防火隔板；3—热管道

12.2　阻火分隔方式

有封堵、阻隔及隔离三种，应符合下列要求：

1. 封堵

在电缆穿越建（构）筑物的墙（板）孔洞处，电气柜、盘底部开孔部位，应实施阻火封堵。电缆穿入保护导管时，其管口应使用柔性的有机堵料封堵。

2. 阻隔

电缆沟或电缆隧道在进入建筑物处应设防火墙；在有重要回路的电缆沟中或在电缆隧道中的适当部位，如公用主沟的分支处、在多段配电装置对应的适当分段处、长距离电缆沟或电缆隧道中相隔约 100m 或通风区段处，变电站外 200m、通向控制室或配电装置室的入口、厂区围墙处均应设置带门的阻火墙（防火墙）。按照 GB 50217—2007《电力工程电缆设计规范》要求，对电缆可能着火导致严重事故的回路、易受外部影响波及火灾的电缆密集场所，应有适当的阻火分隔，阻火分隔包括设置防火门、防火墙等。防火门平时呈开启状态，火灾时自动关闭。由于平时保持开启状态，使人员通行便利，通风采光方便，在火灾情况下能自行关闭，起到隔烟阻火作用。防火门应采用甲级防火门，疏散通道上的防火门应设置防水门监控系统，严禁设置人工锁。

3. 隔离

电缆表面应涂刷防火涂料、缠绕防火包带或采用槽盒。

12.3 阻火分隔措施要求

（1）防火封堵、阻火层的设置，应按电缆贯穿孔洞状况和条件，采用相适应的防火封堵材料或防火封堵组件。用于电力电缆时，宜使用对载流量影响较小材料，并使用具有遇热膨胀作用的防火封堵材料，以保证平时运营时方便电缆散热，而火灾时材料膨胀，有效阻绝火焰、烟雾及热量的传播。用于楼板竖井孔处时，应能承受巡视人员的荷载。阻火封堵材料不得对电缆有腐蚀和损害。

（2）构筑防火墙的防火模块、防火封堵板材、阻火包等应采用适合电缆的软质材料，且应能承受可能的积水浸泡或鼠害等。

（3）穿越厂区围墙或长距离电缆隧道，按通风区段设置的防火墙应设置防火门。其他情况下，有防止窜燃措施时可不设防火门。防止窜燃的措施，可在紧靠防火墙的两侧各 1m 的区域段内，将所有电缆涂刷防火涂料、缠绕防火包带或设置防火隔板等。

（4）阻火墙（防火墙）、阻火层和防火封堵应满足不低于 1h 的耐火极限。防火封堵材料应满足 GB 23864—2009《防火封堵材料》的要求，通过型式检验，获得 3C 认证。

12.4　非阻燃电缆明敷时防火要求

（1）明敷在易受外因波及而着火场合的电缆和重要回路，可采取在电缆上施加防火涂料、防火包带，当电缆数量较多时，也可采用阻燃、耐火槽盒或吸热型柔性防火毯等保护措施。

（2）在电缆接头的两端各约 3m 区段，以及与其邻近并行敷设的电缆，宜在该区段缠绕防火包带，以防止延燃，或采用吸热型柔性防火保护毯，对电缆中间接头两侧以及附近的电缆进行包裹，防止电缆中间接头爆炸对周围电缆的冲击，并阻止爆炸后引起的火灾的蔓延。

（3）成束敷设的电缆在同一路径时，应校核不同阻燃级别的电缆非金属含量，若电缆非金属含量大于规定值，应采取必要的防火措施，如采用柔性有机堵料、耐火隔板、填料阻火包和防火帽等。

12.5　电　缆　防　火

1. 下列部位应采取的防火措施

（1）锅炉房及靠近油箱、油管、高温管道处。

（2）高低压配电室、变压器室及电缆夹层、单元集控室、直流电源室、电子计算机室、弱电机房的通道以及电缆进入盘、柜、屏、台、箱等的孔洞。

（3）电缆竖井与隧（沟）道的接口，以及竖井穿过楼板处，当竖井的高度大于 7m 时，宜每隔 7m 设置一个封堵层（新的 GB 50016—2014 第 6.2.9 条　建筑内的电梯井等竖井应符合下列规定：建筑内的电缆井、管道井应在每层楼板处采用不低于楼板耐火极限的不燃材料或防火封堵材料封堵)。

（4）电缆隧道与沟道的接口，以及用电缆桥架或角钢支架敷设的电缆穿墙处。

（5）油泵房、油处理、油库区、危险品仓库等易燃、易爆区域的电缆明管，管口应采用防火堵料封堵。

（6）空调机房、生活水泵房、消防水泵房、雨水泵房等辅助厂房及生产办公楼的电缆出入口，以及电缆进入表盘的孔洞。

（7）厂区电缆隧（沟）道和架空电缆桥架直线段每间隔 100m 或通风区段处，变电站外 200m 设置一处阻火墙或阻火段。

（8）厂区大型排管的人孔井井口。

（9）厂区电缆构筑物中的高压电缆中间接头和终端头。

（10）直流电源、消防、报警、应急照明等重要的常用及备用回路应采用耐火电缆，并且宜选择不同的路径。

2. 电缆防火措施做法

（1）电缆隧道的防火分隔宜采用防火墙或槽盒阻火段加层间隔板，也可以阻火墙。

防火墙可用有机堵料、无机堵料、阻火包、防火封堵板材等防火阻燃材料构筑，防火墙两侧电缆涂刷防火涂料或缠绕防火包带。防火墙构筑如图 12-3 及图 12-4 所示。用槽盒设阻火段安装如图 12-5 所示。电缆层间隔板安装如图 12-6 所示。（说明：240mm 宽度要求是 10 年前的电网的要求，因为当时没有膨胀型的防火封堵材料，所以依靠厚度来解决防火隔热问题，但会影响电缆正常的散热，造成电缆加速老化而短路隐患）

（2）电缆沟防火分隔宜采用阻火墙，可用有机堵料、无机堵料、阻火包等构筑，并将阻火墙两侧电缆涂刷防火涂料或缠绕防火包带。

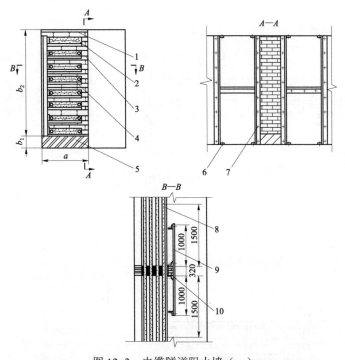

图 12-3 电缆隧道阻火墙（一）

1—阻火包；2—电缆；3—钢桥架；4—有机堵料；5—砖；6—膨胀螺栓；
7—连接螺栓；8—防火涂料；9—防火隔板；10—角钢
说明：双侧桥架按此图双侧施工

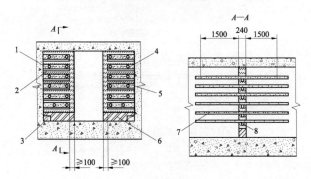

图 12-4 电缆隧道阻火墙（二）

1—电缆；2—支架；3—排水孔；4—有机堵料；5—无机堵料；6—砖；7—防火涂料；8—托臂

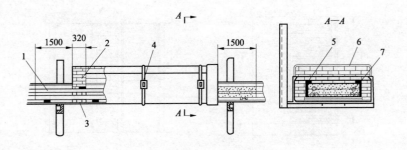

图 12-5　用槽盒设阻火段安装

1—防火涂；2—阻火包；3—有机堵料；4—扎带、锁紧扣；

5—钢桥架；6—槽盒；7—电缆

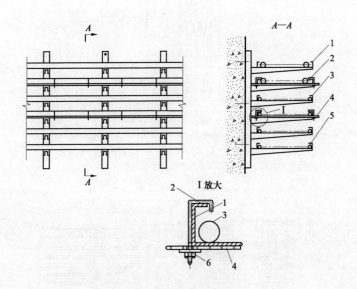

图 12-6　电缆层间隔板安装

1—钢桥架；2—挂钩螺栓；3—电缆；4—防火隔板；

5—托臂；6—专用垫片

电缆沟阻火墙构筑如图 12-7 和图 12-8 所示。

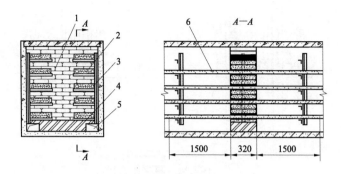

图 12-7　电缆沟阻火墙

1—阻火包；2—有机堵料；3—电缆；4—砖块；

5—排水孔；6—防火涂料

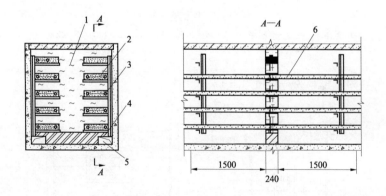

图 12-8　电缆沟阻火墙

1—无机堵料；2—有机堵料；3—电缆；4—砖块；

5—排水孔；6—防火涂料

（3）竖井或穿越楼板孔的防火封堵可采用防火隔板、阻火包、有机堵料、无机堵料、防火涂料或防火包带等组合封堵。大型竖井封堵如图 12-9 所示。电缆穿楼板孔洞封堵如图 12-11 所示。

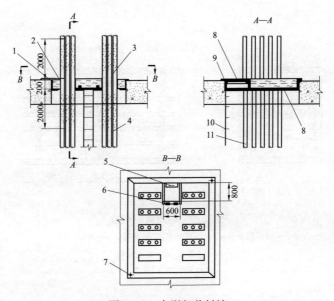

图 12-9　大型竖井封堵

1—无机堵料；2—有机堵料；3—防火涂料；4—电缆；5—抓手，6—铰链；

7—螺栓；8—防火；9—角钢；10—爬梯；11—钢桥架

（4）钢制竖井封堵如图 12-10 所示。

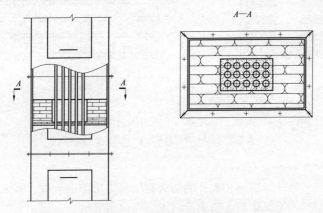

图 12-10　钢制竖井封堵

1—电缆；2—阻火包；3—有机堵料；4—防火隔板；5—钢制竖井

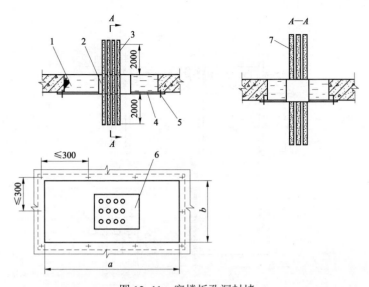

图 12-11　穿楼板孔洞封堵

1—无机堵料；2—有机堵料；3—防火涂料；4—防火隔板；5—膨胀螺栓；

6—预留孔；7—电缆

（5）电缆穿墙孔洞封堵如图 12-12 所示。

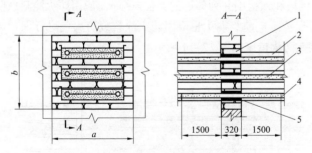

图 12-12　电缆穿墙孔洞封堵

1—阻火包；2—钢桥架；3—防火涂料；4—电缆；5—有机堵料

（6）电缆进入柜、屏、盘、台、箱等的孔洞宜采用有机堵料、无机堵料、阻火包、防火隔板等进行组合封堵，并用有机材料设预留孔。柜、盘孔洞封堵如图 12-13 所示。

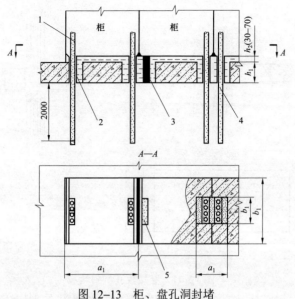

图 12-13　柜、盘孔洞封堵

1—电缆；2—无机堵料；3—有机堵料；4—防火涂料；5—预留孔

（7）高压电缆中间接头应安装电缆接头保护盒，接头两侧电缆各 3m 区段和该范围并列邻近的其他电缆上，应用防火涂料或防火包带进行保护。电缆终端头也应用防火涂料或防火包进行保护。电缆中间接头防火措施如图 12-14 所示。

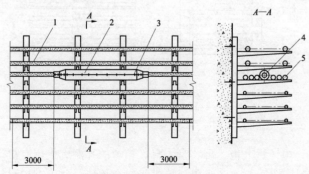

图 12-14　电缆中间接头防火措施

1—防火涂料或防火包带；2—接头保护盒；3—连接螺栓；4—有机堵料；5—电缆

（8）敷设在槽盒内电缆，应用防火封堵材料将槽盒两端封堵，槽盒内每隔适当距离用防火封堵材料设阻火段，以防止电缆阴燃。防火槽盒安装如图 12-15 所示。

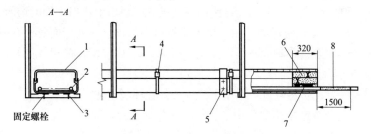

图 12-15　防火槽盒安装

1—槽盒；2—电缆；3—垫块；4—捆扎带、锁紧扣；6—阻火包；7—有机涂料

随着信息技术快速发展，已经应用在重要封堵部位的实时监控。大大提高电缆防火工程的可靠性，值得关注。

12.6　电缆防火材料特性及使用方法

12.6.1　防火槽盒

防火槽盒由盒底、盒盖、卡条、密封条等组成。适用于各种电压等级的电缆在支架或桥架上敷设时的防火保护、耐火分隔和阻止电缆着火延燃。

槽盒的防火阻燃机理是：当电缆敷设于槽盒内时，由于盒体材料的难燃性或不燃性，盒外火焰不致直接波及盒内电缆；由于盒体结构的封闭，盒内电缆因某种原因发生着火，也因氧气得不到补充而迅速自熄。

（1）槽盒按材质的不同可分为有机难燃型、无机不燃型和复合难燃型三种。

ES 有机难燃型，由难燃玻璃纤维增强塑料制成，氧指数大于或等于 40，其特点是：拉伸、弯曲、压缩强度好；耐水性强，常温下浸泡水中 30 天无异常；耐腐蚀性强；常温碱水浸泡 48h 无异常；耐候性好。适用于户外各种环境条件。

EFW 无机不燃型，由无机不燃材料制成。其特点防火性能好，刚性强，价格低，常温水浸泡 10 天无异常。适用于户内干燥的场所。

ESF 复合难燃型，由无机不燃材料为基体，内外表面复合有机高分子难燃材料制成。其特点是：氧指数高（≥60），防火性能好，拉伸、弯曲、压缩强度较好；刚性强；耐水及耐腐蚀性好（同 ES 型），耐候性好；价格较低。适用于户内外各种环境条件。

复合难燃型槽盒集中了有机与无机的优点，克服了纯有机与纯无机的不足之处，是目前防火、耐腐、耐候等综合性能最好的一种槽盒。

（2）槽盒按结构型式可分为直线型、弯通型、三通型、四通型、高差弯型等几种。另外，还有一种平时能通风散热，遇火时能迅速封闭孔洞的半封闭槽盒。

（3）槽盒选用：

1）按槽盒的性能、特点、使用环境、经济性等综合选择槽盒品种。

2）根据电缆数量选择槽盒规格尺寸。电力电缆填充率宜取 35%～40%，控制电缆宜取 50%，且宜预留 10%～25%发展裕量。

3）按电缆敷设走向选择槽盒结构型式。

4）选择封闭式或半封闭式槽盒，应考虑封闭式会使电缆载流能力下降 10%～13%。

槽盒规格：宽度为 100～800mm，高度为 100～400mm。根据需要可任意选用，长度通常为 2m，也可根据实际需要定制。

（4）槽盒附件。槽盒附件由捆扎带、锁紧扣、隔热垫块、铝合金夹具、专用螺栓及垫片等组成，与槽盒配套使用。

（5）槽盒的安装：

1）槽盒可直接安装在桥架上，支架间距通常为 2m，用专用挂钩螺栓或普通螺栓配专用垫片固定。若直接安装在支架上，宜在支架上添加适当宽度 200～300mm 的过渡托板，以减少槽盒应力。

2）槽盒与支架或与槽盒之间应用 M5～M6 螺栓及专用垫片连接牢固。

3）在安装槽盒时，可根据现场实际情况对槽盒进行切割、钻孔和拼装。

4）槽盒安装时，在内部每隔 500mm 铺设一块隔热垫块。水平安装不需要特别固定，可借助于电缆荷重定位，垂直安装时应予固定。

5）槽盒始、终端及每隔 1m 用捆扎带锁紧。

（6）电缆出入的孔洞口，用有机堵料封堵。户外或含油设备下部的槽盒，卡条开口宜向下安装，防止油、水灌入。

12.6.2　防火封堵材料

1. 防火堵料分类

（1）SFD–Ⅱ型防火堵料（或称放火灰泥）。由耐高温无机材料混合而成，耐火时间大于或等于 180min，具有快速凝固特性。适用于户内干燥的场所。

（2）XFD 型防火堵料（或称阻火模块）。由耐高温无机材料制成的型块，耐火时间大于或等于 180min。特别适用于户外、潮湿、有积水的地方使用，是一种防水型无机堵料。

（3）DFD–Ⅲ（A）型防火堵料（或称柔性有机堵料）。由有机高分子材料、阻燃剂、粘结剂等制成，氧指数大于或等于 65，耐火时间大于或等于 120min；具有长期柔软性；遇火后炭化，形成坚固的阻火隔热层；具有阻火、阻烟、防尘、防小动物等功能。适用于户内外各种环境条件。

由于 DFD–Ⅲ（A）型柔性有机堵料具有良好的导热性能，在封堵动力电缆时，动力电缆周围应先包裹一层 DED–Ⅲ（A）型柔性有机堵料，其余部位采用 SFD–Ⅱ型堵料或防火包封堵，以达到大大减少该封堵层对动力电缆载流量的影响。

（4）PFB 型阻火包（也称防火包）。形如小枕头状，外包装由编织紧密、经特殊处理的玻璃纤维布制成，内部填充无机不燃材料及特种添加剂。遇火膨胀、凝聚、形成烧陶反应。适用于户内外各种环境条件，特别适用于电缆经常变更的场所或作为施工中的临时防火措施。阻火包的耐火时间大于或等于180min。

（5）FD-W型无机防火堵料。适用于电缆贯穿的孔洞。它是由无毒、无气味的无机材料与高分子混合材料制成的，耐火时间大于或等于180min。其主要技术性能指标见表12-1。

表12-1　　　　FD-W型无机防火堵主要技术性能指标

检验项目	技术指标	实测结果
耐火性能/min	一级≥180	180
外观	均匀粉末固体，无结块	合格
干密度/（kg/m³）	≤2.5×10³	1.3x10³
耐水性/d	≥3，无溶胀	合格
耐油性/d	≥3，无溶胀	合格
腐蚀性/d	≥7，无锈蚀、腐蚀	合格
抗压强度（R）/MPa	0.8≤R≤6.5	4.2
初凝时间（t）/min	15≤t≤45	18

注：依据 GB 23864—2009《防火封堵材料》。

（6）CS195+膨胀型防火封堵板材。用遇热膨胀型材料、金属板及网状加强结构等复合制成的板材，在火灾中遇热膨胀，一般可以膨胀到 5 倍以上，从而将电缆燃烧后形成的孔洞完全密闭，达到防火、密烟及阻热的作用。这种板材可以方便地切割和钻孔，适用于大型孔洞的防火封堵。

（7）MP+非凝固型柔性有机堵料。非凝固型柔性有机堵料是由合成弹性体构成的单组分、遇热膨胀的阻火延烧填隙材料，具有密烟性，在火灾中最大能达到4h的防火时效。由于具有优秀的温度适应性，在寒冷及炎热地区均可正常使用，不会出现垂流和干燥开裂情况，方便重复使用。可单独作为电缆或管道的贯穿空口的封堵，也可配合 CS195+膨胀型防火复合板用于大型开口防火封堵系统。

2. 封堵材料适用场所

（1）电缆贯穿墙、楼板孔洞的封堵。

（2）构筑阻火墙或阻火段。

（3）封堵柜、盘、屏孔洞。

（4）电缆管口的封堵等。

3. 防火灰泥的施工

（1）根据需封堵孔洞大小，估算堵料用量，并支托好模板。估算时应考虑 SFD–Ⅱ 型防火堵料防火灰泥加水后体积将收缩 30%。当所需封堵孔洞面积大于 0.2m² 时，应用钢筋或防火隔板作为加强措施。

（2）堵料与水按 1:（0.5~0.6）比例混合，加料时应一边搅拌，一边将堵料缓缓地倒入水中，搅拌均匀后将混合物倒入需封堵的部位之中。

（3）堵料从加水搅拌开始应在 30min 内施工完毕，堵料加水搅拌成混合物，须在 30min 内施工完毕，表层堵料稠度宜比底层略稀。

（4）待堵料完全固化后，拆除模板并进行必要的修正。

（5）SFD–Ⅱ 型防火堵料防火灰泥也可以先预制成型块后再进行砌筑。

（6）SFD–Ⅱ 型防火堵料防火灰泥用量计算

$$W_s=1.3\times10^3\times V_s$$

式中　W_s——SFD–Ⅱ 型堵料用量，kg；

　　　V_s——SFD–Ⅱ 型堵料所占体积，m³。

4. 阻火模块的施工

（1）该堵料为预制型块，施工前，根据需封堵孔洞的大小计算型块用量；然后把型块用水浸湿后，使用与型块配套提供的专用黏结剂进行砌筑，并在砌筑好的墙体表面用专用黏结剂进行粉刷。

（2）粘结剂与水的比例为 1:（0.38~0.4）。把粉状粘结剂加入到已计量好的水中进行搅拌均匀成稠状后即可砌筑。

（3）在已施工的部位，粘结剂未完全固化前应注意防冻、防暴雨淋、防水泡、防烈日暴晒，并要进行保湿处理。

（4）XFD 型防火堵料阻火模块用量按使用体积计算，粘结剂同型块配套供应。

5. 柔性有机堵料的施工

（1）安装前将电缆做必要的整理。

（2）将 DFD–Ⅲ（A）型防火堵料柔性有机堵料均匀密实地包裹在电缆周围和嵌入电缆之间的孔隙中，包裹电缆厚度不小于 20mm。当封堵较大孔洞时，与 SFD–Ⅱ 型防火堵料或 PFB–720 型防火包配合使用，可用 DFD–Ⅲ（A）型堵料设置预留孔洞。

（3）柔性有机堵料应具有耐候性，可以适应温度范围为不应随气温降低变硬，也不应随气温升高而变软脱落。

（4）用量计算

$$W_d=1.85×10^3×V_d$$

式中　W_d——柔性有机堵料用量，kg；

　　　V_d——柔性有机堵料所占体积，m^3。

6. FD–W 型防火堵料使用方法及用料估量

（1）用托架托板将施工部位固定好并间隔好。

（2）施工时将适量的水放入容器内，容量不宜过大，在搅拌情况下，慢慢加入堵料，搅拌均匀的堵料、浆料应立即使用，浆料的稠度以 1 份堵料加入 0.7～0.8 份水为宜。

（3）将配好的堵料注入托架，托板组成的间隙每次配料应在 5min 内完成。

（4）较大孔洞封堵时，可配以钢筋或铁丝网增加其强度，封堵厚度根据需要确定。

（5）填充孔洞体积 $1m^3$，需用该堵料（1.3±0.2）t。

7. 膨胀型防火封堵板材施工

（1）安装前先将电缆做必要的整理和排列。

（2）依照孔洞尺寸和电缆的轮廓裁剪复合防火板，然后将复合防火板固定在孔洞上，用柔性国内有机堵料抹在防火板周边，涂抹厚度 8mm。

（3）穿好电缆后，用阻火带绑扎电缆一圈，并使用柔性有机堵料封闭电缆预留孔，沿孔洞周边抹平。

（4）在贯穿孔两侧电缆上涂刷电缆防火涂料，长度 1000mm，以防沿电缆延燃，涂刷厚度 1mm。

（5）当单芯电缆贯穿防火板时，采用不锈钢覆面的防火复合板。

8. 阻火包的施工

（1）安装前先将电缆做必要的整理和排列。

（2）将阻火包平整地嵌入电缆与孔洞空隙中，防火包应交叉堆叠，堆叠整齐、密实、牢固，并做到基本封严。

（3）施工过程中应保持防火包外包装完好。

（4）阻火包用量计算：

$$W_p = 1.15 \times 10^3 \times V_p$$

式中 W_p——阻火包的体积，m^3；

        V_p——阻火包封堵时所占体积，m^3。

12.6.3 电缆防火涂料

国产防火涂料都达不到消防部门所期望的性能，进口产品又十分昂贵，工程一般不采用。但相关标准都有使用防火涂料的要求，有的资料要求电缆表面或电缆桥架表面涂刷防火涂料。这样做并不能真正防火，因为当一旦发生火灾时，桥架表面温度超过 600℃，桥架表面锌层与防火涂料一起脱落。至于防火涂料的耐久性，产品都没有说明。而对于水平敷设的电缆，要求沿电缆走向逐根均匀涂刷，往往也做不到，所以达不到防护要求。

本手册仅摘要编入防火涂料资料，作为参考，注意这不能作为主要手段。

防火涂料的作用原理是涂刷于电缆表面，当涂料层遇火时发生膨胀，生成一层均匀细致的蜂窝状隔热层。该隔热层具有隔热阻燃效果，对于防止初期电缆火灾和减缓火势蔓延扩大具有一定的效果。

电缆防火涂料具有阻火性能，粘着力强，柔韧性好，耐候性好，是一种专门用于电缆的防火涂料。

1. 防火涂料应用场所

（1）防火涂料涂刷于贯穿孔洞封堵层的一侧或两侧的电缆上，阻火墙两侧电缆或其他场所需要防火保护的电缆上。

（2）用防火涂料设置阻火段，涂刷槽盒端头电缆及引出电缆。

（3）防火涂料适用于户内较干燥与清洁环境条件。

2. 电缆防火涂料的使用

（1）施工前应清除电缆表面的尘埃、污垢、油污等，使电缆表面清洁，并将电缆做必要的整理。

（2）使用涂料前，将涂料搅拌均匀，若太稠，可用稀释剂稀释，不得用水稀释。

（3）涂刷涂料时，水平敷设电缆，沿电缆走向逐根均匀涂刷；垂直敷设电缆，自上而下逐根均匀涂刷，不得出现漏刷。涂刷分3～5次进行，每次涂刷后，应待涂膜表面干燥后再涂，一般涂刷间隔时间应不少于 8h。

（4）涂层厚度应不小于 0.7mm，厚薄均匀，表面无严重流淌现象。

（5）电缆防火涂料用量计算：

$$W_g = K \times \pi D \times L$$

式中　W_g——涂料用量，kg；

　　　D——电缆外径，m；

　　　L——涂刷长度，m；

　　　K——单位用量，（kg/m²），当涂层厚度为 0.8mm 时，K 取 2，当涂层厚度为 1.0mm 时，K 取 2.5，当涂层厚度为 1.2mm 时，K 取 3。

12.6.4　防火隔板

按材质不同可分为 EF 有机难燃型隔板、EF-W 无机不燃型隔板和 ESF 复合型隔板、WF 型和 WN 型耐火隔板等。制造隔板的材料也可用作制造槽盒。

1. 防火隔板的形式

按防火隔板使用场合及厚度不同可分为 A 型、B 型、C 型三种形式。

（1）A 型板。厚度 12mm，适用于需要承重的大型电缆孔洞、电缆竖井的）封堵。

（2）B 型板。厚度 10mm，适用于一般电缆孔洞的封堵、构筑电缆隧道阻火墙、制作防火挡板等。

（3）C 型板。厚度 3～5mm，用于电缆层间挡火隔板、制作各种形状的防火罩、防火挡板等。

对电缆隧道内多层敷设电缆进行层间阻火分隔；对电缆竖井、大尺寸孔洞进行阻火封堵；对沿墙或柱敷设的重要电缆进行防火保护，都可用防火隔板来进行分隔处理。

对于要求火灾时不产生卤素气体的场合，宜选用表 12-2 无卤无机型耐火隔板。该类产品用氧化镁、硫 镁等凝胶与轻质无机隔热材料复合而成。

表 12-2　　　　　　无卤无机型耐火隔板主要参数

型　　　号	WF	EF-W	WN-Ⅰ	WN-Ⅱ
干态抗弯强度/MPa	50～70	43		
饱和含水状抗弯强度/MPa	45～65	45		
吸潮变形率（%）	0.1	0.3	0.2	0.2
燃烧性能	A1 级		A1	A1
耐火时间/h	0.5～1		0.5～1	0.5～1
燃烧后质量损失率（%）	25.3	28.9		
燃烧后尺寸收缩率（%）		1.6		

注：数据摘自上海澳振阻燃材料有限公司资料。

2. 防火隔板的安装

（1）防火隔板根据使用的大小可任意切割和拼接。

（2）用专用螺栓（或膨胀螺栓）把防火隔板固定在钢桥架或其他结构上，固定应牢固。其中 C 型隔板安装时应有 50～60mm 左右重叠，且用 M5～M6 接头螺栓连接牢固，各种螺栓应采用专用垫片。

（3）用防火隔板做成防火罩在钢桥上作为层间分隔时，始、端及中间每隔 100mm 左右间距用捆扎带捆扎。

（4）拼装缝隙及工艺缺口处，用有机堵料封堵严密。

12.6.5　阻火包带

阻火包带缠绕于电缆的外护套上后，形成一个密闭套，当电缆起火或外部起火时，阻火包带可以形成隔热阻燃的炭化层，减缓火焰的传播速度，阻止其燃烧。

自粘性阻火包带具有良好的拉伸性能，适合于各种电缆施工，特别适用于潮湿电缆沟中电缆，频繁移动的电缆，单根可能被电缆及喷溅上油污的电缆。适用于有化学气体环境和高寒地区使用。

12.6.6　其他防火材料

除上述几种防火材料外，可适用于电缆防火的产品还有阻火网、电缆接头保护盒、复合防火桥架和耐火桥架。

注：本节所述电缆防火材料是参照浙江省嵊州市电缆防火附件厂及上海澳振阻燃材料有限公司的产品规格、型号、特性和使用方法编写的。

12.7　3M 电缆防火材料特性

1. 说明

（1）以下材料均通过国际国内测试和认证：中国消防产品型式认可证书，UL 和 FM。

（2）技术数据：对应在 23℃和 50%相对湿度的条件下。

（3）适用基材：一般均适用于混凝土、砖结构、石膏板结构和石膏板，不再注明。若还使用木材等其他基材，另加注。

2. CS195+防火复合板

（1）用途：用于复杂大开口的封堵，最高防火时效可达 4h。

（2）技术特点：具有热膨胀性，易于安装并可重复安装，易于二次穿越，50 年防火性能，无需更换、烟密性，气密性、有机无机弹性复合结构，耐腐蚀，抗涡流。

（3）技术数据：颜色为银灰色，膨胀倍率为 8～10 倍，压缩永久变形率小于或等于 25%，储存条件小于 85℃的干燥环境，有限氧指数小于或等于 32。

（4）应用范围：汇流排等混合贯穿物、钢管/铜管、电缆束、小直径塑料管、混合贯穿物。

3. 电缆接头防火保护盒

（1）用途：10kV 电缆，提供完整开剥接头长度防火保护，在电缆接头发生意外爆炸时，形成可靠防火分区，有效避免火焰蔓延窜燃。

（2）技术特点：遇火膨胀，柔性阻燃，缓冲泄能，高强度不锈钢壳体，无涡流，耐腐蚀，内置柔性防火包裹材料，可以有效防火，缓冲能量。

（3）技术数据：颜色为银白色，盒体长度（安装后）为 1800mm，盒体外径（安装后）200mm，内置包裹材料尺寸为 400×300mm，整体质量为 14kg。

（4）应用范围：电缆沟、电缆隧道 10kV 电缆、中间接头防火保护。

（5）国际国内测试和认证：STIEE，上海电器设备检测所检验报告。

4. MP+非凝固型防火泥

（1）用途：用于小孔洞的封堵，最高防火时效可达 3h。

（2）技术特点：热膨胀性，弹性材料，易于安装，可以重复安装，易于二次穿越，50 年使用寿命，无需更换，烟密性，气密性，无卤素配方，不含石棉，无毒。

（3）技术数据：颜色为红色，膨胀倍率为 2～3 倍，储存条件小于 85℃的干燥环境。

（4）应用范围：汇流排等混合贯穿物、钢管/铜管、电缆束。

5. CP25WB+凝固型防火泥

（1）用途：用于管道以及电缆束的防火封堵，最高防火时效可达 4h。

（2）技术特点：热膨胀性，易于安装，水基材料，易于清洁，烟密性，气密性，无卤素。

（3）技术数据：密度为 1.44kg/L，颜色为红色，膨胀倍率为 2～3 倍、消粘时间为 10～15min，火焰传播指数为 5，储存条件小于 85℃的干燥环境。

（4）应用范围：钢管/铜管、电缆束。

6. FS-195+阻火带

（1）技术特点：高膨胀倍率的阻火带，最高防火时效可达 3h。最高 12 倍膨胀性能，50 年使用寿命，适用于绝大多数的塑料管道，安装方便，可明装或暗装，最高 3h 防火时效。

（2）技术数据：火焰传播指数为 5，颜色为红棕色，自由膨胀倍率为 12，显著膨胀温度为 290℃，烟雾传播指数为 5，储存条件小于 32℃的干燥环境。

（3）应用范围：50～152mm 的各种材质的可燃管道有 PVC 管、CPVC 管、ABS 管、FRPP 管以及 PEX 管等。

（4）适用范围：除本节 1.（3）外，还有木地板。

7. FD2000 膨胀型电缆防火涂料

（1）技术特点：良好的粘结性能、烟密性，施工方便，可喷可涂，易清洗，无卤素，热膨胀性。

（2）技术数据：在 23℃和 50%相对湿度的条件下，密度为 1.3kg/L，颜色为白色，膨胀倍率为 8～10 倍，固含量大于 50%，表干时间为 8h（通风良好），储存条件小于 32℃的干燥环境。

（3）应用范围：电缆（束）汇流排等混合贯穿物。

（4）适用基材：电缆。

8. U ltra GS 超级阻火带

（1）技术特点：高膨胀倍率的阻火带，最高防火时效可达 4h。最高 25 倍膨胀性能，50 年使用寿命，安装方便，可以明装或暗装，最高 4h 的防火时效。

（2）技术数据：火焰传播指数为 0，颜色为灰黑色，自由膨胀倍率为 25，显著膨胀温度为 290℃，烟雾传播指数为 5，储存条件为小于 32℃ 的干燥环境。

（3）应用范围：50～160mm 的各种材质的可燃管道有 PVC 管、CPVC 管、ABS 管、FRPP 管及 PEX 管等。

（4）适用基材：除本节 1.（3）外，还有木地板。

9. 1000N/S 型防火防水密封胶

（1）技术特点：单组分弹性硅胶，最高防火时效可达 4h。良好的粘附能力，15% 的延展能力，可修复性能，防水性能、良好的耐候性，自然条件下固化，可以与 3M 防火泥配套使用。

（2）应用范围：电信的控制箱、金属导管、金属管、建筑物的连接处。

（3）技术数据：密度为 1.33kg/L，颜色为白色，拉伸到断裂的比率为 600%，绝缘性为 19kV/mm，储存条件为小于 32℃ 的干燥环境，工作温度范围为（−51～149）℃。

（4）国际国内测试和认证：中国消防产品型式认可证书，UL 和 FM。

（5）基材：混凝土、砖结构、石膏板。

10. FD200 弹性防火密封漆

（1）用途：贯穿孔防火封堵、建筑接缝防火封堵、玻璃幕墙层间防火封堵，最高防火时效可达 3h。

（2）技术特点：高伸缩率 ±50%，良好的粘附能力，良好的隔音性能 STC56，可修复性能，良好的耐候性，自然条件下固化。

（3）技术数据：施工期间黏度为 120 000CPS，颜色为灰色，完全固化和粘结时间（25℃）为 24h，覆盖率为 0.31m^2/L，工作温度范围为 0～32℃，固含量为 65%。

（4）应用范围：金属导管，非金属管，建筑物的连接处，空开口，电缆以及电缆桥架、汇流排、风管。

11. E–Mat 防火包裹卷材

（1）用途：用于紧急电路、钢结构、储罐裙座的防火包裹保护，最高防火时效可达 4h。

（2）技术特点：吸热性，耐燃性，低烟雾扩展性，柔韧性–易弯曲，易切割和裁剪，热传导性，不必要的热量尽量散失，铝箔表面，易清洗，便于安装，无需安装前的预处理。

（3）技术数据：在 23℃和 50%相对湿度的条件下，密度为 865kg/m³，颜色为亮色，火焰传播指数为 0.7，烟雾传播指数为 0，张力为 758kPa。储存条件为小于 32℃的干燥环境。

（4）应用范围：钢结构，电缆，汇流排，设备包裹。

12. FD150+防火密封胶

（1）用途：用于建筑缝隙的防火封堵，最高防火时效可达 3h。

（2）技术特点：良好的粘附能力，最大±19%的延展收缩性能，良好的隔音性能，可修复性能，良好的耐候性，自然条件下固化，水基易清洗。

（3）技术数据：硬度为 45，颜色为天然色及亮灰色，工作温度为（–28～82）℃，拉伸强度为 0.95MPa，拉伸断裂比为 150%，储存条件为小于 32℃的干燥环境。

（4）应用范围：电信和电力线、电缆、金属管、独立的连接处。

13. FIP 1Step 防火封堵发泡材料

（1）用途：管道、电缆等贯穿孔洞防火封堵系统以及缝隙防火封堵系统。

（2）技术特点：方便使用，快速安装，封堵部位更整洁，解决复杂的工况，不垂流，易控制，不需矿棉，避免接触后引发呼吸道及皮肤过敏等症状，节约施工时间，提高三倍功效。

（3）技术数据：颜色为栗色，应用温度范围为 50～120℉（10～49℃），表面燃烧指数（ASTM E 84），火焰传播为 10，烟雾传播为 50，隔声性能（STC）为 57，包装容量为 12.85 液体盎司，可挥发性物排放量 VOC 为＜250g/L，固化为大约 1min 后，泡沫失去流动性，表面无粘性。完全的固化取决于环境条件，在 75℉（24℃）下，典型的固化时间是 2min，气体泄漏量为小于 1CFM/ft²，可填充孔洞体积为 116in³、符合 Leed® 认证要求，可挥发性物质、排放量 VOC 小于 250g/L VOC（VOC 为有机溶剂总称）。

（4）应用范围：建筑及船舶等场所中，电缆、电缆套管、金属管道、保温管道、电缆桥架等贯穿孔洞防火封堵、建筑缝隙类防火封堵。

12.8 电缆经防火处理后载流量降低系数（见表 12-3）

表 12-3 　　　　　　电缆经防火措施后载流量降低系数

电缆表面涂防火涂料或缠绕包带	电缆置于耐火槽盒内		电缆穿越防火墙		
	两端无封堵	石棉封堵	防火墙厚 120mm	防火墙厚 240mm	防火墙厚 300mm
0.97～0.99	0.89	0.87	0.91	0.82	0.78

注：载流量修正以在梯架上敷设为基准。

第13章 电线电缆招标文件的技术规格书格式

本节编入电缆、母线槽、电缆桥架招标文件技术规格书的通用格式，具体工程项目可根据实际选用和增减。

13.1 电缆招标文件——技术规格书

13.1.1 投标厂商基本要求

（1）投标厂商必须通过 ISO9001：2015 质量管理体系认证，ISO14001 环境保护管理体系认证，ISO18001 职业健康安全管理体系认证，并提供有效证书。

（2）具有大中型工程业绩，具有信用证明，符合 GB/T 19022—2003（ISO 10012：2003，IDT）《测量管理体系测量过程和测量设备的要求》[69]的电缆生产企业。

13.1.2 招标范围

应标明电缆品种，如：

1kV（或 6～35kV）交联聚乙烯绝缘聚氯乙烯护套电力电缆；

1kV 交联聚乙烯绝缘低烟无卤阻燃电缆；

1kV（或 6～35kV）交联聚乙烯绝缘低烟无卤阻燃耐火电缆等。

应附招标电缆清单，见表 13–1。

表 13–1　　　　　　招 标 电 缆 清 单

序号	名称	型号及规格	单位	数量	备注

序号	名称	型号及规格	单位	数量	备注

13.1.3 采用标准

电缆的制造、试验和验收除了应满足本技术规格书的要求外，还应符合但不限于如下标准：

（1）GB/T 12706.1～4—2008（IEC 60502–1～4：2004，MOD）《额定电压 1kV（U_m=1.2kV）～35kV（U_m=40.5kV）挤包绝缘电力电缆及附件》

（2）GB/T 19666—2005《阻燃和耐火电线电缆通则》

（3）GB/T 18380.3—2001（IEC 60332–3：1992，IDT）《电缆和光缆在火焰条件下的燃烧试验　第 3 部分：成束电线或电缆的燃烧试验方法》[68][7]

（4）GB/T 3048—2007《电线电缆电性能试验方法》[92]

（5）GB/T 3956—2008（IEC 60228：2004，IDT）《电缆的导体》

（6）GB/T 19216—2003《电线电缆缆耐火特性试验方法》[71],[72]

（7）GB/T 17650.1 和 2—1998《电缆或光缆的材料燃烧时释出气体的试验方法》第 1 部分：卤酸气体总量的测定；第 2 部分：用测量 pH 值和电导率来测定气体的酸度》[61]、[62]

（8）GB/T 17651.2—1998《电缆或光缆在特定条件下燃烧的烟密度测定　第 2 部分：试验步骤和要求》

（9）GB/T 18380.3—2001《电缆和光缆在火焰条件下的燃烧试验第 3 部分：成束电线或电缆的燃烧试验方法》

（10）GB/T 19216.21—2003《在火焰条件下电缆或光缆的线路完整性试验　第 21 部分：试验步骤和要求–额定电压 0.6/1.0kV 及以下电缆》

（11）JB/T 6037—1992《工程机械　电线和电缆的识别标志通则》

（12）JB/T 8137.1—2013《电线电缆交货盘　第1部分：一般规定》[116]

13.1.4　使用条件

1. 运行条件及使用要求

系统标称电压 U_0/U	0.23/0.4kV
系统频率	50Hz
夏季最高环境温度	40℃
冬季最低环境温度	−5℃
相对湿度	≤90%
电缆导体的最高允许工作温度	90℃
短路时电缆导体的最高温度	250℃
短路时间	≤5s
海拔：	≤1000m

电缆最小弯曲半径见表13–2。

表13–2　　　　　　　　　　电缆最小弯曲半径

项　　目	单芯		多芯	
	无铠装	有铠装	无铠装	有铠装
安装时	20D	5D	7D	12D
靠近中间和终端接头盒处	15D	12D	12D	10D

注：D为电缆外径。

2. 敷设条件

敷设方式有直埋、沟槽、桥架、竖井、电缆沟等。敷设时最低环境温度在0℃以上。

13.1.5　电缆技术条件

1. 导体

（1）导体采用优质无氧圆铜丝绞合压制而成，其性能应符合

GB/T 3956—2008《电缆的导体》的规定。

（2）导体表面应光洁、无油污、无损伤绝缘的毛刺、锐边，无凸起或断裂的单线。

2. 绝缘

（1）采用的 XLPE 绝缘料符合 GB/T 12706—2008 及 IEC 60502-2：2005[8]标准，其性能符合 GB/T 12706—2008 及 IEC60502-2：2005 标准。

（2）绝缘标称厚度符合 GB/T 12706—2008 及 IEC 60502-2：2005标准，平均厚度不小于标称值。任一点最小厚度不小于标称值的90%，且任一断面的偏心率（最大厚度－最小厚度）/（最大厚度）不大于10%。

3. 成缆

单芯电缆无需成缆，多芯电缆需成缆。节距应符合 GB/T 12706—2008 标准。

4. 包带绕包

包带采用无纺布重叠绕包，重叠率应不小于15%。

5. 外护套

（1）护套采用卤低烟护套料，表面应光洁、圆整，其标称厚度和性能符合 GB 12706.1～4—2008、GB 12666.1～3—2008 及 IEC 60502-1～4：2004[46]标准。

（2）外护套表面紧密，其横断面无肉眼可见的砂眼、杂质和气泡以及未塑化好和焦化等现象。

6. 电缆标志

（1）电缆绝缘线芯识别标志应符合 GB/T 6995.1～5—2008《电线电缆识别标志方法》[106]的规定。

（2）成品电缆的护套上有制造厂名、产品型号、额定电压和自然数字计米的连续标志，前后两个完整连续标志间的距离小于550mm，标志字迹清楚，容易辨认、耐擦。

7. 上述要求仅是对电缆提出的基本要求

供应厂家应以确保电缆达到阻燃要求及低烟（透光率达 60%以

上）、无卤为准则，以成熟的工艺和合理的结构保证电缆的综合优越性能。

13.1.6　试验

（1）电缆在制造、试验、检验过程中，买方有权监造和见证，卖方不得拒绝，买方的此行为不免除卖方对产品质量的责任。

（2）在出厂和抽样试验前 30 天，卖方通知买方见证，买方应在 10 天内予以答复，若买方放弃见证，则卖方把所做的试验以试验报告的形式提交给买方。

（3）出厂试验。每批电缆出厂前，按本技术规范要求进行出厂试验。出厂试验报告除附在电缆盘上以外，并应送三份原件给买方。

（4）导体直流电阻试验。导体直流电阻试验在每一电缆所有导体上进行测量，符合 GB/T 3966 的规定。

（5）交流电压试验。按 GB/T 12706.1 的相关规定，施加工频电压 3.5kV，时间为 5min，不发生击穿。

（6）阻燃试验。按 GB/T 18380.3—2001 的相关规定通过阻燃试验。

（7）烟密度试验。按 GB/T 17651.2—1998（IEC 61034–2：1997，IDT）规定的烟密度试验，透光率应不小于 60%。

（8）卤素含量试验。按 GB/T 17650.2—1998 规定的燃烧气体的腐蚀性试验，pH 值不小于 4.3，电导率不大于 $10\mu S/mm$。

（9）型式试验。供方提供的产品系列均已通过国家相关质量检测部门的型式试验和主管部门的产品鉴定。

13.1.7　交货

（1）在电缆最大交货长度的范围内根据业主提供的任何长度的电缆盘交货。

（2）长度计量误差应不超过±0.5%。

（3）交货前应提交一份允许弯曲半径，导体直流电阻等电气性能参数。

（4）电缆的交货长度不小于 1000mm。

（5）允许根据双方协议长度交货。

13.1.8　包装储运

（1）产品由供方的检查部门检查合格后才可出厂，每个出厂的包装件上附有产品质量合格证和质保证书、产品试验报告和安装使用说明书。

（2）电缆包装在符合 GB 4005—1983《电线电缆交货盘》[33]规定的电缆盘上交货，电缆盘能经受所有在运输、现场搬运中可能遭受的外力作用。电缆盘能承受在安装或处理电缆时可能遭受的外力作用并不会损伤电缆及盘本身，电缆端头可靠密封。

（3）每一交货盘上将标明：厂名或商标、电缆型号及规格、长度、毛重、正确旋转方向及制造年月和标准编号。

13.1.9　移交验收

本合同规定的产品质保期为 24 个月。质保期的起始时间为卖方获得业主的初步验收证书之日（最终用户签署《最终验收证明》之日）起计算。产品在经过质保期（12 个月）的运行后，经业主确认，业主、监理、卖方三方签字，业主向卖方发放最终验收证书，产品正式移交。

13.2　母线槽招标文件——技术规格书

13.2.1　投标厂家基本要求

（1）质量好，售后服务好，诚信的专业母线槽生产企业，注册资金不少于 5000 万元（根据项目规模确定），并提供独立的法人营业执照、银行资信证明、诚信证明及国家相关行业管理部门颁发的生产资质证明文件。投标的母线槽产品应全部通过国家质量认证中心强制性"CCC"认证。

（2）提供招标母线槽各个电流规格的《极限温升报告》，该报告内应附有产品外形照片，导体规格，通过试验电流及各检测点的温升值。

（3）通过 ISO9001—2015 质量管理体系认证，ISO14001 环境保护管理体系认证，ISO18001 职业健康安全管理体系认证。

13.2.2　采用标准

（1）国家标准 GB 7251.1—2013《低压成套开关设备和控制设备 第 1 部分：型式试验和部分型式试验成套设备》[45]

（2）国家标准 GB 7251.6—2015《低压成套开关设备和控制设备 第 6 部分：母线干线系统（母线槽）》[45]

（3）国家标准 GB 4208—2008《外壳防护等级（IP 代码）》[34]

（4）国家标准 GB/T 5585.1—2005《电工用铜、铝及其合金母线 第 1 部分：铜和铜合金母线》[103]

（5）国家标准 GB/T 19216.21—2003《在火焰条件下电缆或光缆的线路完整性试验　第 21 部分：试验步骤和要求–额定电压 0.6/1.0kV 及以下电缆》

（6）公安部标准 GA/T 537—2005《母线干线系统（母线槽）阻燃、防火、耐火性能的试验方法》[22]。

13.2.3　母线槽基本电气技术参数

（1）额定绝缘电压：AC 1000V，额定工作电压 AC 400V±10%。

（2）额定频率：50Hz。

（3）安装处海拔：≤2000m。

（4）电气间隙：≥10mm。

（5）爬电距离：≥12mm。

（6）介电性能：50Hz，3.75kV/1min 无击穿，无闪络。

（7）载流导体极限温升：≤70K（或 50K 两选一）。

（8）电压降不大于 5%，长度为 200m，功率因数 0.95 通过额定电流时。

（9）密集母线的短路耐受强度 I_{cw} 见表 13-3。

表 13-3   密集母线的短路耐受强度 I_{cw}

母线槽额定电流等级/A	短路耐受电流强度 I_{cw}/kA
$200 \leqslant I < 400$	$\geqslant 20$
$400 \leqslant I < 630$	$\geqslant 35$
$630 \leqslant I < 1000$	$\geqslant 50$
$1000 \leqslant I < 2500$	$\geqslant 65$
$2500 \leqslant I < 4000$	$\geqslant 80$
$4000 \leqslant I < 5000$	$\geqslant 100$

13.2.4 材料要求

（1）载流导体及搭接导体采用 TMY 电工硬铜排，（T2 电解铜材料轧制），电导率 97% 以上，电阻率小于或等于 $0.017\,2\Omega \cdot mm^2/m$。

（2）所有绝缘材料采用优质聚酯薄膜，全长成型包扎，中间无接口，无空气泡，绝缘耐压大于或等于 75kV/1min，耐热等级 B 级（$\geqslant 130℃$）。

（3）外壳及侧板采用优质铝镁合金材料，表面阳极氧化处理，外壳保护电路连续性电阻小于或等于 $0.000\,7\Omega$。

以上须提供第三方检验报告及有关证明资料。

13.2.5 母线槽本体要求

（1）连接头、弯头、分接单元防护等级：地下室水平安装部分 IP65，电气专用井道垂直安装部分 IP54 以上。

（2）极限温升：本体内导体、插接口及连接头小于或等于 70K（或 50K 选一种）。

（3）本体为三相五线（或三相四线，两选一），N 线与相线导体截面等同；外壳兼做 PE 线时，两单元母线的跨接 PE 导体必须要符合 GB 7251.2—2013[40]第 7.4.3.1.7 表 3 的保护导体截面积（PE、PEN）等效截面。

（4）母线槽及插接口处全长采用密集型，不允许本体密集型，插接口空气型，以防插接口温升过高。

（5）母线槽保护系统

系统应包括智能监测保护控制仪、信号传输系统、接受器等。

1）每回路母线槽每个电流等级设置一个母线保护仪，设置在第一个干线单元的连接头处。

2）智能监测保护控制仪设有两级信号：第一级输出超温报警信号，第二级超极限温度报警信号，同时自动切断电源总开关。

信号采用无线传输（或有线传输选一种）。

13.2.6　插接箱及插接口的技术要求

（1）插接口处铜导体密集型结构。

（2）插接口导体电气间隙大于或等于 15mm。

（3）爬电距离大于或等于 18mm。

（4）极限温升与主导体相同小于或等于 70K（或 50K 选一种）。

（5）须具有防反插功能。

（6）所有插接口带有安全防护门，防护等级不低于 IP54。

（7）插接箱外壳采用优质镀锌板或铝合金材料。

（8）插接箱应带联锁机构，当插接箱内开关在合闸位置时，插接箱无法插拔。

（9）插接箱均能互换。

13.2.7　连接头

（1）应便于安装，导体不允许有冲孔，以防局部截面减少而发热。

（2）连接头各部位防护等级应与本体相同（提供样品验证）。

（3）双导体并联的大电流母线槽，连接导体片必须同时与双导体可靠连接，以防电流分布不均以及造成回流。

（4）连接头应活式连接并具自动伸缩功能，伸缩长度为 5～15mm。

（5）连接头必须有防滑脱结构，以防止安装或伸缩而被拉断。

13.2.8　过渡连接/跨接及安装支架

（1）母线槽与变压器连接采用软连接，表面镀银（或镀锡选一种）。

（2）母线槽与配电柜连接采用 TMY 铜排（T2 电解铜轧制），表面镀银（或镀锡选一种）。

（3）垂直安装配弹簧支架，调节距离不少于 5cm。支架底座采用槽钢衬垫。

（4）吊架与母线槽一并供货，采用角钢，表面热浸锌，锌层厚度为 70m，该吊架要有调节功能。

13.2.9　耐火母线槽的特殊要求

（1）耐火母线槽应全部通过耐火性能的试验，并提供国家固定灭火系统和耐火构件质量监督、检验中心的检验报告复印件（开标时审核原件）。

1）耐火性能试验方法按 GA/T 537—2005《母线干线系统（母线槽）阻燃、防火、耐火性能的试验方法》，炉内温度为 950℃，时间不少于 60min。

2）线路完整性试验标准按 GB/T 19216.21—2003，供火温度为 950℃，供火时间为 180min。

（2）耐火母线槽的短路耐受强度 I_{cw}（kA），见表 13-4。

表 13-4　　　　　耐火母线槽的短路耐受强度 I_{cw}

母线槽电流等级/A	短路耐受电流强度 I_{cw}/kA
$200 \leqslant I < 630$	$\geqslant 20$
$630 \leqslant I < 1600$	$\geqslant 50$
$1600 \leqslant I < 4000$	$\geqslant 65$
$4000 \leqslant I < 5000$	$\geqslant 100$

（3）耐火母线槽极限温升小于或等于 100K，防护等级 IP65。

13.2.10　产品送样及资料

投标厂家在递送投标书时应同时提供样品一套，包括：

（1）连接装配好的两段母线单元（密集母线槽带有插接口的）。

（2）带机械联锁的插接箱开关箱一台。

（3）样品说明书一份（应包括确保质量的技术措施）。

13.2.11　货到现场检验

（1）外观检验：标示及长度等。供货的产品必须是合格正品，每节母线槽及插接箱上须贴有国家认监委 3C 防伪标志，无防伪标志者现场有权拒收。

（2）根据母线槽温升报告核对铜排规格。

（3）绝缘电阻检验。

（4）导体电阻率抽检：采用回路电阻测试仪，对每个电流规格抽样检验数量应不少于到货产品的 5%，电阻率应符合 GB/T 5585.1—2005，GB/T 5585.2—2005。

（5）每份合同中，抽一种电流规格，送国家质量监督检验中心复核温升试验。凡是不合格者，由厂家承担费用并负责退货并索赔。

13.2.12　招标产品清单

招标产品清单，见表 13-5。

表 13-5　　　　　　　招 标 产 品 清 单

序号	名称	型号及规格	单位	数量	备注

注：名称栏应包括直线段、弯头、始端箱、终端封头、连接头、与低压柜的连接铜排、
　　与变压器的软连接头、变容节、插接箱、温度检测系统、支架及吊架等全部规格。

13.3　电缆桥架招标书——技术规格部分

13.3.1　投标厂商资质要求

（1）需要有三年以上的设计制造的经验，并有两年以上大型工程成功运行的业绩。

（2）有良好的全面质量管理体系，并已获得 ISO 9000 体系认证。

（3）投标产品已经过国家有关部门的定型试验和测试，并已获得合格的证明，产品须通过技术鉴定并提供鉴定报告。

13.3.2　使用场所环境条件

投标产品应满足如下的使用环境要求：

（1）安装地点：户内（或户外，或具体注明变配电室廊道、竖井及天花吊顶内等）。

（2）海拔：≤1000m

（3）使用场所环境温度：

最高温度：40℃

最低温度：−15℃

日温差：≤15℃

（4）使用场所空气相对湿度：

月平均相对湿度：≤90%

日平均相对湿度：≤95%

（5）污秽等级：Ⅲ级

（6）抗震烈度：≤7度

13.3.3　采用标准

（1）投标产品的设计、制造工艺及原材料的质量控制、检查验收、试验检测、保管和运输等均应遵循下列标准，但不仅限于这些标准，而应符合国家及行业有关的最新规程、规范。各标准间如果有差异，则以最高要求的为准。

表 13-6　　　　　　　　　　　应 遵 循 的 标 准

JB/T 10216—2013	电控配电用电缆桥架
CECS 31—2017	钢制电缆桥架工程设计规范
GB/T 23639—2009	节能耐腐蚀钢制电缆桥架[84]
B/T 12754—2006	彩色涂层钢板及钢带
GB/T 700—2006	碳素结构钢
GB 716—1991	碳素结构钢冷轧钢带[44]
GB 912—2008	碳素结构钢和低合金结构钢　热轧薄钢板和钢带[47]
GB/T 5117—2012	非合金钢及细晶粒钢焊条[101]
GB 1720—1979（89）	漆膜附着力测定法[28]
GB 1764—1979	漆膜厚度测定法[29]
GB/T 2423.4—2008	电工电子产品环境试验　第 2 部分：试验方法　试验 Db：交变湿热（12h+12h 循环）[85]
GB/T 2423.17—2008	电工电子产品基本环境试验　第 2 部分：试验方法　试验 Ka：盐雾[86]
GB/T 2423.46	电工电子产品环境试验　第 2 部分：试验方法　试验 Ef：撞击摆锤[87]
GB/T 5270—2005	金属基体上金属覆盖层　电沉积和化学沉积层　附着强度试验方法评述[102]
GB 50205—2012	钢结构工程施工质量及验收规范[41]
JGJ 82—2011	钢结构高强度螺栓连接技术规程[119]
GB/T 247—2008	钢板和钢带包装、标志及质量证明书的一般规定[88]
GB/T 11253	碳素钢和低合金结构冷轧薄钢板及钢带[48]
GB/T 5780—2016	六角头螺栓
GB/T 6170—2015	1 型六角螺母
GB/T 97.1—2002	平垫圈
GB/T 93—1997	标准型弹簧垫圈
GB/T 12—2013	半圆头方颈螺栓

GB/T 2101—2008	型钢验收、包装、标志及质量证明书的一般规定[80]
GB 50150—2006	电气装置安装工程电气设备交接试验标准[39]
GB 50168—2016	电气装置安装工程电缆线路施工及验收规范
GB 50169—2016	电气装置安装工程接地装置施工及验收规范
GB/T 13384—2008	机电产品包装通用技术条件[54]
GB/T 191—2008	包装储运图示标志
JB/T 6743—2013	户内户外钢制电缆桥架防腐环境技术要求[115]

（2）普通钢制电缆桥架须满足 CECS 31—2017《钢制电缆桥架工程技术规范》相关要求。

（3）节能型桥架除满足 13.3.3-2 条外，还须符合 GB/T 23639—2009《节能耐腐蚀钢制电缆桥架》相关要求。

（4）节能复合高耐腐（彩钢）电缆桥架除满足 13.3.3-3 条外，材料须符合 GB/T 12754—2006《彩色涂层钢板及钢带》标准。

13.3.4 材料

（1）普通电缆桥架板材选用优质冷轧钢板，并符合 GB/T 700—2006 标准中 Q235 的要求，其最小厚度见表 13-7。

表 13-7　　　　　普通托盘允许最小板材厚度　　　　单位：mm

托盘宽度 B	槽体	盖板
$B \leqslant 150$	0.8	0.8
$150 < B \leqslant 400$	2.2	1.5
$400 < B \leqslant 600$	3.2	2.0

表 13-8　　　　　普通梯架允许最小板材厚度　　　　单位：mm

梯架宽度 B	板材
$B \leqslant 150$	1.0
$150 < B \leqslant 300$	1.2

梯架宽度 B	板材
300＜B≤500	1.5
500＜B≤800	2.0
B≤1000	2.5

（2）节能型（瓦楞式）电缆桥架板材选用优质冷轧钢板，并符合 GB/T 700—2006 标准中 Q235 的要求。其最小厚度见表 13-9。

表 13-9　　　　　瓦楞式托盘允许最小板材厚度　　　　单位：mm

托盘宽度 B	侧板	底板	盖板
B＜300	≥1.2	≥0.7	≥0.5
300≤B≤600	1.2～1.5	≥0.8	≥0.5
B＞600	1.5～1.8	≥0.8	≥0.5

（3）节能复合高耐腐（彩钢）电缆桥架板材选用彩色钢板，并符合 GB/T 12754—2006《彩色涂层钢板及钢带》标准。其最小厚度见表 13-10 和表 13-11。

表 13-10　　　　　节能复合高耐腐（彩钢）托盘允许
最小板材厚度　　　　单位：mm

托盘宽度 B	槽体	盖板	加强筋半径 R
B≤150	0.8	0.6	7.5
150＜B≤400	1.0	0.6	10
400＜B≤600	1.2	0.6	12.5
600＜B≤1000	1.5	0.8	15

注：加强筋厚度须等同于槽体，且不少于 9 根/2m

表 13-11　　　　　节能复合高耐腐（彩钢）梯架允许
最小板材厚度　　　　单位：mm

托盘宽度 B	侧板	横档	盖板
B≤150	1.0	1.0	0.6

托盘宽度 B	侧板	横档	盖板
150<B≤400	1.2	1.2	0.6
400<B≤600	1.5	1.5	0.6
600<B≤1000	1.8	2.0	0.8

（4）标准件应符合 GB/T 5780—2016、GB/T 6170—2015、GB/T 97.1—2002、GB/T 93—1997 和 GB/T 12—2013 的标准。所有紧固件（六角螺栓、六角螺母、方颈螺栓、平垫圈、弹垫等）均需热浸锌或达克罗处理，不锈钢桥架紧固件采用 316 材料。

（5）吊、支架材料优先选用优质型钢，支架距离为 2m（或 1.5m选择一种）。

13.3.5 结构

（1）电缆桥架标准长度为 2m。

（2）梯架两侧边顶部和底部应有足够强度的法兰边，横档宽度为 25～50mm，中心距为 200～300mm，要求焊接或螺栓固定。

（3）有孔托盘采用整体式结构，节能桥架的受力面应采用模压制作加工方式，以增加强度底部设有通风孔，冲孔总面积不宜大于底部面积的 40%且通风孔应布置均匀，相互错开。

（4）无孔托盘（或线槽）采用整体式结构，节能桥架的侧边应采用模压加工制作，以增加强度，带盖无孔托盘防护等级为 IP30。

（5）节能复合高耐腐（彩钢）电缆桥架制作时避免使用破坏涂层的工艺。

（6）投标方应注明配套使用的标准弯通、三通、偏心缩节、直线缩节等的规格技术参数。

（7）室外防雨桥架底部设有排水孔，并有配套的防雨人字盖板。

13.3.6 荷载等级

（1）电缆桥架经运输、安装以后，需承担其自身重量外，尚应满足下列荷载的电缆重量，并在此荷载下，桥架应稳定、牢固、不变形、无起伏扭曲现象，最大挠度小于或等于 1/200。

荷载等级见表 13-12。

表 13-12   荷 载 等 级 表

边高 H/mm	均布荷载/（N/m）
$H \leqslant 100$	500
$100 < H \leqslant 150$	1500
$150 < H \leqslant 200$	2000

（2）吊、支架最大挠度小于或等于 1/100。

（3）加工精度要求。

1）托架几何极限偏差应符合 GB/T 1804—2000 的规定。

2）螺栓孔径应不大于 1.2 倍的螺栓直径。

3）连接螺孔允许偏差：同组内任意两孔间距±1.0mm；相邻两组的端孔间距±1.5mm。

13.3.7 表面防护层厚度

（1）普通桥架热浸锌处理须符合 GB/T 13912—2002《金属覆盖层 钢铁制件热浸镀锌层 技术要求及试验方法》，最低镀锌层厚度为 65μm。

（2）节能型电缆桥架表面护层选用金属无机复合涂层的，厚度不低于 30μm（复合有机涂层，厚度不低于 55μm）。

（3）节能复合高耐腐（彩钢）电缆桥架表面护层选用聚酯（PE）、高耐久性聚酯（HDP）、聚偏氟乙烯（PVDF）。

提示：招标书中应明确采用的面层种类，其中：

PE 适用于一般环境的工业与民用建筑户内；

HDP 适用于轻度腐蚀环境的工业建筑与民用建筑等；

PVDF 适用于中度或重度度腐蚀环境的工业建筑、盐雾腐蚀地区的设备和构筑物。

（4）附件及各种类型的支、吊架和立柱，表面应采用热浸锌，按 GB/T 3091—2015《低压流体输送用焊接钢管》标准，锌层厚度大于或等于 70μm。

紧固件热浸锌按 JB/T 10216—2013《电控配电用电缆桥架》标准，锌层厚度大于或等于 54μm。

（5）投标方应注明盐雾试验时间和紫外线照射试验时间。

13.3.8　保护电路连续性

（1）整个桥架系统应有可靠的电气连接并接地，要求有跨接点处连接电阻小于或等于 50mΩ，连接板两端须设置不少于 2 个防松螺母或防松垫圈，有绝缘涂层桥架须采用爪形垫片。

（2）在按规范需做重复接地处或补充连接处，应配带 S 大于或等于 4mm² 软铜编织线、桥架和规定吊架处应予留接地螺栓，并有明显标志。

13.3.9　电缆桥架外观颜色要求

要求电缆桥架底面外表用不同颜色区分，采用建筑标准色标，规定为：

（1）线槽灯带：深灰。

CBCC 代号：3.1BG4.5/1。

（2）电力电缆桥架：白灰（0521）。

CBCC 代号：4.4PB9/1。

（3）消防电力线路电缆桥架：红色（1674）。

CBCC 代号：5R4.4/14。

（4）弱电及控制电缆桥架：弱电线路品种较多，优先采用下列三种，更多需求可另行选择。

1）绿色（1166）CBCC 代号：2.5G5.5/7.6。

2）柠檬黄（0035）CBCC 代号：8.8Y8/8。

3）蓝色（1212）CBCC 代号：2.5PB4.5/9.6。

投标商应注明标注颜色的工艺和增加的费用。

提示：此为选项，工程有需要时可采用本条款。

13.3.10 出厂检验

（1）普通桥架和节能型桥架外观检查：采用目测和手触摸相结合的方法。

1）桥架及盖板外观平整，无扭曲、无毛刺、盖板互换性好，配合合适，脱卸轻松，无卡住现象，装脱时无须使用工具。

2）焊接质量：焊点应均匀、统一、饱满，没有漏焊、虚焊、烧穿、裂纹、夹渣、弧坑等缺陷。

3）镀层检查：① 镀层应均匀，无毛刺、过烧、挂灰、刮伤痕迹等缺陷，无漏镀点；② 镀层附着力检查：镀层不能有剥离、起皮、凸起等缺陷；③ 镀层厚度检测，应符合招标要求。

4）保护电路连续性检测，应符合招标要求。

（2）节能复合高耐腐（彩钢）电缆桥架外观检查：采用目测和手触摸相结合的方法。

1）桥架及盖板外观应平整，无扭曲、毛刺，盖板互换性好，配合合适，脱卸轻松，无卡住现象，装脱时无须使用工具。

2）色差检查：颜色均匀无明显色差。

3）涂层厚度检查：根据招标要求。

4）涂层光泽检查：加工部位无损伤，涂层分类见表 13-13。

表 13-13　　　　　　　涂　层　分　类

级别	代号	光泽度
高	A	≤40
中	B	40～70
低	C	>70

5）保护电路连续性检测，应符合招标要求。

（3）产品检验应提前通知甲方派员到厂进行检验。

（4）甲方有权随时派员前往工厂进行检查，厂方应给予积极配合。

13.3.11 出厂资料

1. 产品合格证

2. 出厂检验报告及质保证书

3. 原材料材质证明

4. 型式试验报告（包括荷载试验报告，须注明用料厚度及载荷试验等级，盐雾试验检验报告或者其他能证明产品耐腐蚀性能的证明文件）

5. 产品安装要求说明书

13.3.12 特别说明

凡投标产品技术性能参数与标书或国家有关标准有差异（优于或差于）时，须填写技术偏离表。

13.3.13 包装和运输

（1）产品包装应根据运输距离、方式等因素确定，应具有能有效防止桥架和配件机械损伤的措施包装应便于吊运。才应注明包装和运输方式。

（2）交货地点为施工现场，货运抵现场后，吊运由施工单位负责。

13.3.14 招标货物清单（见表 13-14）

表 13-14　　　　　　　电缆桥架材料表　　　　　第 页 共 页

序号	名称	型号及规格	单位	数量	备注

注：名称栏应包括梯架、槽盒和托盘的各种直通、弯通（注明弯曲半径）。各类支吊架。
规格栏注明长度 L、宽度 B 和侧壁高 H。

359

第 14 章　常用计算及参数要求

14.1　新需要系数法求用电设备的计算电流

14.1.1　计算负荷和计算电流

1. 计算负荷 P_{js}

计算负荷又称需要负荷或最大负荷。计算负荷是一个假想的持续性负荷，其热效应与同一时间内实际变动负荷所产生的最大热效应相等。在配电设计中，通常采用 30min 的最大平均负荷作为按发热条件选择电器或导体的依据，因此计算负荷有时也用 P_{30} 表示。

2. 计算电流 I_{js}

用电设备的计算电流 I_{js} 可用下式计算

$$I_{js} = \frac{P_{js}}{\sqrt{3}U_N \cos\varphi} \tag{14-1}$$

式中　P_{js}——用电设备的计算有功功率，kW；

$\quad\quad U_N$——用电设备的额定电压（线电压），kV；

$\quad\quad \cos\varphi$——用电设备的功率因数。

14.1.2　I_{js} 的计算方法

1. 单台用电设备的计算电流

单台用电设备的计算电流就是它的额定电流。

2. 用电设备组的计算电流

新需要系数法的理论基础及形式与需要系数法的相似，使用范围更广，如果有效台数 4 台以下时不能用利用系数法，但可以用新需要系数法。

3. 计算公式

$$P_{js} = \alpha K_x P_n \tag{14-2}$$

式中　P_{js}——用电设备组的有功功率，kW；

K_x——需要系数，见表 14–1～表 14–2；

P_n——n 台设备的总功率，kW；

P_5——最大 5 台设备功率之和，kW；

$$P_5 = P_{1m} + \sum_{i=2}^{5} P_{im} \qquad (14-3)$$

α——修正系数，是 K_x 和 $\dfrac{P_5}{P_n}$ 的函数。

$$\alpha = \begin{cases} 0.723 + (0.571 - 0.238K_x)\sqrt{\dfrac{1.383}{K_x} - 1} \times \dfrac{P_5}{P_n} & (K_x < 0.8) \\[4mm] 0.723 + (0.954 - 0.7K_x)\sqrt{\dfrac{1.383}{K_x} - 1} \times \dfrac{P_5}{P_n} & (0.8 \leqslant K_x < 0.9) \end{cases}$$

$$(14-4)$$

P_{1m}——最大一台设备的功率，kW；

$\sum_{i=2}^{5} P_{im}$——按功率大小，第 2～5 台设备功率之和，kW。

计算 P_5 的三点规定：

（1）如果最大 5 台设备中有几台设备的功率不到 $0.4P_{1m}$，计算时均按 $0.4P_{1m}$ 计入。

（2）如果设备总台数 $n < 5$ 台，不足部分也按 $(5-n) \times 0.4P_{1m}$ 计入。

（3）如果只知道总功率 P_n、总台数 n 和最大 1 台设备的功率 P_{1m}，则 P_5 按下式确定

$$P_5 = P_{1m} + 4P_x \qquad (14-5)$$

式中　P_x——假想用电设备功率，kW。

$$P_x = \frac{2(P_n - P_{1m})}{n-1} \qquad (14-6)$$

当 $P_x \leqslant 0.4P_{1m}$ 时，取 $P_x = 0.4P_{1m}$；

当 $P_x \geqslant P_{1m}$ 时，取 $P_x = P_{1m}$；

当 $0.4P_{1m} < P_x < P_{1m}$ 时，取式（14–6）计算值。

根据式（14–3）作出 α 值表，见表 14–3。

表 14–1　　　　　　　　工业用电设备的 K_x、$\cos\varphi$ 及 $\tan\varphi$

用电设备组名称	K_x	$\cos\varphi$	$\tan\varphi$
单独传动的金属加工机床			
小批生产的金属冷加工机床	0.12~0.16	0.50	1.73
大批生产的金属冷加工机床	0.17~0.20	0.50	1.73
小批生产的金属热加工机床	0.20~0.25	0.55~0.60	1.51~1.33
大批生产的金属热加工机床	0.25~0.28	0.65	1.17
锻锤、压床、剪床及其他锻工机械	0.25	0.60	1.33
木工机械	0.20~0.30	0.50~0.60	1.73~1.33
液压机	0.30	0.60	1.33
生产用通风机	0.75~0.85	0.80~0.85	0.75~0.62
卫生用通风机	0.65~0.70	0.80	0.75
泵、活塞型压缩机、空调设备压缩机、电动发电机组	0.75~0.85	0.80	0.75
冷冻机组	0.85~0.90	0.80~0.90	0.75~0.48
球磨机、破碎机、筛选机/搅拌机等	0.75~0.85	0.80~0.85	0.75/0.62
电阻炉（带调压器或变压器）	0.60~0.70	0.95~0.98	0.33~0.20
非自动装料	0.70~0.80	0.95~0.98	0.33~0.20
自动装料	0.40~0.60	1.00	0
干燥箱、电加热器等	0.80	0.35	2.68
工频感应电炉（不带无功补偿装置）	0.80	0.60	1.33
高频感应电炉（不带无功补偿装置）	0.50~0.65	0.70	1.02
焊接和加热用高频加热设备	0.80~0.85	0.80~0.85	0.75~0.62
熔炼用高频加热设备	0.65	0.70	1.02
表面淬火电炉（带无功补偿装置）	0.80	0.85	0.62
电动发电机	0.65~0.75	0.80	0.75
真空管振荡器	0.40~0.50	0.85~0.90	0.62~0.48
中频电炉（中频机组）	0.55~0.65	0.85~0.90	0.62~0.48
氢气炉（带调压器和变压器）	0.90	0.85	0.62

用电设备组名称	K_x	$\cos\varphi$	$\tan\varphi$
真空炉（带调压器和变压器）	0.15	0.50	1.73
电弧炼钢炉变压器	0.35，0.20	0.60	1.33
电弧炼钢炉的辅助设备			
点焊机、缝焊机			
对焊机	0.35	0.70	1.02
自动弧焊变压器	0.50	0.50	1.73
单头手动弧焊变压器	0.35	0.35	2.68
多头手动弧焊变压器	0.40	0.35	2.68
单头直流弧焊机	0.35	0.60	1.33
多头直流弧焊及	0.70	0.70	1.02
金属、机修、装配车间、钢炉房用起重机（ε=25%）	0.10～0.15	0.50	1.73
铸造车间用起重机（ε=25%）	0.15～0.30	0.50	1.73
联锁的连续运输机械	0.65	0.75	0.88
非联锁的连续运输机械	0.50～0.60	0.75	0.88
一般工业用硅整流装置	0.50	0.70	1.02
电镀用硅整流装置	0.50	0.75	0.88
电解用硅整流装置	0.70	0.80	0.75
红外线干燥设备	0.85～0.90	1.00	0
电火花加工装置	0.50	0.60	1.33
超声波装置	0.70	0.70	1.02
X光设备	0.30	0.55	1.52
电子计算机主机	0.60～0.70	0.80	0.75
电子计算机外部设备	0.40～0.50	0.50	1.73
试验设备（电热为主）	0.20～0.40	0.80	0.75
试验设备（仪表为主）	0.15～0.20	0.70	1.02
磁粉探伤机	0.20	0.40	2.29
铁屑加工机械	0.40	0.75	0.88
排气台	0.50～0.60	0.90	0.48

用电设备组名称	K_x	$\cos\varphi$	$\tan\varphi$
老炼台	0.60~0.70	0.70	1.02
陶瓷隧道窑	0.80~0.90	0.95	0.33
拉单晶炉	0.70~0.75	0.90	0.48
赋能腐蚀设备	0.60	0.93	0.40
真空浸渍设备	0.70	0.95	0.33

表 14-2　　　　　　民用建筑设备的 K_x、$\cos\varphi$ 及 $\tan\varphi$

用电设备组名称	K_x	$\cos\varphi$	$\tan\varphi$
通风和采暖用电			
各种风机、空调器	0.70~0.80	0.80	0.75
恒温空调箱	0.60~0.70	0.95	0.33
集中式电热器	1.00	1.00	0
分散式电热器	0.75~0.95	1.00	0
小型电热设备	0.30~0.5	0.95	0.33
各种水泵	0.60~0.80	0.80	0.75
起重运输设备			
电梯（交流）	0.18~0.50	0.5~0.6	1.73~1.33
输送带	0.60~0.65	0.75	0.88
起重机械	0.10~0.20	0.50	1.73
锅炉房用电	0.75~0.80	0.80	0.75
冷冻机	0.85~0.90	0.80~0.90	0.75~0.48
厨房及卫生间用电			
食品加工机械	0.50~0.70	0.80	0.75
电饭锅、电烤箱	0.85	1.00	0
电炒锅	0.70	1.00	0
电冰箱	0.60~0.70	0.70	1.02
热水器（淋浴用）	0.65	1.00	0
除尘器	0.30	0.85	0.62
机修用电			

用电设备组名称	K_x	$\cos\varphi$	$\tan\varphi$
修理间机械设备	0.15~0.20	0.50	1.73
电焊机	0.35	0.35	2.68
移动式电动工具	0.20	0.50	1.73
打包机	0.20	0.60	1.33
洗衣房动力	0.30~0.50	0.70~0.90	1.02~0.48
天窗开闭机	0.10	0.50	1.73
通讯及信号设备			
载波机	0.85~0.95	0.80	0.75
收音机	0.80~0.90	0.80	0.75
发信机	0.70~0.80	0.80	0.75
电话交换机	0.75~0.85	0.80	0.75
客房床头电气控制箱	0.15~0.25	0.70~0.85	1.02~0.62

表 14–3 $\qquad$ $\alpha = f(K_x, P_5/P_n)$

$\dfrac{P_5}{P_n}$ K_x	0.05	0.10	0.15	0.20	0.25	0.30	0.35	0.40	0.45	0.50	0.55	0.60	0.65	0.70	0.75	0.80	0.85
0.10	0.82	0.92	1.02	1.12	1.21	1.31	1.41	1.51	1.61	1.70	1.80	1.90	2.00	2.10	2.19	2.29	2.39
0.11	0.82	0.91	1.00	1.09	1.19	1.28	1.37	1.46	1.56	1.65	1.74	1.84	1.93	2.02	2.11	2.21	2.30
0.12	0.81	0.90	0.99	1.07	1.16	1.25	1.34	1.43	1.51	1.60	1.69	1.78	1.87	1.95	2.04	2.13	2.22
0.13	0.81	0.89	0.97	1.06	1.14	1.23	1.31	1.39	1.48	1.56	1.65	1.73	1.81	1.90	1.98	2.06	2.15
0.14	0.80	0.88	0.96	1.04	1.12	1.20	1.28	1.36	1.44	1.52	1.60	1.68	1.76	1.84	1.92	2.00	2.08
0.15	0.80	0.88	0.95	1.03	1.11	1.18	1.26	1.34	1.41	1.49	1.57	1.64	1.72	1.80	1.87	1.95	2.03
0.16	0.80	0.87	0.94	1.02	1.09	1.17	1.24	1.31	1.39	1.46	1.53	1.61	1.68	1.75	1.83	1.90	1.98
0.17	0.79	0.86	0.94	1.01	1.08	1.15	1.22	1.29	1.36	1.43	1.50	1.57	1.64	1.72	1.79	1.86	1.93
0.18	0.79	0.86	0.93	1.00	1.06	1.13	1.20	1.27	1.34	1.41	1.47	1.54	1.61	1.68	1.75	1.82	1.88
0.19	0.79	0.85	0.92	0.99	1.05	1.12	1.18	1.25	1.32	1.38	1.45	1.51	1.58	1.65	1.71	1.78	1.84

P_s/P_n / K_x	0.05	0.10	0.15	0.20	0.25	0.30	0.35	0.40	0.45	0.50	0.55	0.60	0.65	0.70	0.75	0.80	0.85
0.20	0.79	0.85	0.91	0.98	1.04	1.10	1.17	1.23	1.30	1.36	1.42	1.49	1.55	1.61	1.68	1.74	1.81
0.21	0.78	0.85	0.91	0.97	1.03	1.09	1.15	1.22	1.28	1.34	1.40	1.46	1.52	1.58	1.65	1.71	1.77
0.22	0.78	0.84	0.90	0.96	1.02	1.08	1.14	1.20	1.26	1.32	1.38	1.44	1.50	1.56	1.62	1.68	1.74
0.23	0.78	0.84	0.90	0.95	1.01	1.07	1.13	1.19	1.24	1.30	1.36	1.42	1.47	1.53	1.59	1.65	1.71
0.24	0.78	0.84	0.89	0.95	1.00	1.06	1.12	1.17	1.23	1.28	1.34	1.40	1.45	1.51	1.56	1.62	1.68
0.25	0.78	0.83	0.89	0.94	1.00	1.05	1.10	1.16	1.21	1.27	1.32	1.38	1.43	1.49	1.54	1.59	1.65
0.26	0.78	0.83	0.88	0.93	0.99	1.04	1.09	1.15	1.20	1.25	1.30	1.36	1.41	1.46	1.52	1.57	1.62
0.27	0.77	0.83	0.88	0.93	0.98	1.03	1.08	1.13	1.19	1.24	1.29	1.34	1.39	1.44	1.49	1.55	1.60
0.28	0.77	0.82	0.87	0.92	0.97	1.02	1.07	1.12	1.17	1.22	1.27	1.32	1.37	1.42	1.47	1.52	1.57
0.29	0.77	0.82	0.87	0.92	0.97	1.02	1.06	1.11	1.16	1.21	1.26	1.31	1.36	1.41	1.45	1.50	1.55
0.30	0.77	0.82	0.87	0.91	0.96	1.01	1.06	1.10	1.15	1.20	1.25	1.29	1.34	1.39	1.43	1.48	1.53
0.35	0.76	0.81	0.85	0.89	0.93	0.97	1.02	1.06	1.10	1.14	1.18	1.23	1.27	1.31	1.35	1.39	1.44
0.40	0.76	0.80	0.83	0.87	0.91	0.95	0.98	1.02	1.06	1.10	1.13	1.17	1.21	1.25	1.28	1.32	1.36
0.45	0.76	0.79	0.82	0.86	0.89	0.92	0.96	0.99	1.02	1.06	1.09	1.12	1.16	1.19	1.22	1.26	1.29
0.50	0.75	0.78	0.81	0.84	0.87	0.90	0.93	0.96	0.99	1.02	1.05	1.08	1.11	1.14	1.17	1.20	1.23
0.55	0.75	0.78	0.80	0.83	0.86	0.89	0.91	0.94	0.97	0.99	1.02	1.05	1.08	1.10	1.13	1.16	1.18
0.60	0.75	0.77	0.80	0.82	0.85	0.87	0.89	0.92	0.94	0.97	0.99	1.02	1.04	1.07	1.09	1.11	1.14
0.65	0.75	0.77	0.79	0.81	0.83	0.86	0.88	0.90	0.92	0.94	0.97	0.99	1.01	1.03	1.05	1.08	1.10
0.70	0.74	0.76	0.78	0.80	0.82	0.84	0.86	0.88	0.90	0.92	0.94	0.96	0.98	1.00	1.02	1.04	1.06
0.75	0.74	0.76	0.78	0.80	0.81	0.83	0.85	0.87	0.89	0.90	0.92	0.94	0.96	0.98	0.99	1.01	1.03
0.80	0.74	0.76	0.77	0.79	0.81	0.82	0.84	0.86	0.87	0.89	0.91	0.92	0.94	0.96	0.98	0.99	1.01
0.85	0.74	0.75	0.77	0.78	0.79	0.81	0.82	0.84	0.85	0.87	0.88	0.89	0.91	0.92	0.94	0.95	0.96
0.90	0.73	0.75	0.76	0.77	0.78	0.79	0.81	0.82	0.83	0.84	0.85	0.87	0.88	0.89	0.90	0.91	0.92

P_s/P_n K_x	0.90	0.95	1.00	1.05	1.10	1.15	1.20	1.25	1.30	1.35	1.40	1.45	1.50	1.55	1.60	1.65	1.70
0.10	2.49	2.59	2.68	2.78	2.88	2.98	3.08	3.17	3.27	3.37	3.47	3.57	3.66	3.76	3.86	3.96	4.06
0.11	2.39	2.48	2.58	2.67	2.76	2.85	2.95	3.04	3.13	3.23	3.32	3.41	3.50	3.60	3.69	3.78	3.87
0.12	2.31	2.39	2.48	2.57	2.66	2.75	2.83	2.92	3.01	3.10	3.19	3.27	3.36	3.45	3.54	3.63	3.71
0.13	2.23	2.32	2.40	2.48	2.57	2.65	2.73	2.82	2.90	2.99	3.07	3.15	3.24	3.32	3.41	3.49	3.57
0.14	2.16	2.25	2.33	2.41	2.49	2.57	2.65	2.73	2.81	2.89	2.97	3.05	3.13	3.21	3.29	3.37	3.45
0.15	2.10	2.18	2.26	2.33	2.41	2.49	2.56	2.64	2.72	2.79	2.87	2.95	3.03	3.10	3.18	3.26	3.33
0.16	2.05	2.12	2.20	2.27	2.34	2.42	2.49	2.56	2.64	2.71	2.79	2.86	2.93	3.01	3.08	3.15	3.23
0.17	2.00	2.07	2.14	2.21	2.28	2.35	2.42	2.49	2.57	2.64	2.71	2.78	2.85	2.92	2.99	3.06	3.13
0.18	1.95	2.02	2.09	2.16	2.22	2.29	2.36	2.43	2.50	2.57	2.63	2.70	2.77	2.84	2.91	2.98	3.04
0.19	1.91	1.97	2.04	2.11	2.17	2.24	2.30	2.37	2.44	2.50	2.57	2.63	2.70	2.77	2.83	2.90	2.96
0.20	1.87	1.93	2.00	2.06	2.12	2.19	2.25	2.31	2.38	2.44	2.51	2.57	2.63	2.70	2.76	2.82	2.89
0.21	1.83	1.89	1.95	2.02	2.08	2.14	2.20	2.26	2.32	2.39	2.45	2.51	2.57	2.63	2.69	2.75	2.82
0.22	1.80	1.86	1.92	1.98	2.03	2.09	2.15	2.21	2.27	2.33	2.39	2.45	2.51	2.57	2.63	2.69	2.75
0.23	1.76	1.82	1.88	1.94	1.99	2.05	2.11	2.17	2.23	2.28	2.34	2.40	2.46	2.51	2.57	2.63	2.69
0.24	1.73	1.79	1.84	1.90	1.96	2.01	2.07	2.12	2.18	2.24	2.29	2.35	2.41	2.46	2.52	2.57	2.63
0.25	1.70	1.76	1.81	1.87	1.92	1.98	2.03	2.08	2.14	2.19	2.25	2.30	2.36	2.41	2.47	2.52	2.57
0.26	1.68	1.73	1.78	1.83	1.89	1.94	1.99	2.05	2.10	2.15	2.20	2.26	2.31	2.36	2.42	2.47	2.52
0.27	1.65	1.70	1.75	1.80	1.85	1.91	1.96	2.01	2.06	2.11	2.16	2.21	2.27	2.32	2.37	2.42	2.47
0.28	1.62	1.67	1.72	1.77	1.82	1.87	1.92	1.97	2.02	2.07	2.12	2.17	2.22	2.27	2.32	2.37	2.42
0.29	1.60	1.65	1.70	1.75	1.79	1.84	1.89	1.94	1.99	2.04	2.09	2.14	2.18	2.23	2.28	2.33	2.38
0.30	1.58	1.62	1.67	1.72	1.77	1.81	1.86	1.91	1.96	2.00	2.05	2.10	2.15	2.19	2.24	2.29	2.34
0.35	1.48	1.52	1.56	1.60	1.64	1.69	1.73	1.77	1.81	1.85	1.90	1.94	1.98	2.02	2.06	2.11	2.15
0.40	1.39	1.43	1.47	1.51	1.54	1.58	1.62	1.66	1.69	1.73	1.77	1.80	1.84	1.88	1.92	1.95	1.99
0.45	1.32	1.36	1.39	1.42	1.46	1.49	1.52	1.56	1.59	1.62	1.66	1.69	1.72	1.76	1.79	1.83	1.86
0.50	1.26	1.29	1.32	1.35	1.38	1.41	1.44	1.47	1.50	1.53	1.56	1.59	1.62	1.65	1.68	1.71	1.74
0.55	1.21	1.24	1.26	1.29	1.32	1.35	1.37	1.40	1.43	1.45	1.48	1.51	1.54	1.56	1.59	1.62	1.64
0.60	1.16	1.19	1.21	1.24	1.26	1.29	1.31	1.33	1.36	1.38	1.41	1.43	1.46	1.48	1.51	1.53	1.55
0.65	1.12	1.14	1.17	1.19	1.21	1.23	1.25	1.28	1.30	1.32	1.34	1.36	1.39	1.41	1.43	1.45	1.47
0.70	1.08	1.10	1.12	1.14	1.16	1.18	1.20	1.22	1.24	1.26	1.28	1.30	1.32	1.34	1.36	1.38	1.40
0.75	1.05	1.07	1.08	1.10	1.12	1.14	1.16	1.17	1.19	1.21	1.23	1.25	1.26	1.28	1.30	1.32	1.34
0.80	1.03	1.04	1.06	1.08	1.09	1.11	1.13	1.14	1.16	1.18	1.19	1.21	1.23	1.24	1.26	1.28	1.29
0.85	0.98	0.99	1.01	1.02	1.04	1.05	1.06	1.08	1.09	1.11	1.12	1.14	1.15	1.16	1.18	1.19	1.21
0.90	0.94	0.95	0.96	0.97	0.98	1.00	1.01	1.02	1.03	1.04	1.06	1.07	1.08	1.09	1.10	1.11	1.13

P_s/P_n / K_x	1.75	1.80	1.85	1.90	1.95	2.00	2.05	2.10	2.15	2.20	2.25	2.30	2.35	2.40	2.45	2.50
0.10	4.15	4.25	4.35	4.45	4.55	4.64	4.74	4.84	4.94	5.04	5.13	5.23	5.33	5.43	5.53	5.62
0.11	3.97	4.06	4.15	4.24	4.34	4.43	4.52	4.62	4.71	4.80	4.89	4.99	5.08	5.17	5.26	5.36
0.12	3.80	3.89	3.98	4.07	4.15	4.24	4.33	4.42	4.51	4.59	4.68	4.77	4.86	4.95	5.03	5.12
0.13	3.66	3.74	3.82	3.91	3.99	4.08	4.16	4.24	4.33	4.41	4.50	4.58	4.66	4.75	4.83	4.91
0.14	3.53	3.61	3.69	3.77	3.85	3.93	4.01	4.09	4.17	4.25	4.33	4.41	4.49	4.57	4.65	4.73
0.15	3.41	3.49	3.56	3.64	3.72	3.79	3.87	3.95	4.02	4.10	4.18	4.25	4.33	4.41	4.48	4.56
0.16	3.30	3.38	3.45	3.52	3.60	3.67	3.74	3.82	3.89	3.96	4.04	4.11	4.19	4.26	4.33	4.41
0.17	3.20	3.27	3.34	3.42	3.49	3.56	3.63	3.70	3.77	3.84	3.91	3.98	4.05	4.12	4.20	4.27
0.18	3.11	3.18	3.25	3.32	3.39	3.45	3.52	3.59	3.66	3.73	3.80	3.86	3.93	4.00	4.07	4.14
0.19	3.03	3.09	3.16	3.23	3.29	3.36	3.42	3.49	3.56	3.62	3.69	3.75	3.82	3.88	3.95	4.02
0.20	2.95	3.01	3.08	3.14	3.21	3.27	3.33	3.40	3.46	3.52	3.59	3.65	3.71	3.78	3.84	3.91
0.21	2.88	2.94	3.00	3.06	3.12	3.19	3.25	3.31	3.37	3.43	3.49	3.56	3.62	3.68	3.74	3.80
0.22	2.81	2.87	2.93	2.99	3.05	3.11	3.17	3.23	3.29	3.35	3.41	3.47	3.53	3.58	3.64	3.70
0.23	2.75	2.80	2.86	2.92	2.98	3.03	3.09	3.15	3.21	3.27	3.32	3.38	3.44	3.50	3.55	3.61
0.24	2.69	2.74	2.80	2.85	2.91	2.97	3.02	3.08	3.13	3.19	3.25	3.30	3.36	3.41	3.47	3.53
0.25	2.63	2.68	2.74	2.79	2.85	2.90	2.96	3.01	3.06	3.12	3.17	3.23	3.28	3.34	3.39	3.45
0.26	2.57	2.63	2.68	2.73	2.79	2.84	2.89	2.94	3.00	3.05	3.10	3.16	3.21	3.26	3.32	3.37
0.27	2.52	2.57	2.63	2.68	2.73	2.78	2.83	2.88	2.94	2.99	3.04	3.09	3.14	3.19	3.24	3.30
0.28	2.47	2.52	2.57	2.62	2.68	2.73	2.78	2.83	2.88	2.93	2.98	3.03	3.08	3.13	3.18	3.23
0.29	2.43	2.48	2.53	2.57	2.62	2.67	2.72	2.77	2.82	2.87	2.92	2.96	3.01	3.06	3.11	3.16
0.30	2.38	2.43	2.48	2.53	2.57	2.62	2.67	2.72	2.76	2.81	2.86	2.91	2.95	3.00	3.05	3.10
0.35	2.19	2.23	2.27	2.31	2.36	2.40	2.44	2.48	2.52	2.57	2.61	2.65	2.69	2.73	2.78	2.82
0.40	2.03	2.07	2.10	2.14	2.18	2.21	2.25	2.29	2.33	2.36	2.40	2.44	2.48	2.51	2.55	2.59

P_5/P_n K_x	1.75	1.80	1.85	1.90	1.95	2.00	2.05	2.10	2.15	2.20	2.25	2.30	2.35	2.40	2.45	2.50
0.45	1.89	1.93	1.96	1.99	2.03	2.06	2.09	2.13	2.16	2.19	2.23	2.26	2.29	2.33	2.36	2.39
0.50	1.77	1.80	1.83	1.86	1.89	1.92	1.95	1.98	2.01	2.04	2.07	2.10	2.13	2.16	2.19	2.22
0.55	1.67	1.70	1.72	1.75	1.78	1.81	1.83	1.86	1.89	1.91	1.94	1.97	2.00	2.02	2.05	2.08
0.60	1.58	1.60	1.63	1.65	1.68	1.70	1.73	1.75	1.77	1.80	1.82	1.85	1.87	1.90	1.92	1.95
0.65	1.50	1.52	1.54	1.56	1.59	1.61	1.63	1.65	1.67	1.70	1.72	1.74	1.76	1.78	1.81	1.83
0.70	1.42	1.44	1.46	1.48	1.50	1.52	1.54	1.56	1.58	1.60	1.62	1.64	1.66	1.68	1.70	1.72
0.75	1.35	1.37	1.39	1.41	1.43	1.44	1.46	1.48	1.50	1.52	1.53	1.55	1.57	1.59	1.61	1.62
0.80	1.31	1.33	1.35	1.36	1.38	1.40	1.41	1.43	1.45	1.46	1.48	1.50	1.51	1.53	1.55	1.56
0.85	1.22	1.23	1.25	1.26	1.28	1.29	1.31	1.32	1.33	1.35	1.36	1.38	1.39	1.41	1.42	1.43
0.90	1.14	1.15	1.16	1.17	1.19	1.20	1.21	1.22	1.23	1.25	1.26	1.27	1.28	1.29	1.30	1.32

14.1.3 计算举例

【例 14–1】某厂房 13 车间 15 号干线的机床，P_n=80.72kW，P_5= 48kW，K_x=0.15，$\cos\varphi$=0.5，试计算 P_{js}，I_{js}。

解：因为 $\dfrac{P_5}{P_n} = \dfrac{48}{80.72} = 0.59$

所以根据 K_x、$\dfrac{P_5}{P_n}$，查表 14–3，得 α=1.64。

按式（14–2）式得

$$P_{js} = \alpha \times K_x \times P_n = (1.64 \times 0.15 \times 80.72)\text{kW} = 19.8\text{kW}$$

$$I_{js} = \frac{P_{js}}{\sqrt{3}U_n \cos\varphi} = \frac{19.8}{\sqrt{3} \times 0.38 \times 0.5}A = 60.2A$$

【例 14-2】某厂房 13 车间 22 号干线的机床 P_n=114.45kW，P_5=50kW，K_x=0.16，$\cos\varphi$=0.5，试计算 P_{js}、I_{js}。

解：因为 $\dfrac{P_5}{P_n} = \dfrac{50}{114.45} = 0.44$

所以根据 K_x、$\dfrac{P_5}{P_n}$，查表 14-3，得 α=1.38。

按式（14-2）得

$$P_{js} = \alpha \times K_x \times P_n = 1.38 \times 0.16 \times 114.45kW = 25.3kW$$

$$I_{js} = \frac{P_{js}}{\sqrt{3}U_n \cos\varphi} = \frac{25.3}{\sqrt{3} \times 0.38 \times 0.5}A = 76.9A$$

【例 14-3】某热处理车间的

$P_n = (180+70+2\times65+40+30+19+2\times15)kW = 499kW$，$K_x$=0.7，$\cos\varphi$=0.98，试计算 P_{js}，I_{js}。

$$P_5 = (180+4\times0.4\times180)kW = 468kW$$

按式（14-3）计算得

$$\alpha = 0.723 + (0.571 - 0.238 \times 0.7)\sqrt{\frac{1.383}{0.7}} - 1 \times \frac{468}{499} = 1.098$$

$$P_{js} = 1.098 \times 0.7 \times 499kW = 383.4kW$$

$$I_{js} = \frac{P_{js}}{\sqrt{3}U_n \cos\varphi} = \frac{383.4}{\sqrt{3} \times 0.38 \times 0.98}A = 594A$$

【例 14-4】某配电支干线接 2 台冷加工机床，每台功率 100kW，K_x=0.15，$\cos\varphi$=0.5，试计算 P_{js}、I_{js}。

$$P_n = 2 \times 100kW = 200kW$$

$$P_5 = [2\times100+(5-2)\times0.4\times100]kW = 320kW$$

$$\frac{P_5}{P_n} = \frac{320}{200} = 1.6$$

查表 14–3 得 α=3.18

$$P_{js} = \alpha \times K_x \times P_n = 3.18 \times 0.15 \times 200\text{kW} = 95.4\text{kW}$$

$$I_{js} = \frac{P_{js}}{\sqrt{3}U_n \cos\varphi} = \frac{95.4}{\sqrt{3} \times 0.38 \times 0.5}\text{A} = 289.9\text{A}$$

【例 14–5】 某生产车间在一条起重机滑触线上，连接有 50/10t 双梁桥式起重机 1 台，P_1=105.5kW，5t 双梁桥式起重机 2 台，P_2=P_3=27.8kW，这三台起重机的额定负载持续率 ε 均为 40%，K_x=0.15～0.30，取 K_x=0.225，$\cos\varphi$=0.5，求该滑触线的计算电流 I_{js}。

先将起重机功率换算为 ε=100%时的功率为

$$P_1' = P_1\sqrt{\frac{40\%}{100\%}} = 105.5 \times \sqrt{40\%}\text{kW} = 66.7\text{kW}$$

$$P_2' = P_3' = 27.8 \times \sqrt{40\%}\text{kW} = 17.6\text{kW}$$

$$P_n' = P_1' + P_2' + P_3' = (66.7 + 17.6 + 17.6)\text{kW} = 101.9\text{kW}$$

$$P_5' = P_1' + 4 \times 0.4P_1' = 2.6P_1' = 2.6 \times 66.7\text{kW} = 173.4\text{kW}$$

$$\frac{P_5'}{P_n'} = \frac{173.4}{101.9} = 1.70$$

查表 14–3，得 α=2.72。

$$P_{js} = \alpha \times K_x \times P_n' = 2.72 \times 0.225 \times 101.9\text{kW} = 62.36\text{kW}$$

$$I_{js} = \frac{P_{js}}{\sqrt{3}U_n \cos\varphi} = \frac{62.6}{\sqrt{3} \times 0.38 \times 0.5}\text{A} = 189\text{A}$$

【例 14–6】 某厂房内有机床电动机 110 台共 360kW，电热设备 20 台共 50kW，通风机 10 台共 35kW，起重机 3 台共 14kW。在以上用电设备中单台容量不小于其中最大 1 台用电设备容量一半的台数：15kW，1 台；14kW，2 台；10kW，2 台。试计算 P_{js} 和 I_{js}。

计算过程列表见表 14–4。

表 14-4

表 14-4 　　　　　　按新需要系数法进行负荷计算

用电设备组名称	用电设备台数 n	设备功率/kW		K_x	$\tan\varphi/\cos\varphi$	计算负荷			P_5	$\dfrac{P_5}{P_n}$	α	I_{js}/A
		单台范围	总和 P_n			P_{js}/kW	Q_{js}/kvar	S_{js}/kVA				
机床电动机	110	1~14	360	0.16	1.73	57.6	99.6					
电热设备	20	2~15	50	0.75	0.33	37.5	12.4					
通风机	10	2~7	35	0.8	0.75	28	21.0					
起重机（$\varepsilon=100\%$）	3	3~7	14	0.21	1.73	2.9	5.1					
小计	126	1~15	459	0.27	1.10	126	138.1					
					(0.67)	108.4	119.2	161.8	63	0.137	0.86	246

注：P_{js}=108.4kW，I_{js}=246A。

14.2　电线电缆产品型号编制方法简介（见表 14-5）

表 14-5 　　　　　　电线电缆产品型号编制方法简介

类别、用途	导体	绝缘	内护层	特征	外护层	派生
1	2	3	4	5	6	7
裸电线						
L—铝线				J—绞制		
T—铜线				R—柔软		
G—钢线				Y—硬		
电力电缆						
V—塑料电缆	铜芯省略 L—铝芯	V—聚氯乙烯	H—橡套	P—屏蔽	1——级防腐	110—110kV
X—橡皮电缆		X—橡皮	Q—铅包	D—不滴流	2—二极防腐	120—120kV

类别、用途	导体	绝缘	内护层	特征	外护层	派生
YJ—交联聚乙烯电缆	铜芯省略 L—铝芯	Y—聚乙烯	V—塑料		9—内铠装	150～150kV
BTT—矿物电缆			护套			
ZR（Z）—阻燃型						
NH（N）—耐火型						
通信电缆	G—铁线芯	Z—纸	Q—铅	C—自承式	O—相应的裸	T—热带型
H—通信电缆		V—聚氯乙烯	F—复合物	J—交换机用	外护层	
HJ—局用电缆		Y—聚乙烯	V—塑料	P—屏蔽	1—纤维外被	
HP—配线电缆		YF—泡沫聚乙烯	VV—双层塑料	R—软结构	2—聚氯乙烯	
HU—矿用电缆		X—橡皮	H—橡胶	T—填石油膏	3—聚乙烯	
电气装备用				C—重型	0—相应的裸外	1—第一种
电线电缆				G—高压	护层	（户外用）
B—绝缘线		V—聚氯乙烯		H—电焊机用	32—镀锡铜丝	2—第二种
DJ—电子计算机		X—橡皮	H—橡套	Q—轻型	编织	0.3—拉断力
K—控制电缆		XF—聚丁橡皮	P—屏蔽	R—柔软	2—铜带绕包	0.3吨
R—软线		XG—硅橡皮	V—聚氯乙烯	T—耐热	3—铝箔/聚酯薄	105—耐热
Y—移动电缆		Y—聚乙烯		Y—防白蚁	膜复合带绕	105℃
ZR—阻燃				Z—中型	包	

注：1. 1～5项以汉语拼音字母表示；6～7项一般以阿拉伯数字表示。

2. 一般电线电缆用铜导体线芯不列入"T"电力电缆，不列"力"的工代号，一般电压的不加入"低"的代号。

14.3 常用导线主要参数（见表 14-6～表 14-10）

表 14-6 绝缘电线主要技术数据

标称截面/mm²	线芯结构		外径/mm			总截面/mm²			质量/（kg/km）		
	股数/直径/mm	股数/近似英规线号/mm	BV型 ZR-BV	BVN型	NH-BV型	BV型	BVN型	NH-BV型	BV型	BVN型	NH-BV型
1	1/1.13	1/18	2.6	2.2		5	3.8		18.7	13.0	
1.5	1/1.38	1/17	3.4	2.5		9	4.9		21.0	18.0	
2.5	1/1.78	1/15	4.2	2.9	4.5	12	6.6		30.9	27.9	44
4	1/2.25	1/13	4.8	3.4	5.0	15	9.1		46.2	42.3	61
6	1/2.76	1/11	5.4	4.1	5.5	19	13.2		65.4	63.3	92.9
10	7/1.35	7/17	6.8	5.9	7.2	32	22.9		114	114	135.6
16	7/1.70	7/16	8.0	7.1	8.2	50	39.6		173	177	197.4
25	7/2.14	7/14	9.8	8.9	9.9	75	62.2		262	279	300.5
35	7/2.52	7/12	11.0	10.0	11.1	95	78.5		368	377	398.7
50	19/1.78	19/15	13.0		12.8	133			522		534.3
70	19/2.14	19/14	15.0		14.6	177			708		742.3
95	19/2.52	19/12	17.0		16.9	227			964		1014
120	37/2.03	37/14	19.0		18.9	284			1168		1256
150	37/2.25	37/13	21.0		20.5	346			1465		1537
185	37/2.52	37/12	23.5		22.8	434			1806		1916
240	61/2.25	61/13	26.5		27.7	552			2489		2433
300	61/2.52	61/12	29.5		28.6	683			3114		3104
400	61/2.85	61/11	33.5		32.0	881			3967		3938

注：1. 塑料绝缘线额定电压：1mm² 以下，U_0/U 为 300/500V，1.5mm² 以上 U_0/U 为 450/750V。

2. BVN 截面规格可与 BV 相同，但 35mm² 以上时，价格较贵，大规格不推荐使用。

3. NH-BV 耐火绝缘电线，其耐火层仅 2×0.14mm，因此外径与普通 BV 线基本相同。

表 14–7   **LGJ 型钢芯铝绞线主要技术数据**

标称截面/mm²	实际铝截面/mm²	股数/直径/mm 铝	股数/直径/mm 钢	外径/mm	20℃直流电阻/（Ω/km）	质量/（kg/km）	制造长度/m
10	10.60	6/1.50	1/1.50	4.50	2.706	43	3000
16	16.13	6/1.85	1/1.85	5.55	1.779	65	3000
25	25.36	6/2.32	1/2.32	6.96	1.131	103	3000
35	34.86	6/2.72	1/2.72	8.16	0.823	141	3000
50	48.25	6/3.20	1/3.20	9.60	0.595	195	2000
70	68.05	6/3.80	1/3.80	11.40	0.422	275	2000
95	94.39	26/2.15	7/1.67	13.61	0.306	381	2000
120	115.67	26/2.38	7/1.85	15.07	0.250	467	2000
150	148.86	26/2.70	7/2.10	17.10	0.194	601	2000
185	181.34	26/2.98	7/2.32	18.88	0.160	733	2000
210	211.73	26/3.22	7/2.50	20.38	0.136	854	2000
240	238.85	26/3.42	7/2.66	21.66	0.121	964	2000

表 14–8   **架空铝绞线及铝镁硅合金绞线主要技术数据**

标称截面/mm²	实际截面/mm²	股数/直径/mm	外径/mm	20℃直流电阻/（Ω/km） LJ	20℃直流电阻/（Ω/km） LHAIJ	质量/（kg/km）	制造长度/m LJ	制造长度/m LHAIJ
16	15.89	7/1.70	5.10	1.802	2.067	44	4000	4000
25	25.41	7/2.15	6.45	1.127	1.332	70	3000	4000
35	34.36	7/2.50	7.50	0.833	0.952	95.5	2000	3000
50	49.48	7/3.00	9.00	0.579	0.663	137	1500	3000
70	71.25	7/3.60	10.80	0.402	0.474	195	1250	3000
95	95.14	7/4.16	12.48	0.301	0.349	261	1000	2500
120	121.21	19/2.85	14.25	0.237	0.277	334	1500	2000
150	148.07	19/3.15	15.75	0.194	0.223	412	1250	2000
185	182.80	19/3.50	17.50	0.157	0.181	503	1000	1500
240	238.76	19/4.00	20.00	0.121	0.139	660	1000	1500

表 14–9 **TJ 型裸铜绞线主要技术数据**

标称截面 /mm²	实际截面 /mm²	股数/直径 /mm	外径 /mm	20℃直流电阻 /（Ω/km）	质量 /（kg/km）	制造长度 /m
16	15.89	7/1.70	5.1	1.150	143	4000
25	24.71	7/2.12	6.36	0.727	223	3000
35	34.36	7/2.50	7.50	0.524	310	2500
50	49.48	7/3.0	9.0	0.387	446	2000
70	67.07	19/2.12	10.6	0.268	625	1500
95	93.27	19/2.50	12.50	0.193	841	1200
120	117.00	19/2.80	14.00	0.153	1055	1000
150	148.07	19/3.15	15.75	0.124	1335	800
185	181.62	37/2.50	17.50	0.100	1651	800
240	236.04	37/2.85	19.95	0.075	2145	800
300	288.35	37/3.15	22.05	0.063	2621	600
400	389.14	61/2.85	25.65	0.047	3541	600

注：铜绞线由符合 GB3953 的硬圆铜线绞制而成。

表 14–10 **TJR1 型裸铜软绞线主要技术数据**

标称截面 /mm²	实际截面 /mm²	股数×股数/直径 /mm	外径 /mm	20℃直流电阻 /（Ω/km）	质量 /（kg/km）	制造长度 /m
10	10.01	7×7/0.51	4.59	1.830	94.3	4000
16	15.84	7×12/0.49	6.17	1.160	150	3000
25	25.08	19×7/0.49	7.35	0.736	239	3000
40	40.15	19×7/0.62	9.3	0.459	382	2500
63	62.72	27×7/0.65	12.0	0.291	597	2500
80	78.20	37×7/0.62	13.02	0.236	744	1500
100	99.68	37×7/0.70	14.70	0.185	918	1500
125	124.69	27×12/0.70	17.90	0.148	1119	1200
160	162.86	27×12/0.80	20.2	0.113	1549	1200
200	196.15	37×12/0.75	21.80	0.094	1866	1000
250	251.95	37×12/0.85	24.72	0.073 2	2397	1000
315	310.58	37×19/0.75	26.25	0.059 4	2954	800
400	398.92	37×19/0.85	29.65	0.046 2	3795	600
500	498.30	37×19/0.95	33.75	0.037	4740	600

注：TJR1 型软铜绞线标准 GB/T 12970.2—2009《电工软铜绞线　第 2 部分：软铜绞线》[53]。

14.4 常用电力电缆线芯结构及主要参数

（见表 14–11～表 14–17）

表 14–11　聚氯乙烯及交联乙烯绝缘电力电缆线芯结构

芯数	截面/mm²	0.6～1kV			6～10kV			15～35kV		
		股数	形状	截面范围/mm²	股数	形状	截面范围/mm²	股数	形状	截面范围/mm²
1	≤16	1	圆形	非铠装 铜：1～630 铝：2.5～630 铠装 铜：10～630 铝：10～630	多	圆形	PVC 铠装 铜：10～400 铝：10～400 XLPE 铠装 铜：35～400 铝：35～400	多	圆形	XLPE 铠装 铜：50～1000 铝：50～1000
	>16	多								
2	≤16	1	圆形	非铠装 铜：1～150 铝：2.5～150						
	>16	多	半圆形	铠装 铜：4～150 铝：4～150						
3	≤16	1	圆形	非铠装 铜：2.5～240 铝：2.5～240			铠装 XLPE 6kV 铜：35～400 铝：35～400 10kV 铜：50～400 铝：50～400	多	圆形	XLPE 铠装 铜：50～400 铝：50～400
	>25	多	120°扇形或圆形	铠装 铜：4～240 铝：4～240						
4	≤16	1	圆形							
	>25	多	主线芯100°扇形中线芯60°扇形或圆形	铜：2.5～300 铝：2.5～300						
5	≤16	1	圆形							
	>25	多	扇形或圆形	铜：4～185 铝：4～185						

表 14–12 电缆外径、质量及穿管管径

导体截面/mm²	26/35kV 单芯			管径/mm	26/35kV 三芯			管径/mm
	外径/mm	质量/（kg/km）			外径/mm	质量/（kg/km）		
		铜	铝			铜	铝	
50	51.5	5071	4761	150	90.9	10 271	9335	150
70	53.2	5464	5031	200	94.9	11 480	10 169	150
95	55.0	5913	5325	200	98.9	12 752	10 974	150
120	56.4	6313	5570	200	102.0	13 932	11 686	200
150	58.2	6808	5880	200	105.8	15 358	12 550	200
185	59.8	7324	6179	200	110.3	16 927	13 464	200
240	62.2	8120	6635	200	114.8	19 252	14 760	200
300	64.6	8965	7108	200	120.2	21 786	16 170	200
400	68.0	10 293	7817	200				

导体截面/mm²	18/20kV 单芯			管径/mm	18/20kV 三芯			管径/mm
	外径/mm	质量/（kg/km）			外径/mm	质量/（kg/km）		
		铜	铝			铜	铝	
35	/	/	/		54.7	3226	2571	
50	35.1	1562	1253	100	57.7	3835	2899	
70	37.0	1838	1405	125	61.5	4640	3370	
95	38.6	2138	1550	125	65.2	5574	3796	
120	40.2	2446	1703	125	68.4	6483	4237	
150	41.8	2791	1863	125	72.0	7561	4753	
185	43.6	3200	2054	150	75.7	8782	5319	
240	45.8	3797	2312	150	80.8	10 675	6182	
300	48.2	4461	2604	150	86.0	12 719	7103	
400	51.6	5531	3055	150	93.2	16 018	8531	

导体截面/mm²	8.7/10kV 单芯			管径/mm	8.7/10kV 三芯			管径/mm
	外径/mm	质量/（kg/km）			外径/mm	质量/（kg/km）		
		铜	铝			铜	铝	
25	23.1	740	585		46.4	2361	1893	
35	24.1	862	646		48.8	2772	2116	
50	25.4	1039	729		51.8	3357	2421	
70	27.1	1273	840		55.6	4131	2821	
95	28.9	7561	973		59.3	5036	3257	
120	30.3	1830	1087		62.5	5919	3672	
150	32.1	2165	1236		66.4	6998	4190	
185	33.7	2530	1385		70.0	8189	4726	
240	36.1	3110	1624		75.1	10 043	5551	
300	38.5	3736	1879		80.1	12 013	6397	
400	43.1	4853	2377		87.6	15 294	7807	
500	47.0	5930	2835		/	/	/	/
630	50.6	7240	3341		/	/	/	/

表 14–13　　0.6/1kV XLPE 无铠装电缆质量及穿管管径表

线芯截面/mm²	单芯					(3+1) 芯				4 芯等截面				(4+1) 芯			
	总截面/mm²	质量/(kg/km)		穿管管径SC		总截面/mm²	质量/(kg/km)		穿管管径SC	总截面/mm²	质量/(kg/km)		穿管管径SC	总截面/mm²	质量/(kg/km)		穿管管径SC
		铜	铝	4根	5根		铜	铝			铜	铝			铜	铝	
1.5	27.3	47	—	25	25	—				106	162			—			
2.5	31.2	59	—	25	25	—				125	228			—			

379

线芯截面/mm²	单芯					(3+1)芯				4芯等截面				(4+1)芯			
	总截面/mm²	质量/(kg/km)		穿管管径SC		总截面/mm²	质量/(kg/km)		穿管管径SC	总截面/mm²	质量/(kg/km)		穿管管径SC	总截面/mm²	质量/(kg/km)		穿管管径SC
		铜	铝	4根	5根		铜	铝			铜	铝			铜	铝	
4	36.3	77	—	25	32	141	272		25	147	297		25	165	342		25
6	41.9	99	—	25	32	167	355		25	174	390		32	199	446		32
10	58.1	148	84	32	40	235	531		32	254	582	325	32	281	662		40
16	73.9	212	109	40	50	314	769	396	32	333	854	443	40	377	986	511	50
25	102	314	153	50	50	445	1151	567	50	483	1278	635	50	539	1473	728	50
35	123	416	191	50	70	523	1465	688	50	598	1710	810	50	651	1903	901	70
50	156	571	250	70	70	702	2059	934	50	784	2384	1099	50	876	2669	1223	70
70	206	781	331	80	80	940	2832	1257	70	1069	3280	1480	70	1182	3669	1645	80
95	263	1036	425	100	100	1213	3786	1634	80	1372	4367	1926	80	1527	4920	2157	100
120	320	1294	523	100	100	1534	4797	2034	80	1698	5475	2940	100	1924	6245	2711	100
150	391	1608	644	100	125	1809	5798	2457	100	2091	6805	2949	100	2299	7564	3259	100
185	483	1977	789	125	125	2273	7220	3043	100	2606	8384	3629	100	2875	9412	4046	100
240	611	2538	995	125	150	2875	9256	3858	125	3308	10794	4625	125	3653	12083	5143	125
300	740	3145	1217	150	150	3515	11500	4757	125	4049	13381	5669	125	4430	14981	6306	125

注: 1. 阻燃电缆、耐火电缆可借用本表数据。

2. PVC 电缆大于 50mm² 时，重量与 XLPE 电缆几乎相同；小于或等于 50mm² 时，约比表中重量增加 10%。

3. 铠装电缆不能借用本表数据。

表 14-14　　　　　橡皮绝缘聚氯乙烯护套电力电缆

标称截面/mm²	1 芯		2 芯			3 芯			3+1 芯		
	外径/mm	质量/(kg/km)	外径/mm	质量/(kg/km)		外径/mm	质量/(kg/km)		外径/mm	质量/(kg/km)	
		铜		铜	铝		铜	铝		铜	铝
1	6.3	51	6.3×9.5	98	—	10.3	126	—	11.3	154	—
1.5	6.6	58	6.6×10.0	113	—	11.0	148	—	11.8	179	—

标称截面/mm²	1 芯 外径/mm	质量/(kg/km) 铜	铝	2 芯 外径/mm	质量/(kg/km) 铜	铝	3 芯 外径/mm	质量/(kg/km) 铜	铝	3+1 芯 外径/mm	质量/(kg/km) 铜	铝
2.5	7.0	71	56	7.0×10.7	141	111	11.8	187	141	12.8	230	159
4	7.5	90	65	7.4×11.7	183	134	12.8	242	169	13.7	285	196
6	8.0	113	77	8.0×12.7	233	160	13.9	314	205	14.8	371	237
10	9.1	174	104	15.6	380	235	16.5	503	291	17.4	562	330
16	10.7	244	146	19.1	553	356	20.3	736	440	20.8	789	473
25	12.4	354	200	22.4	799	489	24.2	1102	637	24.9	1228	692
35	13.5	460	245	25.1	1052	620	26.7	1432	785	27.1	1554	836
50	15.6	636	324	29.6	1476	849	31.5	2020	1079	32.1	2193	1152
70	17.0	820	395	32.5	1878	1024	35.4	2659	1378	36.5	2947	1509
95	19.7	1118	535	37.9	2580	1409	40.4	3558	1801	41.6	3949	1974
120	21.2	1344	628	40.9	3085	1646	43.6	4278	2119	43.7	4623	2247
150	23.3	1676	764	45.1	3826	1996	48.9	5406	2664	50.1	5958	2895
185	25.9	2083	948	50.3	4775	2495	53.7	6631	3208	54.4	7169	3430
240	29.0	2700	1197	57.2		3240	61.1		4181	61.6		4474
300	32.1		1475									
400	36.5		1904									
500	40.0		2314									
600	44.1		2841									

表 14-15　　加大中性线型电力电缆外径及质量表

序号	型号	规格芯数×截面/mm²	护套外径/mm	质量/(kg/km)	备注
1	KX–YJV	4×10+1×25	20.30	781	
2	KX–YJV22	4×10+1×25	23.50	983	
3	KX–YJV	4×16+1×35	23.03	1141	
4	KX–YJV22	4×16+1×35	26.23	1367	

序号	型号	规格芯数×截面/mm²	护套外径/mm	质量/（kg/km）	备注
5	KX–YJV	4×25+1×50	27.26	1679	
6	KX–YJV22	4×25+1×50	30.46	1951	
7	KX–YJV	4×35+1×70	30.47	2169	
8	KX–YJV22	4×35+1×70	33.89	2437	
9	KX–YJV	4×50+1×95	35.22	2932	
10	KX–YJV22	4×50+1×95	38.60	3248	
11	KX–YJV	4×70+1×120	40.51	3940	
12	KX–YJV22	4×70+1×120	45.39	4657	
	—	—	—		

注：摘自宝胜科技创新股份有限公司资料。

表 14–16　　　　刚性矿物绝缘电缆主要技术数据

芯数×截面/mm²		外径/mm		线芯尺寸/mm	铜护套截面/mm²	电缆质量/（kg/km）		制造长度/m
		裸铜套	PVC 护套			裸铜套	PVC 护套	
轻型500V	2×1.0	5.1	6.7	2×1.13	5.3	104	125	250
	2×1.5	5.7	7.3	2×1.38	6.2	130	153	
	2×2.5	6.6	8.2	2×1.78	8.1	179	205	
	2×4	7.7	9.7	2×2.25	10.6	248	285	
	3×1.0	5.8	7.4	3×1.13	6.6	135	159	
	3×1.5	6.4	8.0	3×1.38	7.7	168	193	
	3×2.5	7.3	9.3	3×1.78	9.4	224	258	
	4×1.0	6.3	7.9	4×1.13	7.6	161	187	
	4×1.5	7.0	9.0	4×1.38	9.0	203	230	250
	4×2.5	8.1	10.1	4×1.78	11.2	278	314	
	7×1.0	7.6	9.6	7×1.13	10.1	172	204	250
	7×1.5	8.4	10.4	7×1.38	11.6	294	331	200
	7×2.5	9.7	11.7	7×1.78	15.5	413	455	160

芯数×截面 /mm²		外径/mm		线芯尺寸 /mm	铜护套截面 /mm²	电缆质量/（kg/km）		制造长度 /m
		裸铜套	PVC护套			裸铜套	PVC护套	
重型 750V	1×1.5	4.9		1.38	5.0	88	108	500
	1×2.5	5.3	6.9	1.78	5.6	114	135	
	1×4	5.9	7.5	2.25	6.7	140	162	
	1×6	6.4	8.0	2.76	7.7	172	198	
	1×10	7.3	9.3	3.57	9.4	235	268	450
	1×16	8.3	10.3	4.51	11.5	319	356	350
	1×25	9.6	11.6	5.64	14.9	451	493	260
	1×35	10.7	12.7	6.68	17.6	573	619	210
	1×50	12.1	14.1	7.98	21.7	764	816	170
	1×70	13.7	15.7	9.44	26.9	1018	1076	130
	1×95	15.4	17.8	11.00	32.1	1298	1386	120
	1×120	16.8	19.2	12.36	34.6	1576	1674	105
	1×150	18.4	20.8	13.82	43.2	1890	1997	84
	1×185	20.4	23.2		53.2	2323	2468	70
	1×240	23.3	26.1		69.2	3031	3197	53
	1×300	26.2			87.5	3832		42
	1×400	30.6			117.3	5228		32
	2×1.5	7.9	9.9	2×1.38	10.9	212	243	250
	2×2.5	8.7	10.7	2×1.78	13.6	260	298	200
	2×4	9.8	11.8	2×2.25	15.4	342	385	185
	2×6	10.9	12.9	2×2.76	18.2	427	474	160
	2×10	12.7	14.7	2×3.75	23.4	582	636	140
	2×16	14.7	16.7	2×4.51	29.9	845	907	110
	2×25	17.1	19.5	2×5.64	37.7	1138	1238	80
	4×1.5	9.1	11.1	4×1.38	13.7	298	333	185
	4×2.5	10.1	12.1	4×1.78	16.1	367	411	175
	4×4	11.4	13.4	4×2.25	19.8	472	521	150

芯数×截面 /mm²		外径/mm		线芯尺寸 /mm	铜护套截面 /mm²	电缆质量/（kg/km）		制造长度 /m
		裸铜套	PVC 护套			裸铜套	PVC 护套	
重型 750V	4×6	12.7	14.7	4×2.76	23.4	623	677	140
	4×10	14.8	16.8	4×3.57	30.1	861	923	110
	4×16	17.3	19.7	4×4.51	39.0	1275	1376	95
	4×25	20.1	22.9	4×5.64	48.8	1766	1909	80
	7×1.5	10.8	12.8	7×1.38	18.0	409	455	150
	7×2.5	12.1	14.1	7×1.78	21.7	562	614	120
	10×1.5	13.5	15.5	10×1.38	28.1	633	699	120
	10×2.5	15.2	17.6	10×1.78	34.0	831	921	95
	12×1.5	14.1	15.8	12×1.38	29.0	712	772	100
	12×2.5	15.6	17.9	12×1.78	34.0	911	1001	85
	19×1.5	16.6	18.9	19×1.38	37.0	992	1088	100

表 14–17　　　　　　　柔性矿物绝缘电缆主要技术数据

截面 /mm²	外径/mm							
	1 芯	2 芯	3 芯	4 芯	5 芯	3+1 芯	3+2 芯	4+1 芯
1.5	11.0	14.7	15.4	16.4	17.5	16.1	17.0	17.2
2.5	11.4	15.6	16.3	17.4	18.7	17.2	18.2	18.4
4	12.1	17.1	17.9	19.2	20.7	18.8	19.9	20.3
6	12.7	18.2	19.1	20.6	22.2	20.2	21.6	21.9
10	13.6	20.1	21.1	22.8	24.7	22.3	23.7	24.2
16	14.7	22.2	23.4	25.3	27.5	24.8	26.4	27.0
25	16.4	25.6	27.1	29.5	32.2	28.5	30.3	31.3
35	17.6	28.1	29.6	32.5	35.7	30.7	32.3	33.9
50	19.3	31.4	33.3	36.6	40.4	34.8	37.0	38.8
70	21.1	35.2	37.3	41.2	45.4	39.2	41.5	43.6

截面 /mm²	外径/mm							
	1 芯	2 芯	3 芯	4 芯	5 芯	3+1 芯	3+2 芯	4+1 芯
95	24.2	41.2	44.0	48.6	53.7	45.6	48.4	51.5
120	26.0	44.6	47.7	52.7	58.4	49.9	53.1	55.8
150	27.9	48.7	52.0	57.8	63.9	53.8	56.7	60.3
185	30.4	53.6	57.4	63.5	70.4	59.9	63.7	67.1
240	33.6	59.9	64.3	71.4	79.2	66.7	70.7	75.0
300	36.7	65.9	70.6	78.6	87.2	73.4	77.8	82.6

截面 /mm²	电缆质量/（kg/km）							
	1 芯	2 芯	3 芯	4 芯	5 芯	3+1 芯	3+2 芯	4+1 芯
1.5	141.4	251.5	273.3	320.3	377.6	308.5	351.9	363.6
2.5	158.2	287.4	319.4	379.6	451.7	365.4	420.6	434.7
4	187.0	349.2	398.3	481.3	579.4	456.8	527.3	551.3
6	216.0	410.7	479.9	587.7	713.1	561.9	657.3	682.8
10	271.3	526.4	636.1	792.6	971.4	742.7	866.3	915.5
16	345.1	679.8	846.8	1070.3	1322.1	1002.5	1179.3	1246.3
25	466.2	931.7	1192.9	1528.3	1903.1	1416.7	1669.8	1779.8
35	578.9	1164.0	1518.8	1961.6	2470.1	1743.9	2006.3	2221.1
50	728.2	1472.0	1950.5	2554.9	3225.0	2290.8	2694.4	2957.4
70	954.5	1951.7	2629.9	3460.9	4375.0	3101.7	3612.9	3989.2
95	1280.0	2618.3	3588.8	4740.7	6008.2	4197.8	4909.6	5449.1
120	1552.6	3170.6	4379.3	5797.5	7379.6	5217.2	6171.9	6748.7
150	1851.3	3804.4	5284.9	7038.6	8929.6	6163.2	7155.5	8024.9
185	2265.1	4671.6	6521.5	8663.4	11 036.3	7697.6	9035.4	9995.4
240	2885.8	5935.3	8378.5	11 185.7	14 247.5	9840.5	11 501.1	12 839.8
300	3540.9	7297.8	10 309.3	13 822.6	17 609.6	1 3047.4	15 987.3	16 754.0

注：数据摘自快乐线缆有限公司资料。

14.5 常用电线电缆非金属含量参考表

（见表 14–18～表 14–22）

表 14–18　　450/750V 聚氯乙烯绝缘电线非金属含量参考表

截面 /mm²	直径 /mm	非金属 含量/ （L/m）	截面 /mm²	直径 /mm	非金属 含量/ （L/m）	截面 /mm²	直径 /mm	非金属 含量/ （L/m）	截面 /mm²	直径 /mm	非金属 含量/ （L/m）
1.5	3.4	0.007 6	16	8	0.034 2	95	17	0.131 9	300	29.5	0.383 1
2.5	4.2	0.011 3	25	9.8	0.050 4	120	19	0.163 4	400	33.5	0.481 0
4	4.8	0.014 1	35	11	0.060 0	150	21	0.196 2			
6	5.4	0.016 9	50	13	0.082 7	185	23.5	0.248 5			
10	6.8	0.026 3	70	15	0.106 6	240	26.5	0.311 3			

注：参照国标 GB/T 5023.1～7—2008[100]计算。

表 14–19　　6/10kV XLPE 电缆非金属含量参考表

单芯						三芯					
截面 /mm²	直径 /mm	非金属 含量/ （L/m）	截面 /mm²	直径 /mm	非金属 含量/ （L/m）	截面 /mm²	直径 /mm	非金属 含量/ （L/m）	截面 /mm²	直径 /mm	非金属 含量/ （L/m）
25	22.3	0.365 4	150	30.6	0.585 0	25	43.34	1.399 5	150	62.1	2.577 3
35	23.3	0.391 2	185	32.3	0.634 0	35	45.7	1.534 5	185	66.1	2.874 8
50	24.4	0.417 4	240	34.9	0.716 1	50	48.3	1.681 3	240	71.7	3.315 6
70	26.1	0.464 7	300	37.4	0.798 0	70	52.2	1.929 0	300	76.9	3.742 2
95	27.5	0.498 7	400	40.1	0.862 3	95	55.6	2.141 7			
120	29	0.540 2	500	44.1	1.026 7	120	59	2.372 6			

注：参照上海电缆厂产品，该厂产品绝缘厚度较厚，一般均超过其他厂产品的非金属含量。

表 14–20　　　　　0.6/1kV XLPE 电缆非金属含量参考表

1 芯			3 芯			（3+1）芯			（3+2）芯			4 芯			（4+1）芯		
截面	直径	非金属含量	截面	直径	非金属含量	截面	直径	非金属含量	截面	直径	非金属含量	截面	直径	非金属含量	截面	直径	非金属含量
/mm²	/mm	L/m	/mm²	/mm	L/m	/mm²	/mm	L/m	/mm²	/mm	L/m	/mm²	/mm	L/m	/mm²	/mm	L/m
1.5	5.9	0.026	1.5	10.8	0.087							1.5	11.6	0.100			
2.5	6.3	0.029	2.5	11.7	0.100							2.5	12.6	0.115			
4	6.8	0.032	4	12.7	0.115	4	13.4	0.126	4	14.3	0.144	4	13.7	0.131	4	14.5	0.147
6	7.3	0.036	6	13.8	0.131	6	14.6	0.145	6	15.6	0.165	6	14.9	0.150	6	15.9	0.170
10	8.6	0.048	10	16.6	0.186	10	17.3	0.199	10	18.4	0.224	10	18.0	0.214	10	18.9	0.234
16	9.7	0.058	16	18.9	0.232	16	20	0.256	16	21.4	0.291	16	20.6	0.269	16	21.9	0.302
25	11.4	0.077	25	22.6	0.326	25	23.8	0.360	25	25.4	0.411	25	24.8	0.383	25	26.2	0.429
35	12.5	0.088	35	25.1	0.390	35	25.8	0.402	35	27.5	0.457	35	27.6	0.458	35	28.8	0.495
50	14.1	0.106	50	28.5	0.488	50	29.9	0.527	50	32.1	0.609	50	31.6	0.584	50	33.4	0.651
70	16.2	0.136	70	33.2	0.655	70	34.6	0.695	70	37.1	0.800	70	36.8	0.783	70	38.8	0.867
95	18.3	0.168	95	37.6	0.825	95	39.3	0.877	95	42.2	1.013	95	41.8	0.992	95	44.1	1.097
120	20.2	0.200	120	41.8	1.012	120	44.2	1.104	120	47.7	1.286	120	46.5	1.217	120	49.5	1.373
150	22.3	0.240	150	46.4	1.240	150	48	1.289	150	51.4	1.484	150	51.6	1.490	150	54.1	1.628
185	24.8	0.298	185	51.7	1.543	185	53.8	1.622	185	57.7	1.868	185	57.6	1.864	185	60.5	2.038
240	27.9	0.371	240	58.3	1.948	240	60.5	2.033	240	64.9	2.346	240	64.9	2.346	240	68.2	2.571
300	30.7	0.440	300	64.4	2.356	300	66.9	2.463	300	74	3.099	300	71.8	2.847	300	75.1	3.077
400	34.3	0.524															
500	38.6	0.670															

注：参照上海电缆厂产品。

表 14–21　　0.6/1kV PVC 非铠装电缆非金属含量参考表

1 芯			3 芯			(3+1) 芯			(3+2) 芯			4 芯			(4+1) 芯		
截面	直径	非金属含量	截面	直径	非金属含量	截面	直径	非金属含量	截面	直径	非金属含量	截面	直径	非金属含量	截面	直径	非金属含量
/mm²	/mm	L/m	/mm²	/mm	L/m	/mm²	/mm	L/m	/mm²	/mm	L/m	/mm²	/mm	L/m	/mm²	/mm	L/m
1.5	6.1	0.0277	1.5	10.9	0.089												
2.5	6.5	0.0307	2.5	11.8	0.102							2.5	12.7	0.117			
4	7.4	0.0390	4	13.7	0.135	4	14.3	0.1460	4	15.2	0.1644	4	14.9	0.158	4	15.6	0.1725
6	7.9	0.0430	6	14.8	0.154	6	15.8	0.1740	6	17.1	0.2035	6	16.1000	0.179	6	17.4	0.2097
10	9.2	0.0564	10	17.6	0.213	10	18.5	0.2327	10	19.7	0.2627	10	19.2000	0.249	10	20.3	0.2775
16	10.3	0.0673	16	19.9	0.263	16	21.1	0.2915	16	22.7	0.3365	16	21.7000	0.306	16	23.3	0.3522
25	12	0.0880	25	23.6	0.362	25	24.9	0.4017	25	26.7	0.4646	25	25.9000	0.427	25	27.6	0.4880
35	13.2	0.1018	35	26.1	0.430	35	27.1	0.4555	35	29	0.5232	35	28.7000	0.507	35	30.3	0.5647
50	14.9	0.1243	50	26.5	0.401	50	30.4	0.5505	50	34.4	0.7289	50	30.4000	0.525	50	35.8	0.7811
70	16.7	0.1489	70	28.8	0.441	70	33.9	0.6571	70	38.7	0.8957	70	33.9000	0.622	70	39.9	0.9347
95	19.3	0.1974	95	33.6	0.601	95	39.5	0.8898	95	44.4	1.1625	95	39.7000	0.857	95	46	1.2311
120	20.9	0.2229	120	37.1	0.720	120	44	1.0898	120	49	1.3848	120	44.2000	1.054	120	51	1.4918
150	23.1	0.2689	150	41.9	0.928	150	48.5	1.3265	150	52.9	1.6068	150	48.7000	1.262	150	55.4	1.7393
185	25.6	0.3295	185	45.9	1.099	185	53.3	1.5801	185	59.3	2.0154	185	53.5000	1.507	185	61.9	2.1728
240	28.8	0.4111	240	51.8	1.386	240	55	1.5346	240	66.6	2.5219	240	55.4000	1.449	240	69.7	2.7336
300	31.9	0.4988	300	55.3	1.501	300	59.8	1.7572	300	71.7	2.8356	300	60.2000	1.645	300	74.3	2.9836

注：参照上海电缆厂产品。

表 14–22　　　世德铝合金电力电缆非金属含量参考表　　　单位：L/m

导体 截面	ZA–AC90					ZB–ACWU90					ZC–TC90				
	铝合金交联聚氧乙烯 绝缘联锁铠装电缆					铝合金交联聚氧乙烯 绝缘联锁铠装电缆					铝合金交联聚氧乙烯 绝缘联锁铠装电缆				
/mm²	2 芯	3 芯	3+1 芯	4 芯	4+1 芯	2 芯	3 芯	3+1 芯	4 芯	4+1 芯	2 芯	3 芯	3+1 芯	4 芯	4+1 芯
16	0.03	0.04	—	0.05	0.06	0.09	0.11	—	0.13	0.15	0.11	0.12	—	0.14	0.13
25	0.05	0.07	0.08	0.09	0.1	0.15	0.19	0.21	0.23	0.25	0.19	0.22	0.2	0.24	0.23
35	0.05	0.08	0.1	0.1	0.12	0.18	0.22	0.25	0.26	0.3	0.24	0.25	0.26	0.27	0.3
50	0.07	0.1	0.12	0.14	0.16	0.22	0.27	0.3	0.32	0.36	0.31	0.31	0.31	0.35	0.35
70	0.09	0.13	0.15	0.17	0.19	0.27	0.32	0.37	0.4	0.46	0.37	0.4	0.39	0.44	0.42
95	0.1	0.15	0.18	0.2	0.23	0.31	0.4	0.45	0.5	0.55	0.46	0.48	0.46	0.53	0.53
120	0.12	0.18	0.22	0.24	0.28	0.38	0.47	0.54	0.58	0.66	—	0.59	0.57	0.67	0.63
150	0.16	0.24	0.28	0.31	0.35	0.46	0.57	0.63	0.71	0.8	—	0.73	0.66	0.82	0.74
185	0.2	0.29	0.34	0.39	0.43	0.55	0.69	0.77	0.86	0.95	—	0.91	0.82	1.02	0.93
240	0.24	0.35	0.41	0.47	0.53	0.66	0.82	0.91	1.03	1.13	—	1.09	1.03	1.25	1.14
300	0.28	0.42	0.49	0.56	0.63	0.77	0.97	1.1	1.21	1.36	—	1.3	1.24	1.49	1.39
400	0.36	0.53	0.62	0.7	0.8	0.97	1.21	1.35	1.52	1.67	—	1.64	1.5	1.84	1.73
500	0.43	0.64	0.07	0.85	0.96	1.13	1.41	1.58	1.79	1.96	—	1.97	1.8	2.23	2.06

注：1. 本表摘自铝合金（STABILOY）电缆。

　　2. 4+1 芯略大于 3+2 电缆的非金属含量，可等同计算。因其最小规格为 16mm²，故 16mm² 只有等截面规格。

14.6　母线动稳定校验

水平布置在同一平面的矩形母线，通过短路电流时的计算应力为

$$\sigma_{c} = 1.73\frac{l^2}{DW}i_k^2 \times 10^{-2} \quad (\text{Pa}) \qquad (14\text{--}7)$$

式中　l——母线绝缘子间距，m；

　　　D——母线中心距，m；

W——母线截面系数，m^3，与母线布置方式有关，见表 14–23。

i_k——三相短路冲击电流，kA。

表 14–23　　　　　　　　母 线 截 面 系 数

母线尺寸 /mm×mm	截面系数 $W×10^{-6}/m^3$		母线尺寸 /mm×mm	截面系数 $W×10^{-6}/m^3$	
	平放	竖放		平放	竖放
40×4	1.069	0.107	80×10	10.688	1.336
50×5	2.088	0.209	100×6.3	10.521	0.663
63×6.3	4.176	0.418	100×8	13.36	1.069
63×8	5.303	0.673	100×10	16.7	1.67
63×10	6.628	1.052	125×6.3	16.439	0.829
80×6.3	6.733	0.53	125×8	20.875	1.336
80×8	8.55	0.855	125×10	26.094	2.088

应满足：$$\delta \leqslant [\delta]$$

式中　$[\delta]$——允许应为：硬铜母线为 137MPa，硬铝母线为 69MPa。

14.7　常用美国导线规格和数据（见表 14–24）

表 14–24　　　　　　　常用的美国导线规格和数据

美规线号 /AWG 或千圆 密耳 /MCM）	美规 截面 d^2/cm	公制 截面 $\frac{\pi}{4}d^2$/ mm^2	实芯裸线（圆棒）		多股裸绞线			25℃（77℉）时的 直流电阻/（Ω/kft）			
			英制直径 d/in	公制直径 /mm	股数	每股直径 /in	绞线直径 /in	铜		铝	
								裸线	镀锡线	
18	1620	0.8	0.040 3	1.02	单股	0.040 3	0.040 3	6.51	6.79	10.7
16	2580	1.3	0.050 8	1.29	单股	0.050 8	0.050 8	4.10	4.26	6.72
14	4110	2.1	0.064 1	1.63	单股	0.064 1	0.064 1	2.57	2.68	4.22
12	6530	3.3	0.080 8	2.05	单股	0.080 8	0.080 8	1.62	1.68	2.66
10	10 380	5.3	0.101 9	2.59	单股	0.101 9	0.101 9	1.018	1.06	1.67

390

美规线号/AWG或千圆密耳/MCM）	美规截面 d^2/cm	公制截面 $\frac{\pi}{4}d^2$/mm²	实芯裸线（圆棒）		多股裸绞线			25℃（77℉）时的直流电阻/（Ω/kft）			
			英制直径 d/in	公制直径/mm	股数	每股直径/in	绞线直径/in	铜			铝
								裸线	镀锡线		
8	16 510	8.4	0.128 5	3.26	单股	0.128 5	0.128 5	0.640 4	0.659	1.05	
6	26 240	13.3	0.162	4.11	7	0.061 2	0.184	0.410	0.427	0.674	
4	41 740	21.1	0.204 3	5.19	7	0.077 2	0.232	0.259	0.269	0.424	
3	52 620	26.7	0.229 4	5.83	7	0.086 7	0.260	0.205	0.213	0.336	
2	66 360	33.6	0.257 6	6.54	7	0.097 4	0.292	0.162	0.169	0.266	
1	83 690	42.4	0.289 3	7.35	19	0.066 4	0.332	0.129	0.134	0.211	
0	105 600	53.5	0.325 0	8.26	19	0.074 5	0.372	0.102	0.106	0.168	
00	133 100	67.4	0.364 0	9.27	19	0.083 7	0.418	0.081 1	0.084 3	0.133	
000	167 800	85.0	0.409 6	10.40	19	0.094 0	0.470	0.064 2	0.066 8	0.105	
0000	211 600	107.2	0.460 0	11.68	19	0.105 5	0.528	0.050 9	0.052 5	0.083 6	
250	250 000	126.7	0.500	12.7	37	0.082 2	0.575	0.043 1	0.044 9	0.070 8	
300	300 000	152.0	0.548	13.9	37	0.090 0	0.630	0.036 0	0.037 4	0.059 0	
350	350 000	177.4	0.592	15.0	37	0.097 3	0.681	0.030 8	0.032 0	0.050 5	
400	400 000	202.8	0.633	16.1	37	0.104 0	0.728	0.027 0	0.027 8	0.044 2	
500	500 000	253.3	0.707	18.0	37	0.116 2	0.813	0.021 6	0.022 2	0.035 4	
600	600 000	303.9	0.775	19.7	61	0.099 2	0.893	0.018 0	0.018 7	0.029 5	
700	700 000	354.7	0.837	21.3	61	0.107 1	0.964	0.015 4	0.015 9	0.025 3	
750	750 000	380.1	0.866	22.0	61	0.110 9	0.998	0.014 4	0.014 8	0.023 6	
800	800 000	405.4	0.894	22.7	61	0.114 5	1.030	0.013 5	0.013 9	0.022 1	
900	900 000	456.2	0.949	24.1	61	0.121 5	1.090	0.012 0	0.012 3	0.019 7	
1000	1 000 000	506.7	1.000 0	25.4	61	0.128 0	1.150	0.010 8	0.011 1	0.017 7	
1250	1 250 000	633.5	1.118	28.4	91	0.117 2	1.289	0.008 6	0.008 9	0.014 2	
1500	1 500 000	760.1	1.225	31.1	91	0.128 4	1.410	0.007 2	0.007 40	0.011 8	
1750	1 750 000	886.7	1.323	33.6	127	0.117 4	1.526	0.006 2	0.006 3	0.010 1	
2000	2 000 000	1013.4	1.414	35.9	127	0.125 5	1.630	0.005 4	0.005 6	0.008 9	

注：1. 表中单位为美国标准，密耳平方，即圆密耳，为非法定计量单位。

2. ft=0.304 8m。

3. 1in=2.54cm。

4. 1MCM=0.506 7mm²。

14.8 电 缆 清 册

建设单位：_____ 项目名称：_____ 工程编号：_____

序号	电缆编号	起点	迄点	长度/m	计算电流/A	保护整定电流/A	电缆型号及规格	穿管管径	非金属含量/(L/m)	阻燃等级	备注

14.9 电缆燃烧性能标识

14.9.1 建筑电气设计新要求

某建筑电气设计规范修订稿，根据 GB/T 31247—2014《电缆和光缆燃烧性能分级》规定交流电压 1000V 及以下的电缆燃烧性能为：

（1）超高层建筑应采用燃烧性能为 B_1 级、燃烧滴落物/微粒为 d_0 级、产烟毒性等级为 t_0 级的电线电缆。

（2）一类高层建筑以及人员密集的公共场所等，应采用燃烧性能不低于 B_2 级、燃烧滴落物/微粒为 d_1 级、产烟毒性等级为 t_1 级的电线电缆。

14.9.2 新国标由来

国标 GB/T 31247—2014 参考欧盟标准，引入一些新概念、新术语。

（1）总热值（PCS）：单位质量的材料完全燃烧，燃烧产物中所有的水蒸气凝结成水时所释放出来的全部热量，见表 14–25（表中所列数据非标准中所列出，而是都江堰的实验数据）。

表 14–25　　　　　　　　电缆绝缘或护套材料总热值

材料名称	燃烧热值/（MJ/kg）
氧化镁	0.03
云母带	1.5～2.5
氟塑料（FEP）	5.0～8.0
低烟无卤阻燃聚丙烯	13.1～18.6
阻燃聚氯乙烯（PVC）	12.5～19.2
交联聚乙烯（XLPE）	45.2～46.1
聚乙烯（PE）	45.3～46.2
聚丙烯（PP）	45.2～46.6

（2）烟气毒性：烟气中的有毒物质引起损伤/伤害的程度。

（3）热释放速率（HRR）：在规定条件下，材料在单位时间内燃烧所释放出的热量。

（4）热释放总量（THR）：热释放速率在规定时间内的积分值。

（5）产烟速率（SPR）：单位时间内烟的生成量。

（6）产烟总量（TSP）：产烟速率在规定时间内的积分值。

（7）燃烧增长速率指数（FIGRA）：试样燃烧的热释放速率值与其对应时间的比值的最大值，用于燃烧性能分级。

（8）燃烧滴落物/微粒：在燃烧试验过程中，从试样上分离的物质或微粒。

（9）烟密度：按 GB/T 17651.2—1998 测定的最小透光率，以 I_t 表示。

（10）火焰蔓延：按 GB/T 31248—2014《电缆或光缆在受火条件下火焰蔓延、热释放和产烟特性的试验方法》[96]测定的火焰在成束电缆表面产生的最大炭化距离。

（11）垂直火焰蔓延：按 GB/T 18380.12—2008（IEC 60332-1-2：2004，IDT）《电缆和光缆在火焰条件下的燃烧试验 第12部分：单根绝缘电线电缆火焰垂直蔓延试验 1kW 预混合型火焰试验方法》[66]测定，火焰在单根电缆表面产生的炭化部分上起始点与下起始点之间的距离。

（12）腐蚀性：周围介质对材料腐蚀的能力。

14.9.3 电缆燃烧性能分级

包括主分级和附加分级。

（1）主分级为 A、B_1、B_2、B_3 四级，见表 14–26。

表 14–26　　　　　　　　　　　电缆燃烧性能分级判据

性能等级	试验方法	分级判据
A	GB/T 14402—2007[57]	总热值 PCS≤2.0MJ/kg
B_1	GB/T 31248—2014 （20.5kW 火源）	火焰蔓延 FS≤1.5m 热释放速率峰值 HRR（峰值）≤30kW；受火 1200s 内的热释放总量 THR_{1200}≤15MJ 燃烧增长速率指数 FIGRA≤150W/s 产烟速率峰值 SPR（峰值）≤0.25m²/s；受火 1200s 内的产烟总量 TSP_{1200}≤50m²
	GB/T 17651.2—1998	烟密度（最小透光率）I_t≥60%
	GB/T 18380.12—2008	垂直火焰蔓延 H≤425mm
B_2	GB/T 31248—2014 （20.5kW 火源）	火焰蔓延 FS≤2.5m 热释放速率峰值 HRR 峰值≤60kW 受火 1200s 内的热释放总量 THR_{1200}≤30MJ 燃烧增长速率指数 FIGRA≤300W/s 产烟速率峰值 SPR 峰值≤1.5m²/s 受火 1200s 内的产烟总量 TSP_{1200}≤400m²
	GB/T 17651.2—1998	烟密度（最小透光率）I_t≥20%
	GB/T 18380.12—2008	垂直火焰蔓延 H≤425mm
B_3		未达到 B_2 级

（2）附加等级包括：

1）燃烧滴落物/微粒等级（d_0，d_1，d_2），依据标准 GB/T 31248—2014，见表 14-27。

表 14-27　　　　　燃烧滴落物/微粒附加等级

等级	试验方法	分　级　判　据
d_0		1200s 内无燃烧滴落物/微粒
d_1	GB/T 31248—2014	1200s 内无燃烧滴落物/微粒持续时间不超过 10s
d_2		未达到 d_1 级

2）烟气毒性等级（t_0，t_1，t_2），依据标准 GB/T 20285—2006《材料产烟毒性危险分级》[79]，见表 14-28。

表 14-28　　　　　烟　气　毒　性　等　级

等级	试验方法	分级判据	说明
t_0		烟气浓度≥12.4mg/L	属危险级 WX
t_1	GB/T 20285—2006	烟气浓度≥6.15mg/L	属准安全级 ZA_3
t_2		未达到 t_1 级	属安全级 A_2

注：毒性试验基本流程是：加热炉加温至分解温度→预先确认试验等级-产烟浓度→制取样品并称重（样品长 400mm）→计算需要的配气量→配稀释气和载气→扫描加热→染毒→观察动物反应→喂养称重。要求实验小鼠 30min 染毒期内无死亡，在染毒后三日内平均体重恢复。

（3）腐蚀性等级（a_1，a_2，a_3），依据标准 GB/T 17650.2—1998，见表 14-29。

表 14-29　　　　　腐　蚀　性　等　级

等级	试验方法	分级判据
a_1		电导率≤2.5μS/mm，且 pH≥4.3
a_2	GB/T 17650.2—1998	电导率≤10μS/mm，且 pH≥4.3
a_3		未达到 a_2 级

14.9.4 燃烧性能和附加信息标识

电缆的燃烧性能等级及附加信息标识如下：

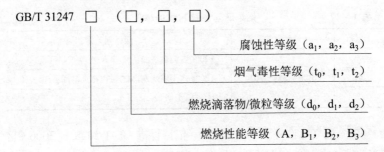

GB/T 31247 □ （□，□，□）

　　　　　　　　　　　　　　腐蚀性等级（a_1，a_2，a_3）

　　　　　　　　　　　　　烟气毒性等级（t_0，t_1，t_2）

　　　　　　　　　燃烧滴落物/微粒等级（d_0，d_1，d_2）

　　　　　　　燃烧性能等级（A，B_1，B_2，B_3）

示例：GB/T 31247 中，B_1（d_0，t_1，a_1）表示电缆或光缆的燃烧性能等级为 B_1 级，燃烧滴落物/微粒等级为 d_0 级，烟气毒性等级为 t_1 级，腐蚀性等级为 a_1 级。

14.10 英国耐火电缆试验标准方法（表 14-30）

表 14-30　　　　　　　　　英国耐火电缆试验标准摘要

项目	BS 6387：2013	BS 8491：2008
适用范围	外径≤20mm 的 0.6/1kV 耐火电缆	外径＞20mm 的 0.6/1kV 耐火电缆
试样要求	1. 长 1.2～1.5m 2. C 或 W 试样直线状、Z 试样呈 Z 状固定在耐火板（石棉或云母）上，耐火板固定在钢制铁架上 3. C–W–Z 分别用三根试样 4. 试样施加三相额定电压并通电流	1. 长 1.5m 2. 试样弯成 U 状并固定在钢制梯架上 3. C–W–Z 须在同一试样上完成 4. 试样施加三相额定电压并通电流
热源	丙烷+空气	丙烷+空气
火焰温度	C 和 Z：（950±40）℃ W：（650±40）℃	（830+40）℃
试验时间	C：180min W：30min Z：15min	分 30min、60min、120min 三类

项目	BS 6387：2013	BS 8491：2008
喷水方式	火中干烧 15min 后，继续在火中淋水雾 15min，电缆试样附近的水流量为：0.25～0.3L/（m² · s）	在全部试验的最后 5min，水流开始直射电缆，每隔 55s 射 5s，至试验结束。水流量为 12.5L/min，至试验结束，水量 12.5L/min
冲击方式	1. 间接冲击–试验锤冲击耐火墙 2. 每 30s 冲击一次	1. 直接冲击试样 2. 每隔 10min 冲击一次至试验结束

注：1. C 耐火试验；W 耐火+喷水试验；Z 耐火+冲击试验。

2. 合格标准：电源侧 2A 保险丝不熔断。

参考标准和规范

［1］ASTM B800–05 Standard Specification for 8000Series Aluminum Alloy Wire for Electrical Purposes—Annealed and Intermediate Tempers.

［2］BS 6387：2013 Test method for resistance to fire of cables required to maintain circuit integrity under fire conditions.

［3］BS 8491：2008 Method for assessment of fire integrity of large diameter power cables for use as components for smoke and heat control systems and certain other active fire safety systems.

［4］BS EN 61386–1：2008 Conduit systems for cable management–Part 1: General requirements.

［5］IEC 60287–2–1 Electric cables–Calculation of the current rating–Part 2–1: Thermal resistance–Calculation of thermal resistance.

［6］IEC 60287–3–2–2012 Electric cables—Calculation of the current rating–Part 3–2: Sections on operating conditions—Economic optimization of power cable size.

［7］IEC 60332–3 Tests on electric and optical fibre cables under fire conditions.

［8］IEC 60502–2–2005 Power cables with extruded insulation and their accessories for rated voltages from 1kV（U_m=1.2kV）up to 30kV（U_m=36kV）—Part 2：Cables for rated voltages from 6kV（U_m=7.2kV）up to 30kV（U_m=36kV）.

［9］UL 44—2005 Thermoset–Insulated Wires and Cables.

［10］CECS 100—1998《套接扣压式薄壁钢导管电线管路施工及验收规范》.

［11］CECS 120—2007《套接紧定式钢导管电线管路施工及验收规范》.

［12］CECS 170—2017《低压母线槽应用技术规范》.

［13］CECS 31—2017《钢制电缆桥架工程技术规范》.

［14］CECS 399—2015《铜包铝电力电缆工程技术规范》.

［15］CECS 421—2015《建筑电气细导线连接器应用技术规程》.

［16］CECS 87—1996《可挠金属电线保护管配线工程技术规范》.

［17］CEEIA B218.1—2012《光伏发电系统用电缆　第1部分：一般要求》.

［18］DL/T 758—2009《接续金具》.

［19］DL/T 765.1—2001《架空配电线路金具技术条件》.

［20］DL/T 1190—2012《额定电压10kV及以下绝缘穿刺线夹》.

［21］GA 306.1～2—2007《阻燃及耐火电缆塑料绝缘阻燃及耐火电缆分级和要求》.

［22］GA/T 537—2005《母线干线系统（母线槽）阻燃、防火、耐火性能的试验方法》.

［23］GB 13140《家用和类似用途低压电路用的连接器件》.

［24］GB 13140.1—2008（IEC 60998-1：2002，IDT）《家用和类似用途低压电路用的连接器件　第1部分：通用要求》.

［25］GB 13140.3—2008（IEC 60998-2-2：2002，IDT）《家用和类似用途低压电路用的连接器件　第2部分：作为独立单元的带无螺纹型夹紧件的连接器件的特殊要求》.

［26］GB 13140.4—2008《家用和类似用途低压电路用的连接器件　第2部分：作为独立单元的带刺穿绝缘型夹紧件的连接器件的特殊要求》.

［27］GB 14907—2002《钢结构防火涂料》.

［28］GB 1720—1979（89）《漆膜附着力测定法》.

［29］GB 1764—1979《漆膜厚度测定法》.

［30］GB 29415—2013《耐火电缆槽盒》.

［31］GB/T 18487.1—2015《电动汽车传导充电系统　第1部分：通用要求》.

［32］GB 3836.1—2010（IEC 60079-0：2007，MOD）《爆炸性环境　第1部分：设备　通用要求》.

［33］GB 4005—1983《电线电缆交货盘》.

［34］GB 4208—2008《外壳防护等级（IP代码）》.

［35］GB 50016—2014《建筑防火设计规范》.

［36］GB 50028—2014《城镇燃气设计规范》.

［37］GB 50054—2011《低压配电设计规范》.

［38］GB 50060—2008《3～110kV高压配电装置设计规范》.

[39] GB 50150—2006《电气装置安装工程电气设备交接试验标准》.

[40] GB 50169—2016《电气装置安装工程接地装置施工及验收规范》.

[41] GB 50205—2012《钢结构工程施工质量验收规范》.

[42] GB 50217—2007《电力工程电缆设计规范》.

[43] GB 50303—2015《建筑电气工程施工质量验收规范》.

[44] GB 716—1991《碳素结构钢冷轧钢带》.

[45] GB 7251.0～7—2013（IEC 61439-0～7：2011）《低压成套开关设备和控制设备》.

[46] GB 8624—2012《建筑材料及制品燃烧性能分级》.

[47] GB 912—2008（ISO 4995：2001，ISO 4996：1999，NEQ）《碳素结构钢和低合金结构钢　热轧薄钢板和钢带》.

[48] GB/T 11253《碳素钢和低合金结构冷轧薄钢板及钢带》.

[49] GB/T 12—2013《半圆头方颈螺栓》.

[50] GB/T 12666.1～3—2008《单根电线电缆燃烧试验方法》.

[51] GB/T 12706.1～4—2008（IEC 60502-1～4：2004，MOD）《额定电压 1kV（U_m=1.2kV）到 35kV（U_m=40.5kV）挤包绝缘电力电缆及附件》.

[52] GB/T 12754—2006《彩色涂层钢板及钢带》.

[53] GB/T 12970.2—2009《电工软铜绞线　第 2 部分：软铜绞线》.

[54] GB/T 13384—2008《机电产品包装通用技术条件》.

[55] GB/T 13912—2002《金属覆盖层　钢铁制件热浸镀锌层 技术要求及试验方法》.

[56] GB/T 14048.1～18—2016（IEC 60947-1～18：2011）《低压开关设备和控制设备》.

[57] GB/T 14402—2007（ISO 1716：2002，IDT）《建筑材料及制品的燃烧性能　燃烧热值的测定》.

[58] GB/T 16895.23—2012（IEC 60364-6：2006，IDT）《低压电气装置　第 6 部分：检验》.

[59] GB/T 16895.30—2008（IEC 60364-7-715：1999，IDT）《建筑物电气装置　第 7-715 部分：特殊装置或场所的要求　特低电压照明装置》.

[60] GB/T 16895.6—2014（IEC 60364-5-52：2009，IDT）《低压电气装置

第 5–52 部分：电气设备的选择和安装　布线系统》.

［61］GB/T 17650.1—1998《取自电缆或光缆的材料燃烧时释出气体的试验
方法　第 1 部分：卤酸气体总量的测定》.

［62］GB/T 17650.2—1998《取自电缆或光缆的材料燃烧时释出气体的试验
方法　第 2 部分：用测量 pH 值和电导率来测定气体的酸度》.

［63］GB/T 17651.2—1998（IEC 61034–2：1997，IDT）《电缆或光缆在特定
条件下燃烧的烟密度测定　第 2 部分：试验步骤和要求》.

［64］GB/T 1804—2000《一般公差　未注公差的线性和角度尺寸的公差》.

［65］GB/T 18380（IEC 60332，IDT）《电缆和光缆在火焰条件下的燃烧试验》.

［66］GB/T 18380.12—2008（IEC 60332–1–2：2004，IDT）《电缆和光缆在
火焰条件下的燃烧试验　第 12 部分：单根绝缘电线电缆火焰垂直蔓延
试验　1kW 预混合型火焰试验方法》.

［67］GB/T 18380.31—2008（IEC 60332–3–10：2000，IDT）《电缆和光缆在
火焰条件下的燃烧试验　第 31 部分：垂直安装的成束电线电缆火焰垂
直蔓延试验　试验装置》.

［68］GB/T 18380.3—2001（IEC 60332–3：1992，IDT）《电缆和光缆在火焰
条件下的燃烧试验　第 3 部分：成束电线或电缆的燃烧试验方法》.

［69］GB/T 19022—2003（ISO 10012：2003，IDT）《测量管理体系测量过程
和测量设备的要求》.

［70］GB/T 191—2008（ISO 780：1997，MOD）《包装储运图示标志》.

［71］GB/T 19216.21—2003（IEC 60331–21：1999，IDT）《在火焰条件下电
缆或光缆的线路完整性试验　第 21 部分：试验步骤和要求–额定电压
0.6/1.0kV 及以下电缆》.

［72］GB/T 19216.31—2008（IEC 60331–31：2002）《在火焰条件下电缆或光
缆的线路完整性试验　第 31 部分：供火并施加冲击的试验程序和
要求——额定电压 0.6/1kV 及以下电缆》.

［73］GB/T 19666—2005《阻燃和耐火电线电缆通则》.

［74］GB/T 20041.1—2015（IEC 61386–1：1996，IDT）《电气安装用导管系
统　第 1 部分：通用要求》.

［75］GB/T 20041.21—2008（IEC 61386–21：2002，IDT）《电缆管理用导管

系统　第 21 部分：刚性导管系统的特殊要求》.

[76] GB/T 20041.22—2009（IEC 61386—22：2002，IDT）《电缆管理用导管系统　第 22 部分：可弯曲导管系统的特殊要求》.

[77] GB/T 20041.23—2009（IEC 61386—23：2002，IDT）《电缆管理用导管系统　第 23 部分：柔性导管系统的特殊要求》.

[78] GB/T 20041.24—2009（IEC 61386—24：2004，IDT）《电缆管理用导管系统　第 24 部分：埋入地下的导管系统的特殊要求》.

[79] GB/T 20285—2006《材料产烟毒性危险分级》.

[80] GB/T 2101—2008《型钢验收、包装、标志及质量证明书的一般规定》.

[81] GB/T 2314—2008《电力金具通用技术条件》.

[82] GB/T 2317.1—2008《电力金具试验方法　第 1 部分：机械试验》.

[83] GB/T 2317.3—2008《电力金具试验方法　第 3 部分：热循环试验》.

[84] GB/T 23639—2009《节能耐腐蚀钢制电缆桥架》.

[85] GB/T 2423.4—2008（IEC 60068—2—30：2005，IDT）《电工电子产品环境试验　第 2 部分：试验方法 试验 Db：交变湿热（12h+12h 循环）》.

[86] GB/T 2423.17—2008（IEC 60068—2—11：1981，IDT）《电工电子产品基本环境试验　第 2 部分：试验方法 试验 Ka：盐雾》.

[87] GB/T 2423.46《电工电子产品环境试验　第 2 部分：试验方法　试验 Ef：撞击 摆锤》.

[88] GB/T 247—2008《钢板和钢带包装、标志及质量证明书的一般规定》.

[89] GB/T 29197—2012《铜包铝线》.

[90] GB/T 2952.3—2008《电缆外护层　第 3 部分：非金属套电缆通用外护层》.

[91] GB/T 29920—2013《电工用稀土高铁铝合金杆》.

[92] GB/T 3048—2007《电线电缆电性能试验方法》.

[93] GB/T 30552—2014《电缆导体用铝合金线》.

[94] GB/T 3091—2015（ISO 559：1991，NEQ）《低压流体输送用焊接钢管》.

[95] GB/T 31247—2014《电缆和光缆燃烧性能分级》.

[96] GB/T 31248—2014《电缆或光缆在受火条件下火焰蔓延、热释放和产烟特性的试验方法》.

［97］GB/T 31840—2014《额定电压 1kV（U_m=1.2kV）到 35kV（U_m=40.5kV）铝合金芯挤包绝缘电力电缆》.

［98］GB/T 3640—1988《普通碳素钢电线套管》.

［99］GB/T 3956—2008（IEC 60228：2004，IDT）《电缆的导体》.

［100］GB/T 5023.1～7—2008（IEC 60227：2007，IDT）《额定电压 450/750V 及以下聚氯乙烯绝缘电缆》.

［101］GB/T 5117—2012（ISO 256：2009，MOD）《非合金钢及细晶粒钢焊条》.

［102］GB/T 5270—2005（ISO 2819：1980，IDT）《金属基体上金属覆盖层 电沉积和化学沉积层 附着强度试验方法评述》.

［103］GB/T 5585.1—2005《电工用铜、铝及其合金母线 第 1 部分：铜和铜合金母线》.

［104］GB/T 5780—2016《六角头螺栓》.

［105］GB/T 6170—2015《1 型六角螺母》.

［106］GB/T 6995.1～5—2008《电线电缆识别标志方法》.

［107］GB/T 700—2006（ISO 630：1995，NEQ）《碳素结构钢》.

［108］GB/T 93—1997《标准型弹簧垫圈》.

［109］GB/T 9327—2008（IEC 61238-1：2003）《额定电压 35kV（U_m=40.5kV）及以下电力电缆导体用压接式和机械式连接金具，试验方法和要求》.

［110］GB/T 97.1—2002《平垫圈》.

［111］GJCT-125《铜包铝电缆敷设与安装》.

［112］IEC60998-2-3：2002《家用和类似用途低压电路连接器件 第 2-3 部分：作为单独分立件的带绝缘穿刺式夹紧装置的连接器件的特殊要求》.

［113］JB/T 10216—2013《电控配电用电缆桥架》.

［114］JB/T 6037—1992《工程机械 电线和电缆的识别标志通则》.

［115］JB/T 6743—2013《户内户外钢制电缆桥架防腐环境技术要求》.

［116］JB/T 8137.1—2013《电线电缆交货盘 第 1 部分：一般规定》.

［117］JB/T 9599—1999《防爆电气设备用钢管配线附件》.

［118］JG 3050—1998《建筑用绝缘电工套管及配件》.

［119］ JGJ 82—2011《钢结构高强度螺栓连接技术规程》.

［120］ SJ/T 11223—2000《铜包铝线》.

［121］ TICW/01—2009《额定电压 1.8/3kV 及以下风力发电用耐扭曲软电缆》.

［122］ TICW/11—2012《额定电压 6kV（U_m=7.2kV）到 35kV（U_m=40.5kV）风力发电机用耐扭曲软电缆技术规范》.

［123］ TB/T 2073—2003《电气化铁道接触网零部件技术条件》.

［124］ TB/T 2074—2003《电气化铁路接触网零部件试验方法》.

［125］ YB/T 5305—2008《碳素结构钢电线套管》.